JIGOU ZIYOUDU JISUAN

黄 真
曾达幸 著

机构自由度计算

原理和方法

高等教育出版社·北京

内容简介

机构的自由度计算是机构设计的一个基本问题。大学本科机械工程专业要培养千千万万个机械工程师，他们将参加方方面面的机械产品创新活动，能够正确分析机构自由度是他们不可或缺的知识和能力。然而，百余年来人们始终未获一个普遍适用的公式，自由度分析遇到了困难。

本书向读者系统地介绍了黄真首创的基于反螺旋理论的自由度通用原理和公式。

本书以螺旋理论最基础的知识和众多的各种类型的实际例子，将这个新的自由度统一原理介绍给读者，让他们了解最必要的自由度基础知识，并能够高效、简洁地对实际工作中遇到的各种各样的机构做出正确的自由度分析，甚至还可以在此基础上进一步深入和提高。

本书分 6 章，主要内容包括螺旋理论基础、基于反螺旋的自由度普遍原理，以及平面机构、并联机构、一般空间机构和复杂网络机构的自由度分析。

本书除了可以作为机械工程专业大学生和广大机械工程师的参考读物外，还可以作为有关研究生及科技人员的参考用书。

作者简介

黄真, 1936 年 2 月出生于天津, 祖籍江苏宜兴, 1959 年毕业于哈尔滨工业大学。现为燕山大学教授, 博士生导师。中国机械工程学会机构学专业委员会名誉主任。从事并联机器人理论研究多年, 获国家自然科学基金等项目共 20 余项, 国内外发表论文 350 余篇, 出版著作 6 部, 其中包括 2012 年由国际学术组织 IFToMM 推荐的由 Springer 出版社出版的 *Theory of Parallel Mechanisms*。突出贡献是, 首创了分析机构自由度的统一通用的原理和公式, 解决了困惑机构学界 150 年的历史问题。曾 4 次获得国家教育部和河北省自然科学一等奖, 2010 年获 IFToMM 授予的 “卓越成就奖”, 为该奖设立以来第一次授予的华人学者。

前　言

机构的自由度计算是机构分析和设计的基本问题, 也是大学《机械原理》教科书的一个基本理论, 所有的机械原理书中对此问题都介绍了自由度的 Grübler-Kutzbach (G-K) 公式。确实, G-K 公式比较简单, 仅仅依赖机构中的杆件和运动副的数目, 且仅通过最基础的数学计算就能获得机构自由度的结果。历史上众多的平面机构和一些空间机构的自由度都是用这个公式确定的, 为此它做出了巨大的历史贡献。然而百余年来发现, 不少机构并不服从 G-K 公式, 近半个世纪以来, 出现了空间多自由度机构, 特别是出现有重要用途的并联机构以来, 发现 G-K 公式往往不能得出正确的结果, 这表明 G-K 公式在某种程度上丧失了普遍性。于是许许多多学者潜心研究, 企图提出一种新的真正具有普遍性的自由度公式以代替 G-K 公式。然而 150 余年以来, 这个问题并没有很好地获得解决, 或是出现反例表明仍没有普遍性, 或是理论太深奥、太麻烦并不能适应多自由度所要求判断自由度的性质。这个问题的实质就在于机构中出现了 "过约束", 如何发现和去除过约束就成了自由度计算的关键。

作者黄真于 1997 年在《并联机器人机构学理论及控制》一书中, 首创基于反螺旋理论识别 "过约束" 的自由度原理, 2011 年出版了《论机构自由度 —— 寻找了 150 年的自由度通用公式》一书, 以众多古典的反例机构和现代的并联机构论证了这种原理具有的普遍性, 且能够适应现代多自由度的新要求。这个原理已经编入了研究生教材《高等空间机构学》。但由于该原理需要用到较多的螺旋理论这个数学基础, 目前还难以直接编入大学本科的《机械原理》教材。

机械工程学科要培养出千千万万个机械工程师, 他们将参加方方面面的机械创新活动, 如果没有正确分析机构自由度的能力, 则对他们的创新活动来说是一个很大的缺陷。为此, 我们就想以最通俗的语言, 以最必要且简单的螺旋理论知识, 以较多的各种类型的实际例子, 将这个新的自由度原理介绍给广大的机械工程学科的大学生和已经在各条战线上从事创新性工作的机械工程师们, 作为大学生的课外读物和机械工程师们的参考读物, 让他们了解最必要的自由度基础知识, 并能够正确地做自由度分析, 必要时还可以进一步深入研究。这本书对他们会有帮助。这就是编写本书的目的。

为了适应实际应用的需要, 本书把过去仅仅讨论并联机构和古典机构建立起的理论, 又扩展到包括一般平面机构和一般多环空间机构等更一般的情况, 在这个拓展过程中又解决了许多看来十分困难的理论和实际问题, 这两方面是本书对机构学理论上的重要贡献, 也补充、丰富和发展了基于螺旋理论的自由度原理。这些将使本书对读者更为实用, 更全面, 读来更具有兴趣。基于此, 本书也适合研究生参看。

作者要深深感谢尊敬的 Duffy 教授, 就是因为作者于 1982 年在美国佛罗里达大学做访问学者时, 聆听了 Duffy 教授 20 学时的有特色的螺旋理论研究生课程, 从中得到了感悟和启发, 才有 30 年后解决了机构自由度计算的历史问题。作者愿意以本书的出版, 纪念已故的 Duffy 教授。

螺旋的数学表达方式, 无论是在几何学上还是物理学上都有十分重要的意义。在几何学上, 一个螺旋能表示直线在空间的方向和位置。在物理学上, 当它用来表示运动螺旋时, 可以表示转动运动, 还可以表示移动运动; 当它用来表示力螺旋时, 可以表示力, 还可以表示力偶; 当用来表示自由度时, 可以表示转动自由度, 还可以表示移动自由度; 当用来表示约束时, 可以表示约束力, 还可以表示约束力偶。由于螺旋有如此丰富而多变的表达能力, 且上述多个概念之间容易以互逆积而互相转化以讨论不同的几何和物理问题, 加之螺旋又容易转化为其他的数学形式, 于是方便了数学计算以获得需要的数值。这些特点使得螺旋在机构学上发挥了重要作用, 解决了机构学中多方面的问题, 包括在机构学上有重大的历史意义的问题。

通过以螺旋理论研究机构自由度问题, 作者深深体会到螺旋理论在解决这个实际问题中所表现出的 "数学之美"。螺旋理论的妙处在于能够给出最完整和系统的理论和方法。它对众多对偶概念的包容和轻易地相互转换, 它解决实际问题的巨大能力, 它体现出的简明、对称、协调、韵律和节拍, 无不让人感叹数学之美。也希望读者能够从文中欣赏到其中的数学之美, 从审美的体验中掌握这种理论和方法。

在此还要深深地感谢国家自然科学基金会, 作者在不懈的科学研究中, 得到国家自然科学基金会数十年强有力的支持。没有这种支持, 即使像这本小册子的成果展示也是不可想象的。

虽然作者做了最大的努力和反复地修改, 但限于水平和时间, 书中疏误之处在所难免, 恳请读者和各方面专家批评指正。科学的发展是无止境的, 也希望本书的出版能为后续的研究提供一个更高的平台, 希望能有更简单、更适用的理论问世。

作者黄真今年已满 79 岁, 在如此高龄仍然能够做出创新性成绩, 十分高兴, 并希望以此作为自己 80 岁生日的献礼。今天国家为实现两个 100 年的伟大目标, 号召人人都参与创新。愿年轻朋友一定要去除保守思想, 创新就在你们脚下!

本书作者愿意回答读者各方面的问题, 请联系如下 Email 信箱: huangz@ysu.edu.cn

黄真
燕山大学 秦皇岛海滨
2015 年 2 月 16 日

目　录

第 1 章 螺旋理论基础

机构的自由度分析之所以成为问题, 是因为长期以来一直找不到一种能够普遍适用的、通用的自由度分析的原理、方法和公式, 特别是发现过去应用的自由度公式不适用于现今广泛关注的 "并联机构和并联机器人", 自由度问题就这样成了研究的热点。人们提出过许多方法, 却一直没有得到真正解决。问题如此困难之原因, 正是机构中存在的难以捉摸的 "过约束", 即约束被重复计算而得不到正确的结果。

黄真求解并联机构的思路是通过采取反螺旋理论, 以寻找机构中的 "过约束", 从而打开突破难题的隘口。机构中的过约束, 有如病人身体中的病灶或结节, 医生用手术刀可以处理病灶, 而螺旋理论正是机构学家处理机构中结节的手术刀。

用螺旋理论分析空间机构特别方便, 它具有几何概念清楚、物理意义丰富、表达形式简单、数学运算方便、理论难度也并不很高等优点, 因而在机构学中得到了广泛的应用。特别是近 30 多年来在机构学中的许多前沿性有难度的问题上, 螺旋理论常常领先作出了贡献, 尤其解决了长期困扰机构学界的自由度分析问题, 表现出强大的生命力。

本章针对分析自由度之需要, 将简要介绍螺旋理论最基本的知识[1-3]。首先从空间直线矢量的 Plücker 坐标引出两个重要概念, 即线矢量和螺旋, 讨论它们的数学物理性质和代数运算; 然后重点介绍螺旋系、反螺旋和反螺旋系等最基本的螺旋理论知识。

1.1 线矢量及螺旋

1.1.1 直线的矢量方程

空间有两个点 $A(x_1, y_1, z_1)$ 和 $B(x_2, y_2, z_2)$, AB 具有单位长度, 见图 1.1a。若按一定的顺序连接这两点后, 就决定了一条空间直线的位置和方向, 这条有向的直线段的方向就可由单位矢量 $\boldsymbol{S}$ 表示。

若给定直线方向, 直线在空间的位置可通过直线上某点 A 的矢径 $\boldsymbol{r}_1$ 给定。这样, 这条直线的方程可以用矢量形式表示

$$(\boldsymbol{r} - \boldsymbol{r}_1) \times \boldsymbol{S} = \boldsymbol{0} \tag{1.1}$$

将上式再改写就得到直线方程的标准矢量形式

$$\boldsymbol{r} \times \boldsymbol{S} = \boldsymbol{S}_0 \tag{1.2}$$

式中, $\boldsymbol{S}_0$ 为直线的某个位置矢量 $\boldsymbol{r}_1$ 与矢量 $\boldsymbol{S}$ 的叉积

$$\boldsymbol{S}_0 = \boldsymbol{r}_1 \times \boldsymbol{S} \tag{1.3}$$

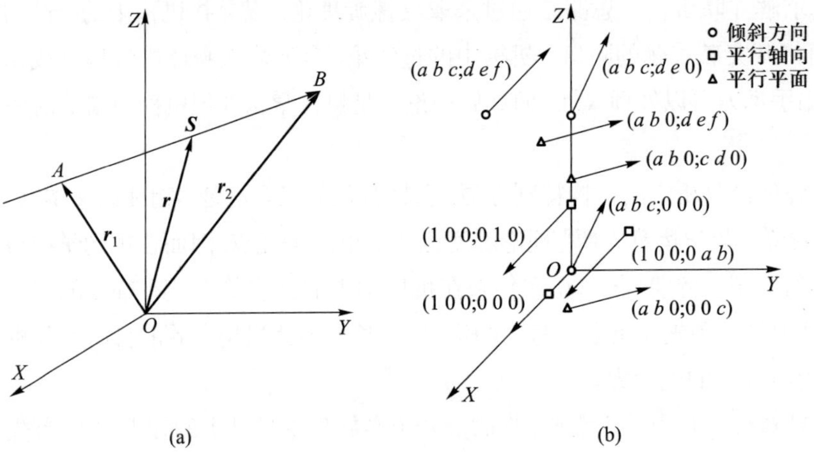

图 1.1 直线的 Plücker 坐标

定义 1.1 线矩 $\boldsymbol{S}_0$ 被称为矢量 $\boldsymbol{S}$ 对原点的线矩。

线矩也是矢量, 其大小及方向与矢量 $\boldsymbol{S}$ 和 $\boldsymbol{r}_1$ 在空间的方向位置有关。若 $\boldsymbol{S}$ 是单位矢量, $\boldsymbol{S}\cdot\boldsymbol{S}=1$, 则线矩 $\boldsymbol{S}_0$ 的模表示直线到原点的距离。单位矢量 $\boldsymbol{S}$ 可以表示为方向余弦, 它没有单位, 而 $\boldsymbol{S}_0$ 却具有长度单位。当矢量 $\boldsymbol{S}$ 过原点, 其线矩为零, $\boldsymbol{S}_0=\boldsymbol{0}$。当 $\boldsymbol{S}$ 及 $\boldsymbol{S}_0$ 给定后, 直线在空间的方向及位置都被确定, 而且它们是一一对应的。显然矢量 $\boldsymbol{S}$ 与其对原点之线矩 $\boldsymbol{S}_0$ 是互为正交的, $\boldsymbol{S}\cdot\boldsymbol{S}_0=0$。$\boldsymbol{S}$ 及 $\boldsymbol{S}_0$ 这两个矢量就完全决定了直线在空间的方向和位置, 因而就可以用这两个矢量结合成的对偶矢量 $(\boldsymbol{S};\boldsymbol{S}_0)$ 来表示一条空间直线[4]。

直线的 $(\boldsymbol{S};\boldsymbol{S}_0)$ 表示又称为直线的 Plücker 坐标。两个矢量的如此结合形成的对偶矢量, 其中的 $\boldsymbol{S}$ 为对偶矢量的原部, $\boldsymbol{S}_0$ 为对偶矢量的对偶部。空间中的直线与其 Plücker 坐标 $(\boldsymbol{S};\boldsymbol{S}_0)$ 是一一对应的。由于 $\boldsymbol{S}$ 是单位矢量, 它可以用 3 个方向余弦表示, $\boldsymbol{S}=(l\quad m\quad n)$; 式 (1.3) 中 $\boldsymbol{S}_0$ 表示为两矢量的叉积, $\boldsymbol{S}_0$ 不是单位矢量, 它也可以写成 $\boldsymbol{S}_0=(p\quad q\quad r)$。这样直线的 Plücker 坐标 $(\boldsymbol{S};\boldsymbol{S}_0)$ 又可以用如下 6 个标量元素表示:

$$(\boldsymbol{S};\boldsymbol{S}_0)=(l\quad m\quad n;\quad p\quad q\quad r) \tag{1.4}$$

式中, 在 6 个元素中间的分号表示其前后分别是那两个矢量 $\boldsymbol{S}$ 及 $\boldsymbol{S}_0$。

图 1.1b 中表示了各种不同位置下直线的 Plücker 坐标。可以看到, 当直线在空间对坐标系有不同的位置和不同的方向时, 它们的 Plücker 坐标中的零元素的数目及位置也不同。

因为直线 $\boldsymbol{S}$ 与其线矩 $\boldsymbol{S}_0$ 为正交, 即 $\boldsymbol{S}\cdot\boldsymbol{S}_0=0$, 故由式 (1.4) 有如下代数式:

$$lp+mq+nr=0 \tag{1.5}$$

据式 (1.5), 这 6 个标量 l,m,n,p,q,r 中只有 5 个是独立的, 在三维空间中就有 ∞^5 条不同方向、位置和长度的有向线段。由式 (1.2) 也可以得出, 该直线方程取决于矢量 $\boldsymbol{S}$ 和 $\boldsymbol{r}$ 的 5 个独立的参数。

从上面的分析可知, 直线可以用 Plücker 坐标 $(\boldsymbol{S};\boldsymbol{S}_0)=(l\quad m\quad n;\quad p\quad q\quad r)$ 表示。最重要的是, 一个对偶矢量 $(\boldsymbol{S};\boldsymbol{S}_0)$ 对应空间唯一的一条直线, 而空间的一条直线也唯一地对应一组对偶矢量 $(\boldsymbol{S};\boldsymbol{S}_0)$, 它们具有一一对应的性质。

例 1.1

$(l\quad m\quad n;\quad 0\quad 0\quad 0)$ 为过原点的直线, 其方向余弦为 $(l\quad m\quad n)$;

$(1 \quad 0 \quad 0; \quad 0 \quad a \quad b)$ 为一条平行 $\boldsymbol{X}$ 轴但不过原点的空间直线;

$(l \quad m \quad n; \quad p \quad q \quad r)$, 且 $lp + mq + nr = 0$。这是一条不过原点、方向为 $(l \quad m \quad n)$ 的直线。

1.1.2 直线到原点的距离和两直线的互矩

若有过原点的矢量 $\boldsymbol{T}$ 垂直于直线 $(\boldsymbol{S}; \boldsymbol{S}_0)$, 见图 1.2, 则矢量 $\boldsymbol{OP}$ 的模 $|\boldsymbol{T}|$ 是从原点 O 到直线的距离, 由于矢量 $\boldsymbol{T}$ 的端点在直线 $\boldsymbol{S}$ 上, 满足直线方程 (1.2), 即 $\boldsymbol{T} \times \boldsymbol{S} = \boldsymbol{S}_0$。将此等式两边左面叉乘 $\boldsymbol{S}$, 有 $\boldsymbol{S} \times (\boldsymbol{T} \times \boldsymbol{S}) = \boldsymbol{S} \times \boldsymbol{S}_0$。展开左边矢量的三重叉积, 有

$$\boldsymbol{S} \times (\boldsymbol{T} \times \boldsymbol{S}) = (\boldsymbol{S} \cdot \boldsymbol{S})\boldsymbol{T} - (\boldsymbol{S} \cdot \boldsymbol{T})\boldsymbol{S} = (\boldsymbol{S} \cdot \boldsymbol{S})\boldsymbol{T}$$

解出 $\boldsymbol{T}$, 有

$$\boldsymbol{T} = \frac{\boldsymbol{S} \times \boldsymbol{S}_0}{\boldsymbol{S} \cdot \boldsymbol{S}} \tag{1.6}$$

因为直线 $\boldsymbol{S}$ 与其线矩相互垂直, 上式可写为

$$\boldsymbol{T} = \frac{|\boldsymbol{S}||\boldsymbol{S}_0|}{|\boldsymbol{S}||\boldsymbol{S}|}\boldsymbol{e} = \frac{|\boldsymbol{S}_0|}{|\boldsymbol{S}|}\boldsymbol{e}$$

这里 $\boldsymbol{e}$ 是单位矢量, 其方向由 $\boldsymbol{S} \times \boldsymbol{S}_0$ 决定, 这样直线 $\boldsymbol{S}$ 到原点的距离 $|\boldsymbol{T}|$ 为 $|\boldsymbol{S}_0|/|\boldsymbol{S}|$。

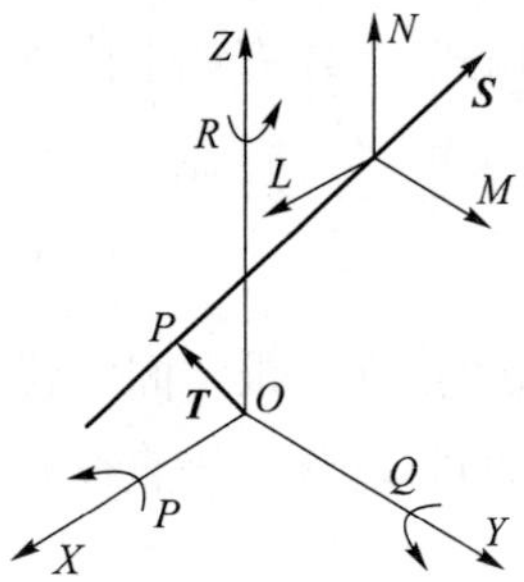

图 1.2 直线到原点的距离

可以看到, 当 $\boldsymbol{S}_0 = \boldsymbol{0}$, 则 $|\boldsymbol{T}| = 0$, 直线到原点的距离为零, 即直线过原点。此时直线的 Plücker 坐标为 $(\boldsymbol{S}; \boldsymbol{0})$, 即 $(l \quad m \quad n; \quad 0 \quad 0 \quad 0)$。反之, 若 Plücker 坐标的前 3 个标量为零, 即当 $\boldsymbol{S} = \boldsymbol{0}$, 而 $|\boldsymbol{S}_0|$ 为有限值, $|\boldsymbol{T}| = \infty$, 此时直线位于距原点无穷远的平面上, Plücker 坐标可以写成 $(\boldsymbol{0}; \boldsymbol{S}_0)$。因为此时对于任何选择的原

点, 无穷远处的一个无穷小的矢量, 它对原点的线矩皆为 $\boldsymbol{S}_0$。这里 $\boldsymbol{S}_0$ 与原点位置选择无关, 这说明 $(\boldsymbol{0};\boldsymbol{S}_0)$ 成为自由矢量。这就是说, 若直线的 Plücker 坐标的第一个矢量为零, 表示该直线位于无穷远处。通常单位自由矢量记为 $(\boldsymbol{0};\boldsymbol{S})$。自由矢量的意思是, 它可以在不改变矢量方向的前提下自由地平行移动。

设空间有相错的两条直线, 它们不平行也不相交, 见图 1.3, 其矢量方程分别为

$$\boldsymbol{r}_1\times\boldsymbol{S}_1=\boldsymbol{S}_{01}$$
$$\boldsymbol{r}_2\times\boldsymbol{S}_2=\boldsymbol{S}_{02}$$

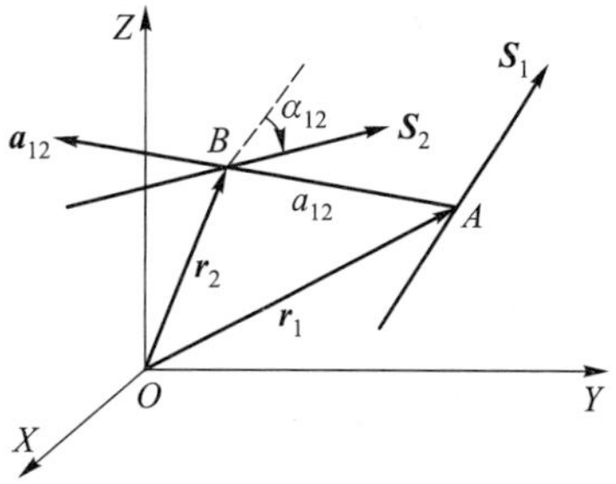

图 1.3 两直线的互矩

若它们的公垂线矢量为 $a_{12}\boldsymbol{a}_{12}$, 其中 $\boldsymbol{a}_{12}$ 是单位矢量, $\boldsymbol{a}_{12}\cdot\boldsymbol{a}_{12}=1$, 而其系数 a_{12} 是两线间的垂直距离。两线之间的扭向角记为 α_{12}, A、B 两点是两直线间公垂线的两个垂足。直线 $\boldsymbol{S}_2$ 对 $\boldsymbol{S}_1$ 线上垂足 A 点的线矩 $a_{12}\boldsymbol{a}_{12}\times\boldsymbol{S}_2$ 与直线 $\boldsymbol{S}_1$ 的点积 $a_{12}\boldsymbol{a}_{12}\times\boldsymbol{S}_2\cdot\boldsymbol{S}_1$ 称为直线 $\boldsymbol{S}_2$ 关于 $\boldsymbol{S}_1$ 的矩。同样, 直线 $\boldsymbol{S}_1$ 对直线 $\boldsymbol{S}_2$ 上垂足 B 点的矩为 $a_{12}\boldsymbol{a}_{21}\times\boldsymbol{S}_1\cdot\boldsymbol{S}_2$, 即是直线 $\boldsymbol{S}_1$ 对直线 $\boldsymbol{S}_2$ 的矩。显然上述这两个三矢量的混合积是相等的

$$a_{12}\boldsymbol{a}_{12}\times\boldsymbol{S}_2\cdot\boldsymbol{S}_1=a_{12}\boldsymbol{a}_{21}\times\boldsymbol{S}_1\cdot\boldsymbol{S}_2$$

这两个相等的表达式均定义为两直线的互矩, 记以 M_{m}

$$M_{\mathrm{m}}=a_{12}\boldsymbol{a}_{12}\times\boldsymbol{S}_2\cdot\boldsymbol{S}_1 \tag{1.7}$$

展开此式并考虑到

$$a_{12}\boldsymbol{a}_{12}=\boldsymbol{r}_2-\boldsymbol{r}_1 \tag{1.8}$$

代入式 (1.7) 并简化, 得到互矩的一般表达式为

$$M_{\mathrm{m}} = \boldsymbol{S}_1 \cdot \boldsymbol{S}_{02} + \boldsymbol{S}_2 \cdot \boldsymbol{S}_{01} \tag{1.9}$$

由此式可以引出以下定义。

定义 1.2 两直线的互矩 表示两直线的 Plücker 坐标中的两个原部矢量和两线矩相互交换下标后的点积之和称两直线的互矩, 记为 M_{m}。

由于 $\boldsymbol{S}_1$ 和 $\boldsymbol{S}_2$ 都是单位矢量, $\boldsymbol{S}_1 \cdot \boldsymbol{S}_1 = \boldsymbol{S}_2 \cdot \boldsymbol{S}_2 = 1$ 而

$$\boldsymbol{S}_2 \times \boldsymbol{S}_1 = -\boldsymbol{a}_{12} \sin \alpha_{12} \tag{1.10}$$

式中, $\boldsymbol{S}_1$ 与 $\boldsymbol{S}_2$ 间的扭向角 α_{12} 的值是以 $\boldsymbol{a}_{12}$ 为正向, 按右手螺旋方向度量。将式 (1.8) 与式 (1.10) 点乘, 则互矩 M_{m} 还可写为

$$M_{\mathrm{m}} = (\boldsymbol{r}_2 - \boldsymbol{r}_1) \cdot \boldsymbol{S}_2 \times \boldsymbol{S}_1 = -a_{12} \sin \alpha_{12} \tag{1.11}$$

由式 (1.11) 可以看到, 互矩只与两直线间的距离及扭向角有关, 与原点位置的选择无关, 即互距与坐标系的选择无关。

若两直线的 $\boldsymbol{S}$ 及 $\boldsymbol{S}_0$ 均以标量表示

$$\boldsymbol{S}_1 = (l_1 \quad m_1 \quad n_1), \quad \boldsymbol{S}_{01} = (p_1 \quad q_1 \quad r_1)$$

$$\boldsymbol{S}_2 = (l_2 \quad m_2 \quad n_2), \quad \boldsymbol{S}_{02} = (p_2 \quad q_2 \quad r_2)$$

则由式 (1.9), 互矩还可以写成方便计算的代数式

$$M_{\mathrm{m}} = l_1 p_2 + m_1 q_2 + n_1 r_2 + p_1 l_2 + q_1 m_2 + r_1 n_2 \tag{1.12}$$

由上述分析可知, 如果两直线平行, 或者两直线相交于无穷远处, $\alpha_{12} = 0$, 则它们的互矩为零; 如果两直线相交, 其垂直距离 a_{12} 就等于零, 互距也为零。所以空间两直线相交于有限远处、无限远处, 或说两直线共面, 这些情况下两直线的互矩都为零

$$\boldsymbol{S}_1 \cdot \boldsymbol{S}_{02} + \boldsymbol{S}_2 \cdot \boldsymbol{S}_{01} = 0 \tag{1.13}$$

1.1.3 线矢量及螺旋

本节将引出两个重要概念, 一个是线矢量 (line vector), 另一个是螺旋 (screw), 螺旋也称旋量[1]。在 1.1.1 节中曾建立了空间直线的矢量方程, 这里将

[1] “旋量” 是中国人命名的, 没有另外对应的英文名词。

把这个概念再引申一步。

定义 1.3 线矢量 如果空间一个单位矢量被约束在一条方向、位置固定的直线上, 这个被直线约束的矢量定义为线矢量, 简称线矢, 也记以 $(\boldsymbol{S};\boldsymbol{S}_0)$。

在表示线矢量的对偶矢量 $(\boldsymbol{S};\boldsymbol{S}_0)$ 中, $\boldsymbol{S}$ 可以是单位矢量, 而 $\boldsymbol{S}_0$ 一般不是单位矢量。这个线矢量在空间的位置和方向, 可以由矢量 $\boldsymbol{S}$ 和其上一点矢径 $\boldsymbol{r}$ 来决定。这里矢径 $\boldsymbol{r}$ 反映在 "线矩" $\boldsymbol{S}_0$ 中, 即 $\boldsymbol{S}_0=\boldsymbol{r}\times\boldsymbol{S}$。显然 $\boldsymbol{S}$ 与 $\boldsymbol{S}_0$ 为正交, $\boldsymbol{S}\cdot\boldsymbol{S}_0=0$。线矢量的 Plücker 坐标也表示为 $(\boldsymbol{S};\boldsymbol{S}_0)$。从上述分析看到, 线矢量在几何上反映了一直线在空间的方向和位置。

矢量 $\boldsymbol{S}$ 表示直线的方向, 它当然与原点的位置无关; 而线矩 $\boldsymbol{S}_0$ 则与原点的位置有关。若原点的位置改变, 由 B 点移至 A 点, 见图 1.4, 线矢量的原部矢量没有变化, 而矢量 $\boldsymbol{S}$ 对点 A 之线矩 $\boldsymbol{S}_{0A}$ 则转变为 (下面为简单, 将 $\boldsymbol{S}_{0A}$ 仍记为 $\boldsymbol{S}_A$)

$$\boldsymbol{S}_A=\boldsymbol{r}_A\times\boldsymbol{S}=(\boldsymbol{AB}+\boldsymbol{r}_B)\times\boldsymbol{S}$$

即为

$$\boldsymbol{S}_A=\boldsymbol{S}_B+\boldsymbol{AB}\times\boldsymbol{S} \tag{1.14}$$

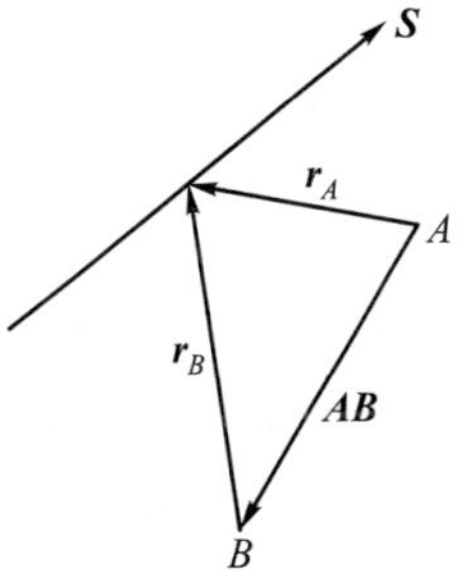

图 1.4 线矩与位置关系

当 $\boldsymbol{S}$ 为单位矢量, $(\boldsymbol{S};\boldsymbol{S}_0)$ 称为单位线矢量

$$\boldsymbol{S}\cdot\boldsymbol{S}=1,\quad \boldsymbol{S}\cdot\boldsymbol{S}_0=0$$

如前指出, 单位线矢量 $(\boldsymbol{S};\boldsymbol{S}_0)$ 与其空间表示的直线是一一对应的。在三维空间中, 线矢量的数目是 ∞^5, 而单位线矢量的数目是 ∞^4。

当对偶矢量 $(\boldsymbol{S};\boldsymbol{S}^0)$ 的原部矢量和对偶部矢量[2]不满足矢量的正交条件时, $\boldsymbol{S}\cdot\boldsymbol{S}^0\neq 0$, 这是比线矢量更为一般的情况。

定义 1.4　螺旋　原部矢量和对偶部矢量点积不为零的对偶矢量 $(\boldsymbol{S};\boldsymbol{S}^0)$ 在数学上定义为螺旋, 也称旋量。记为 $\$$

$$\$=(\boldsymbol{S};\boldsymbol{S}^0),\quad \boldsymbol{S}\cdot\boldsymbol{S}^0\neq 0 \tag{1.15}$$

这里 $\boldsymbol{S}$ 为单位矢量, $\boldsymbol{S}^0$ 一般不为单位矢量。这样, 线矢量就可看成螺旋的特殊情况, 当组成螺旋的两对偶矢量的点积为零时, 螺旋退化为线矢量。这里还要特别说明的是, 上述仅是从数学上给予的定义, 后面将会讲到螺旋的物理意义, 它的物理内涵是非常丰富的, 从而使螺旋成为特别有用的概念[3]。螺旋在不同的情况下表示不同的物理意义, 这点要特别关注, 并注意区分。

在螺旋的两矢量中, $\boldsymbol{S}$ 与原点的选择无关, 而矢量 $\boldsymbol{S}^0$ 却与原点的位置有关。当原点由 B 移至 A 时, 对偶部由 $\boldsymbol{S}^{0B}$ 变为 $\boldsymbol{S}^{0A}$ (它们均简记如 $\boldsymbol{S}^A$), 它仍可以按类似式 (1.14) 计算。

如前所述, 对于螺旋, 当改变原点时, 其对偶部改变。如把原点从点 B 移至 A 点, 螺旋 $(\boldsymbol{S};\boldsymbol{S}^B)$ 成为 $(\boldsymbol{S};\boldsymbol{S}^A)$, 那么

$$\boldsymbol{S}^A=\boldsymbol{S}^B+\boldsymbol{AB}\times\boldsymbol{S}$$

将上式两边点乘 $\boldsymbol{S}$, 得到

$$\boldsymbol{S}\cdot\boldsymbol{S}^A=\boldsymbol{S}\cdot\boldsymbol{S}^{\boldsymbol{B}}$$

由此可见, 在原点改变前后, 虽然螺旋的对偶部改变, 但是螺旋的原级矢量与次级矢量的点积却是原点不变量。换句话说, 虽然 $\boldsymbol{S}^0$ 与原点位置有关, 但 $\boldsymbol{S}\cdot\boldsymbol{S}^0$ 与原点的位置无关, 是原点不变量。

定义 1.5　螺旋的节距　如果 $\boldsymbol{S}\neq\boldsymbol{0}$, 则对下面这个原点不变量:

$$h=\frac{\boldsymbol{S}\cdot\boldsymbol{S}^0}{\boldsymbol{S}\cdot\boldsymbol{S}}=\frac{lp+mq+nr}{l^2+m^2+n^2} \tag{1.16}$$

称为螺旋的节距 (pitch), 记以 h。

---

[2]本书为了学习的方便和能够清楚地区分线矢量和螺旋, 将 $\boldsymbol{S}\cdot\boldsymbol{S}^0\neq 0$ 的螺旋的对偶部矢量以 $\boldsymbol{S}^0$ 标记, 以表示与线矢量的区别, 但国际上对此并无区别, 都用 “$\boldsymbol{S}_0$” 表示。

[3]注意, 正是螺旋的物理意义特别丰富的这个性质, 才使得螺旋理论在机构学上有多方面的重要应用; 因而也要注意区别其不同的性质用在不同的地方。

节距是原点不变量, 与坐标原点的改变无关。节距是有量纲的, 具有长度单位。细心的读者将会发现, 这里的节距定义与机械制造中的螺旋导程的定义略有不同, 在计算节距时与导程在数值上也有微小的不同。线矢量是节距为零的螺旋, $\boldsymbol{S}\cdot\boldsymbol{S}^0=0$, $h=0$。而当节距无穷大时, $h=\infty$, 螺旋退化为偶量。它们都是螺旋的特殊情况。

定义 1.6 偶量 当对偶矢量的原部矢量为零时, 该对偶矢量称为偶量, 表示为 $(\boldsymbol{0};\boldsymbol{S})$。偶量是自由矢量。偶量的节距为无穷大, $h=\infty$。自由矢量可以在不改变矢量方向的前提下自由地平行移动。

为理解偶量的自由矢量性质, 姑且先以力偶的概念来理解。对于一个物体, 其上若作用一个力偶, 这个力偶能够促使物体发生角加速度, 若把力偶看成一个矢量, 这个矢量在不改变方向下的平行移动对物体所产生的角加速度是不会改变的。这就是力偶自由矢量的概念。这里偶量的自由矢量性质则与此类似。

如果某螺旋的原级矢量 $\boldsymbol{S}$ 为单位矢量, $\boldsymbol{S}\cdot\boldsymbol{S}=1$。在三维空间中单位螺旋的数目为 ∞^5, 而螺旋的数目为 ∞^6。

线矢量在空间对应一条确定的直线; 同样, 一个螺旋 $(\boldsymbol{S};\boldsymbol{S}^0)$, $\boldsymbol{S}\cdot\boldsymbol{S}^0\neq 0$, 在空间也对应有一条确定的螺旋轴线。为确定这条直线, 可以如图 1.5 将 $\boldsymbol{S}^0$ 分解为垂直和平行于 $\boldsymbol{S}$ 的两个分量, 即 $h\boldsymbol{S}$ 和 $\boldsymbol{S}^0-h\boldsymbol{S}$, 这样

$$(\boldsymbol{S};\boldsymbol{S}^0)=(\boldsymbol{S};\boldsymbol{S}^0-h\boldsymbol{S}+h\boldsymbol{S})$$

式中, $\boldsymbol{S}^0-h\boldsymbol{S}$ 垂直于 $\boldsymbol{S}$, 由此 $\boldsymbol{S}^0-h\boldsymbol{S}=\boldsymbol{S}_0$, 因此螺旋的轴线方程即是如下直线:

$$\boldsymbol{r}\times\boldsymbol{S}=\boldsymbol{S}^0-h\boldsymbol{S} \tag{1.17}$$

此直线表达式写成 Plücker 坐标为 $(\boldsymbol{S};\boldsymbol{S}^0-h\boldsymbol{S})$。由式 (1.17), 一个螺旋可以经分解表示为

$$\$=(\boldsymbol{S};\boldsymbol{S}^0)=(\boldsymbol{S};\boldsymbol{r}\times\boldsymbol{S}+h\boldsymbol{S})=(\boldsymbol{S};\boldsymbol{S}_0+h\boldsymbol{S})=(\boldsymbol{S};\boldsymbol{S}_0)+(\boldsymbol{0};h\boldsymbol{S})$$

那就是说, 任何节距为非零有限值的螺旋都可以看成一个线矢量与一个偶量的同轴叠加, 反之一个线矢量和一个偶量可以构成一个螺旋, 参看下面的 1.2.2 节。从上述分析也可以看到, 单位螺旋决定于 $\boldsymbol{S}$、$\boldsymbol{r}$ 和 h。上述内容反映了螺旋的几何意义。

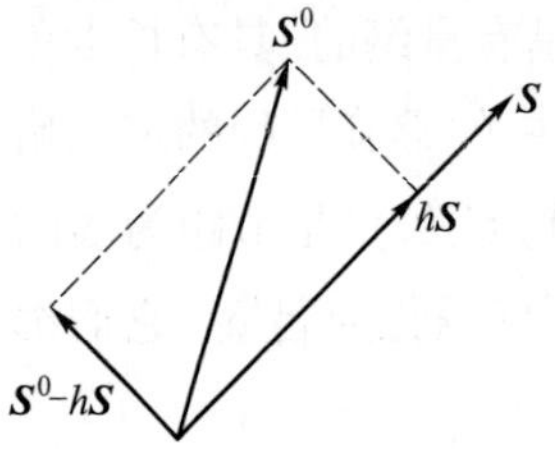

图 1.5　螺旋的轴线

这样, 一个螺旋包含了 4 个因素, 即螺旋的轴线位置、螺旋的节距以及螺旋的方向和大小。对于单位螺旋则只包括 3 个因素, 即螺旋的轴线位置、方向和螺旋的节距。同时我们还看到在坐标系的变换中, 单位螺旋的节距不发生变化。这样

螺旋 $(\boldsymbol{S};\boldsymbol{S}^0)$: $\boldsymbol{S}\neq\boldsymbol{0}$, $\boldsymbol{S}\cdot\boldsymbol{S}^0\neq 0$, $0\neq h\neq\infty$

线矢量 $(\boldsymbol{S};\boldsymbol{S}_0)$: $\boldsymbol{S}\neq\boldsymbol{0}$, $\boldsymbol{S}\cdot\boldsymbol{S}_0=0$, $h=0$

偶量 $(\boldsymbol{0};\boldsymbol{S})$: $\boldsymbol{S}\neq\boldsymbol{0}$, $h=\infty$

零螺旋: $\boldsymbol{S}=\boldsymbol{0}$, $\boldsymbol{S}^0=\boldsymbol{0}$, h 不定

例 1.2　螺旋 $(l\quad m\quad n;\quad hl\quad hm\quad hn)$ 表示节距为 h、轴线过原点的螺旋。

例 1.3　螺旋 $(1\quad 0\quad 0;\quad 1\quad 0\quad 0)$ 表示一个过原点轴线沿 X 轴、节距为 1 的单位螺旋。因为

$$h=(\boldsymbol{S}\cdot\boldsymbol{S}^0)/(\boldsymbol{S}\cdot\boldsymbol{S})=1$$

$$\boldsymbol{r}\times\boldsymbol{S}=\boldsymbol{S}^0-h\boldsymbol{S}=\boldsymbol{0}$$

例 1.4　螺旋 $(1\quad 1\quad 1;\quad 1\quad 1\quad 1)/\sqrt{3}$, 这也是一个轴线过原点、方向沿 $(1\quad 1\quad 1)$、节距为 1 的单位螺旋。

例 1.5　判别 $\$=(\boldsymbol{S};\boldsymbol{S}^0)=(1\quad 1\quad 0;\quad 1\quad 0\quad 0)$ 的属性, 并求其轴线位置。

解:　先计算节距, $h=(\boldsymbol{S}\cdot\boldsymbol{S}^0)/(\boldsymbol{S}\cdot\boldsymbol{S})=1/2$, 可以看到它的节距不为零; 由于 $\boldsymbol{S}^0=\boldsymbol{S}_0+h\boldsymbol{S}=\boldsymbol{r}\times\boldsymbol{S}+h\boldsymbol{S}$, 则轴线方程为

$$\boldsymbol{r}\times\boldsymbol{S}=\boldsymbol{S}^0-h\boldsymbol{S}=(1/2\quad -1/2\quad 0)^{\mathrm{T}}$$

还可以看到, 该对偶矢量是一个不过原点的非单位螺旋, $\boldsymbol{S}\cdot\boldsymbol{S}\neq 1$。

1.2 螺旋的代数运算和螺旋系

螺旋符合以下的代数运算规则, 并有重要的应用意义。

1.2.1 螺旋的数乘

实数与螺旋的乘法称为螺旋的数乘。若有螺旋

$$\$=(\boldsymbol{S};\boldsymbol{S}^0)=(a\quad b\quad c;\quad d\quad e\quad f)$$

乘以实数 λ, 其结果为

$$\lambda\$=(\lambda\boldsymbol{S};\lambda\boldsymbol{S}^0)=(\lambda a\quad \lambda b\quad \lambda c;\quad \lambda d\quad \lambda e\quad \lambda f) \tag{1.18}$$

1.2.2 两螺旋的代数和

两螺旋 $\$_1=(\boldsymbol{S}_1;\boldsymbol{S}_1^0)$, $\$_2=(\boldsymbol{S}_2;\boldsymbol{S}_2^0)$, 其代数和仍为螺旋, 且和螺旋的原部和对偶部分别为两螺旋的原部和对偶部之和。

$$\$_\Sigma=\$_1+\$_2=((\boldsymbol{S}_1+\boldsymbol{S}_2);(\boldsymbol{S}_1^0+\boldsymbol{S}_2^0)) \tag{1.19}$$

可以看到若两个螺旋之和为零, 仅当和螺旋的原部和对偶部分别都是零时发生。

对于两个节距为非零有限值螺旋之和, 一般仍是节距为非零有限值的螺旋, 但也可能出现节距为零的线矢。

若两线矢共面, 而且两原部矢量之和非零时, 则两线矢量之和仍为线矢量。这是因为: 由于是线矢量, 原部和对偶部矢量有正交性, $\boldsymbol{S}_1\cdot\boldsymbol{S}_{01}=0$, $\boldsymbol{S}_2\cdot\boldsymbol{S}_{02}=0$。又已知这两线矢量共面, 则这两直线的互矩为零, 由式 (1.13), $\boldsymbol{S}_{01}\cdot\boldsymbol{S}_2+\boldsymbol{S}_{02}\cdot\boldsymbol{S}_1=0$, 所以有

$$(\boldsymbol{S}_1+\boldsymbol{S}_2)\cdot(\boldsymbol{S}_{01}+\boldsymbol{S}_{02})=0$$

这表明和线矢的原部与对偶部是正交的, 因此共面两线矢之和仍为线矢量。但注意, 两单位线矢量之和不再为单位线矢量。

对于共面的两线矢量, 和线矢过两线矢的交点。这是因为共面两线矢的和仍为线矢量, 其矢量方程为

$$\boldsymbol{r} \times (\boldsymbol{S}_1 + \boldsymbol{S}_2) = \boldsymbol{S}_{01} + \boldsymbol{S}_{02}$$

若以 $\boldsymbol{r}_1$ 表示两线矢交点的矢径, $\boldsymbol{r}_1$ 应同时在两线矢上, 同时满足两线矢方程

$$\boldsymbol{r}_1 \times \boldsymbol{S}_1 = \boldsymbol{S}_{01}, \quad \boldsymbol{r}_1 \times \boldsymbol{S}_2 = \boldsymbol{S}_{02}$$

将两式相加有

$$\boldsymbol{r}_1 \times (\boldsymbol{S}_1 + \boldsymbol{S}_2) = \boldsymbol{S}_{01} + \boldsymbol{S}_{02}$$

此式表明两线矢的交点 $\boldsymbol{r}_1$ 满足和线矢作用线方程, 所以和线矢过两线矢的交点。

注意, 不共面的两线矢之和一般为节距为非零有限值的螺旋; 而线矢与偶量之和则一般为非线矢, 除非两者垂直。

1.2.3 两螺旋的互易积

在 1.1 节中我们曾定义, 将对偶矢量表示的两条直线中的两个原部矢量和两线矩相互交换下标后的点积之和称为两直线的互矩。这里对于两个螺旋, 将相互交换下标对应的代数运算定义为两螺旋的互易积。

定义 1.7 两螺旋的互易积 两螺旋的原部矢量与对偶部矢量下标相互交换后做点积之和, 这个乘法被定义为两螺旋的互易积 (reciprocal product), 记为

$$\$_1 \circ \$_2 = \boldsymbol{S}_1 \cdot \boldsymbol{S}_2^0 + \boldsymbol{S}_2 \cdot \boldsymbol{S}_1^0 \tag{1.20}$$

互易积是螺旋理论中最有意义的一种运算。

若 $\$_1$ 及 $\$_2$ 是两个线矢量, 则按式 (1.20) 它们的互易积可以写为

$$\$_1 \circ \$_2 = \boldsymbol{S}_1 \cdot \boldsymbol{S}_{02} + \boldsymbol{S}_2 \cdot \boldsymbol{S}_{01} \tag{1.21}$$

等式右边与式 (1.9) 相同, 表示两线矢的互易积就是两直线的互矩。

定理 1.1 两线矢共面的充分必要条件是它们的互易积为零, 反之亦然。

有两个螺旋 $\$_1(\boldsymbol{S}_1;\boldsymbol{S}_1^0)$ 和 $\$_2(\boldsymbol{S}_2;\boldsymbol{S}_2^0)$, 它们的互易积是

$$\$_1 \circ \$_2 = \boldsymbol{S}_1 \cdot \boldsymbol{S}_2^0 + \boldsymbol{S}_2 \cdot \boldsymbol{S}_1^0$$

当原点从点 O 移动到点 A, 这两个螺旋分别变成

$$\$_1^A = (\boldsymbol{S}_1;\boldsymbol{S}_1^A) = (\boldsymbol{S}_1;\boldsymbol{S}_1^0 + \boldsymbol{AO} \times \boldsymbol{S}_1)$$
$$\$_2^A = (\boldsymbol{S}_2;\boldsymbol{S}_2^A) = (\boldsymbol{S}_2;\boldsymbol{S}_2^0 + \boldsymbol{AO} \times \boldsymbol{S}_2)$$

这两个新的螺旋的互易积为

$$\$_1^A \circ \$_2^A = \boldsymbol{S}_1 \cdot (\boldsymbol{S}_2^0 + \boldsymbol{AO} \times \boldsymbol{S}_2) + \boldsymbol{S}_2 \cdot (\boldsymbol{S}_1^0 + \boldsymbol{AO} \times \boldsymbol{S}_1) = \$_1 \circ \$_2$$

从这个结果看到变化前后两个螺旋的互易积不变, 由此引出下面的定理。

定理 1.2 *互易积与原点的选择无关, 是原点不变量。*

在后面还将看到, 导出了两螺旋的相逆性也与原点的选择无关。这些都是十分有用的性质。还需要指出的是矢量有内积运算, 而螺旋不适合做内积运算, 因为存在做和的两部分单位的不一致问题, 无法求和。

1.2.4 螺旋系的概念

在螺旋理论中, 螺旋系的概念非常重要, 它可以从运动学引出。我们知道, 对于一个串联机构, 或串联机器人, 其末端刚体的运动可以表示为所有构件运动的叠加; 当每个运动副的相对运动都表示为螺旋时, 末端的运动就是诸螺旋的线性组合, 这里看到决定刚体运动的所有螺旋所组成的集合就是螺旋系。若把这个概念再扩大到更一般的情况, 一个机构中当所有运动副都表示为螺旋, 那么所有的螺旋就形成了这个机构的运动螺旋系。

定义 1.8 **螺旋系** 当机构中的运动副都表示成螺旋 $\$$ 时, 这些螺旋的集合就定义了一个螺旋系, 记为 $\widehat{\$}$。

按螺旋系中独立的螺旋的数目, 螺旋系可分为仅含一个螺旋的单螺旋系; 含两个线性无关螺旋的螺旋系是双螺旋系, 螺旋系的秩是 2, 也称螺旋二系或二系螺旋; 含 3 个线性无关螺旋的螺旋系是三系螺旋, 螺旋系的秩是 3; 还有四系螺旋、五系螺旋和六系螺旋, 等等。由于线性无关的螺旋最多只有 6 个, 六系螺旋是线性无关螺旋数目最大的螺旋系。

例 1.6 串联机器人机构的螺旋系。

对于一个串联开链机器人, 见图 1.6, 当所有运动副都表示为螺旋时, 按理论力学, 其末端件的运动是所有连接构件运动的叠加, 在这里也就是所有螺旋的线性组合, 这些螺旋就构成一个典型的螺旋系。

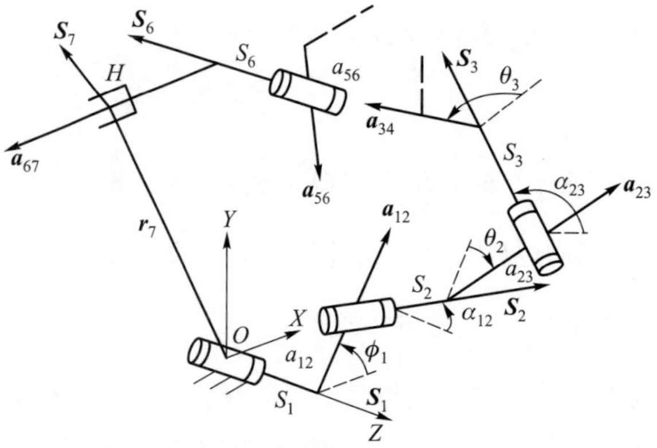

图 1.6 机器人串联开链机构

工业机器人的机械手臂一般是一个空间开链机构, 由一系列杆件用运动副将机器人手与杆件串联起来并最后连至机架而成。机器人的自由度的数目直接就等于所有运动副自由度的总和, 当所有运动副都是单自由度运动副时, 机器人的自由度直接就是运动副的数目。一般 n 个自由度机器人的手臂是由 n 个活动杆件经 n 个转动副依次串联, 再固接于机座构成, 其末端即为机器人的手爪, 见图 1.6。由于每个转动副有一个相对转动角速度 ω, 而此相对转动角速度的转动轴线即是该转动副的轴线, 转动副轴线的方向位置却可以用对应转动副的线矢量 $\$$ 表示, 那么这个转动副的相对运动就可以表示为 $\omega\$$。这样对应这个机器人, 它的 n 个活动构件之间的相对运动可以分别用 n 个角速度线矢量表示, $\omega_1\$_1, \omega_2\$_2, \cdots, \omega_n\$_n$。其末端件相对于惯性坐标系的瞬时运动, 若用一个瞬时角速度 ω_i 与单位螺旋 $\$_i$ 的乘积表示, 即 $\omega_i\$_i$。这样末端件的运动则为诸运动螺旋之线性组合, 称为螺旋运动方程。机器人末端件的瞬时运动螺旋可以由下面的螺旋方程求得:

$$\omega_i\$_i = \omega_1\$_1 + \omega_2\$_2 + \cdots + \omega_n\$_n = \sum_{j=1}^{n} \omega_j\$_j, \quad j = 1, 2, \cdots, n \tag{1.22}$$

式中

$$\omega_i \$_i = \omega_i(\boldsymbol{S}_i; \boldsymbol{S}_i^0) = (\omega_i \boldsymbol{S}_i; \omega_i \boldsymbol{S}_i^0) = (\boldsymbol{\omega}_i; \boldsymbol{v}_i^0)$$

这里的 n 个螺旋, $\$_1, \$_2, \cdots, \$_n$, 就构成了一个螺旋系。当 $n > 6$, 则它们必定线性相关, 当 n 个螺旋线性无关时, 此 n 个螺旋就是一个 n 系螺旋。若螺旋系用 $\widehat{\$}$ 表示, 则上述 n 个自由度的机器人的螺旋系就可以表示成

$$\widehat{\$} = [\$_1 \quad \$_2 \quad \cdots \quad \$_n] \tag{1.23}$$

串联机器人是一个开式运动链, 它的自由度就决定于此螺旋系中的螺旋数目, 而其末端手的自由度则取决于螺旋系中独立的运动螺旋的数目, 或螺旋系的最大线性无关的螺旋数目。两者经常并不相同。

前面提到螺旋系分为 6 种, 但常用的有二系螺旋和三系螺旋, 下面简单介绍这两种螺旋系。

1.2.4.1 二阶螺旋系

由任意两个线性无关的螺旋经线性组合得到的所有可能的螺旋的集合是二阶螺旋系。它含有 ∞^1 个螺旋。在螺旋系的研究中, 螺旋二系是最为基础的。二阶螺旋系所有螺旋的轴线在空间形成一个特殊的直纹面称拟圆柱面, 见图 1.7[1,5]。

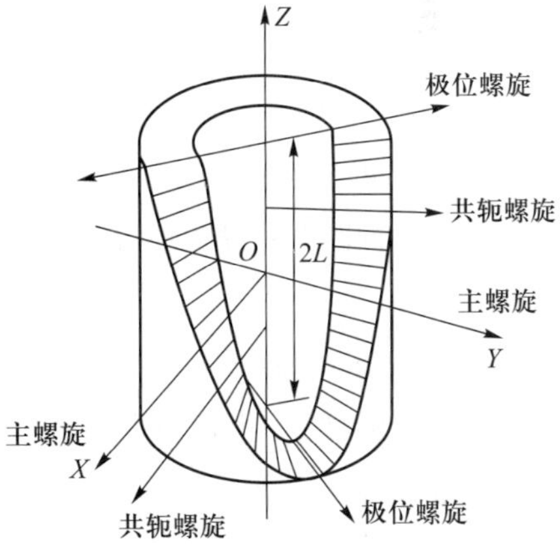

图 1.7 拟圆柱面

拟圆柱曲面上的每一条发生线对应一个螺旋, 所有的发生线都与拟圆柱面的中线垂直相交, 而无穷多的交点连续分布在中线的一定长度范围之内。在拟圆柱面的中心平面上必有两个垂直正交的螺旋, 而且其节距在该螺旋系中都为

极值, 一个为极大, 另一个为极小, 称此两个螺旋为螺旋系的主螺旋, 主螺旋所在平面称主平面。分析时常常选定这两个主螺旋的轴线分别为坐标系的 X 轴和 Y 轴, 并表示它们的节距为 h_α 和 h_β, 且令 $h_\alpha > h_\beta$。那么由这两个螺旋所形成的所有和螺旋构成了一个规则的拟圆柱面。

二系螺旋具有如下性质:

(1) 极位螺旋 (end screw)。在二系螺旋所形成的拟圆柱面的两端, 各有一个螺旋称为极位螺旋, 见图 1.7。当任意给定线性无关的两个螺旋后, 由它们线性组合可以得到拟圆柱面上的这个螺旋系。拟圆柱面的中线就是图 1.7 中的 Z 轴。由于极位螺旋位于拟圆柱面的两端, 也就是说, 极位螺旋是当 Z 坐标取得极值时而得到的。这两个极位螺旋之间的夹角 $\theta = 90°$, 即它们在主平面上的投影相互正交, 并且等距离地分布在主平面的上下两侧。

(2) 主螺旋 (principal screw)。已如上述, 主螺旋是指节距取得极值的两个螺旋。在图 1.7 中, 主螺旋位于主平面上, 对应着节距为 h_α 和 h_β。主平面, 也就是该图中 $Z = 0$ 所对应的平面。这两个主螺旋之间的夹角也是 $\theta = 90°$。两个主螺旋和拟圆柱面的中轴线三者正交于一点, 由此构成的直角坐标系称为主坐标系。主螺旋与极位螺旋之间的夹角为 $\theta = \pm 45°$。并且, 两个极位螺旋等距离地分布在主平面的两侧。这样, 极位螺旋则是在公垂线上螺旋的轴线位置取得极值的两个螺旋, 而主螺旋则是所有螺旋中节距取得极值的两个螺旋。

(3) 共轭螺旋 (conjugate screw)。二系螺旋中具有相同节距的螺旋称为共轭螺旋。除了两个主螺旋没有共轭螺旋之外, 其余每一个螺旋都有与之共轭的另一个螺旋, 而且它们等距地分布在主平面的两侧。两个极位螺旋也是一对共轭螺旋。

(4) 零节距螺旋 (线矢量)。在两个螺旋的无穷多的和螺旋中可能出现节距为零的零节距螺旋, 也就是线矢量, 它的出现总是成对的, 它们是一对共轭螺旋。当两个主螺旋的节距反号时在螺旋二系中才能出现零节距螺旋, 而且只可能出现一对零节距螺旋。当两个主螺旋的节距同号时, 则在螺旋二系中不可能出现零节距螺旋。

(5) 共面螺旋 (co-planar screw)。在拟圆柱面上, 以与主平面相平行的平面截取拟圆柱面, 得到一对与中线相交于同一点的两个螺旋称为共面螺旋。两个主螺旋就是一对共面螺旋。共面螺旋的一个重要性质是拟圆柱面上共面螺旋的节距之和为常数。

从上述对二阶螺旋系拟圆柱面的分析得知, 任何两个螺旋的线性组合能够得到无穷多个螺旋, 其中节距相同的螺旋至多只有两个, 其中出现节距为零的线矢量也是至多两个。同样, 任何两个不共面的线矢量的无穷多线性组合中节距为零的线矢量也还是原来那两个。

由于在机构的分析中经常要用到螺旋的线性组合, 拟圆柱面的性质对于了解两个螺旋线性组合是十分有用的。

1.2.4.2 三阶螺旋系

由任意 3 个线性无关的螺旋经线性组合而得的所有和螺旋构成三阶螺旋系[1,2,6]。三系螺旋却含有 ∞^2 个螺旋。在一般情况下, 主螺旋 h_α、h_β 和 h_γ 是三阶螺旋系中唯一存在的 3 个垂直正交的螺旋, 它们的节距是不相等的, 且设 $h_\alpha > h_\beta > h_\gamma$, 其中 h_α 和 h_γ 两个节距取得极值。由 3 个主螺旋所构成的直角坐标系称为三系螺旋的主坐标系。当主螺旋节距确定后, 三阶螺旋系中所有螺旋的节距都介于主螺旋的最大和最小节距之间。对于前面讨论的二阶螺旋系 Phillips 给出了一个拟圆柱面, 见图 1.7, 拟圆柱面清楚和形象地将所有可能的不同节距的螺旋都概括绘于其中。而表示三阶螺旋系全部的螺旋, 我们可以参看图 1.8a, 从该图中也看出三阶螺旋系下所有不同节距的所有螺旋之分布。图 1.8a 所示为 3 自由度立方 3-RPS 并联机构处于某位型下所有可能的三阶运动螺旋的平面图[6], 此机构的 3 个 P 副是 3 个输入副, 图中的横、纵两个坐标 u 和 w 分别属此 3 自由度机构的 3 个相对输入值 $(u, w, 1)$, 每有一组 3 个输入就有对应 3 自由度机构动平台的一个螺旋运动, 也就对应坐标平面上的一个点, 而坐标平面中的任何一个点就表示此 3 自由度机构的一组输入 $(u_i, w_i, 1)$, 也对应一个节距。平面图中有 ∞^2 个点, 就对应有 ∞^2 个螺旋, 机构有 ∞^2 可能的运动。图中标注的 h_α 和 h_γ 两点, 对应最大和最小的节距螺旋。图中每一条线对应节距相同的一组无穷多个螺旋, 节距为零的螺旋也有无穷多个, 也描绘出一条曲线。这里对应每一个相同节距的螺旋都有无穷多, 它们在空间分别分布于不同的单叶双曲面上, 所以对应的单叶双曲面也有无穷多个, 见图 1.8b。

由于三阶螺旋的所有相同节距的螺旋有无穷多个, 分布在同一个单叶双曲面上。因此, 若某三系螺旋含有节距为零的线矢量, 线矢量也必定有无穷多个, 且完整地分布在某个单叶双曲面上。

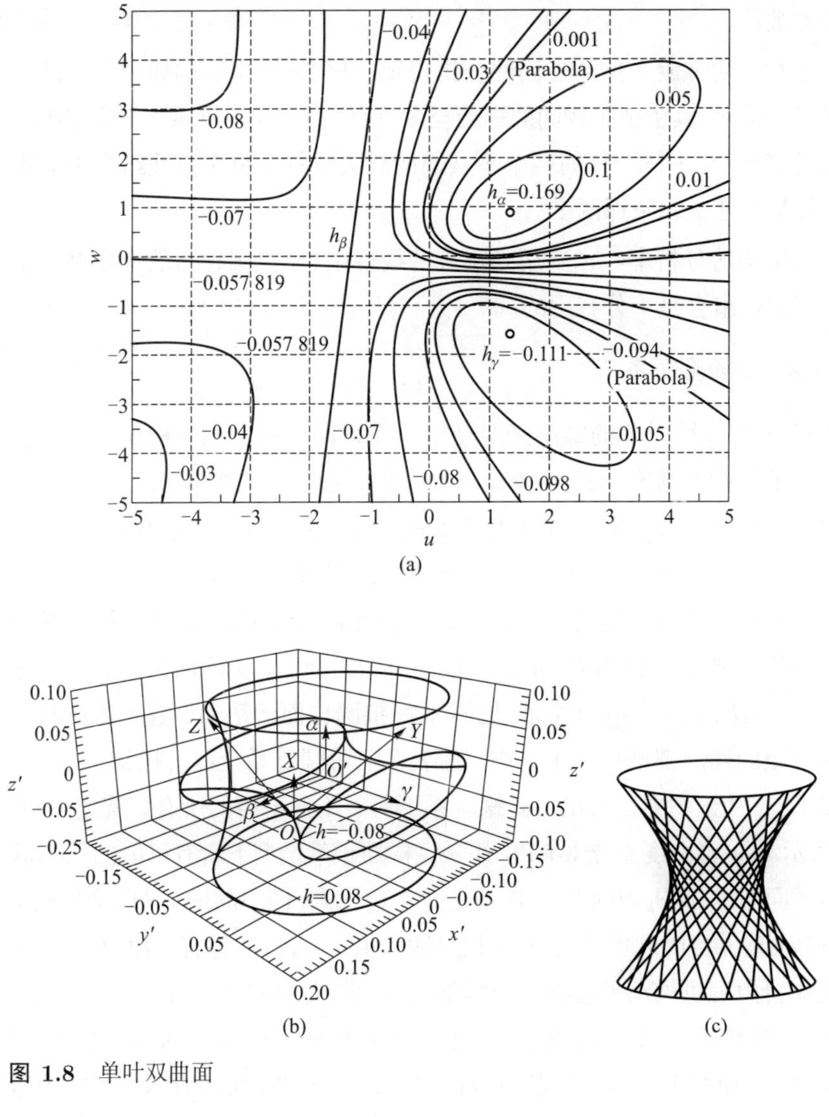

图 1.8 单叶双曲面

单叶双曲面其上覆盖的直线族称二次线列 (regulus), 见图 1.8c。此二次线列中的每一条直线都可称为二次线列的发生线。在同一单叶双曲面上存在两个二次线列, 一个为左旋, 另一个则为右旋, 它们是相关但不相同的两个直线族。这两族直线覆盖同一个单叶双曲面, 而且都是完全地覆盖。一族直线中的每一条线必与另一族的每一条直线相交, 却不与本族的任何直线相交。若取出一个二次线列, 另一个就称为二次线列补。若这里有 3 个螺旋 $\boldsymbol{\$}_1$、$\boldsymbol{\$}_2$ 和 $\boldsymbol{\$}_3$, 它们构成一个二次线列, 而能同时与 $\$_1$、$\$_2$ 和 $\$_3$ 三线相交的无穷多直线则构成其二次线列补。而且单叶双曲面上的每一条直线都存在一条也在此单叶双曲面上而与它相平行的直线, 即单叶双曲面上有无限多成对的平行线, 但相互平行的两条直线是分布在不同的两个二次线列上。

1.3 刚体的螺旋运动和其上的作用力

在前面提到螺旋的概念时指出它的物理内涵是非常丰富的, 这里就先介绍它的两个重要的物理意义和相应的物理上的应用, 那就是能够用螺旋表示物体的运动, 还能表示物体上的作用力。

在三维空间里刚体最一般的运动形式为螺旋运动, 即同时存在刚体绕轴的转动与沿同轴线方向的移动, 即同时既旋转又前进。刚体的纯转动和纯移动都只是这种螺旋运动的特殊情况。在三维空间里作用力的最一般形式是力螺旋, 既有压力又有扭力, 单独的压力或扭力也都是力螺旋的特殊情况。

用螺旋表示物体的运动和表示物体的受力具有特别方便之处, 与一般的矢量表示方法或其他方法相比, 它还能够表示螺旋运动和力螺旋的空间轴线方位。这个优点在机器人的运动分析或力分析中起到突出的作用, 也正是螺旋理论能够极大地推进空间机构学理论发展的原因之一。

1.3.1 刚体的瞬时转动和移动

若刚体 2 相对机架 1 做绕 S 轴的转动, 见图 1.9, 转动的角速度为 $\boldsymbol{\omega} = \omega \boldsymbol{S}$。其中 ω 为标量, $\boldsymbol{S}$ 是单位矢量。但描绘刚体在三维空间绕某个轴的旋转运动, 只用一个角速度矢量 $\boldsymbol{\omega}$ 还是不够明确的, 因为这还没有表示出转动轴线的空间位置。当我们同时还想表示出旋转轴线的位置时, 就应采用角速度线矢量来表示物体的转动运动, 即角速度的大小 ω 与一个表示旋转轴作用线的单位线矢 $(\boldsymbol{S}; \boldsymbol{S}_0)$ 之积

$$\omega \$ = \omega(\boldsymbol{S}; \boldsymbol{S}_0) = (\omega \boldsymbol{S}; \omega \boldsymbol{S}_0) \tag{1.24}$$

式中, $\boldsymbol{S}$ 是单位矢量, $\boldsymbol{S} \cdot \boldsymbol{S} = 1$; $\boldsymbol{S}_0$ 是 $\boldsymbol{S}$ 对原点的线矩, 它与 $\boldsymbol{S}$ 正交, $\boldsymbol{S} \cdot \boldsymbol{S}_0 = 0$。

转动运动用线矢量表示, 转动的轴线方程即为

$$\boldsymbol{r} \times \boldsymbol{S} = \boldsymbol{S}_0$$

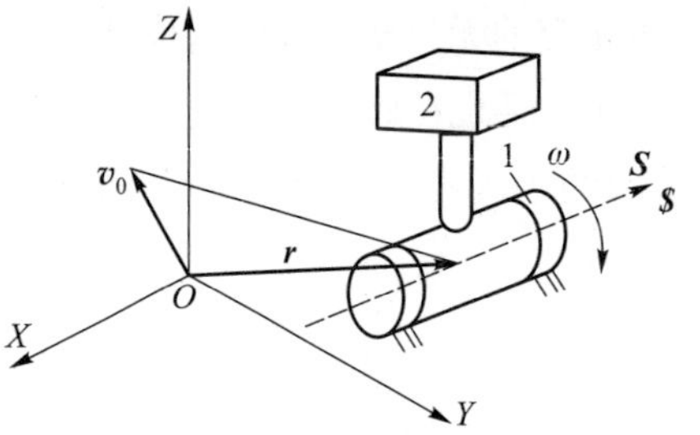

图 1.9 刚体的瞬时转动运动

角速度线矢的第 2 项可以展开写为

$$\omega \boldsymbol{S}_0 = \omega \boldsymbol{r} \times \boldsymbol{S} = \boldsymbol{r} \times \boldsymbol{\omega} = \boldsymbol{v}_0$$

它表明转动运动线矢量的第 2 项是刚体上与原点 O 重合的点的线速度, 也即是做旋转运动的物体上与原点相重合的点的切向速度, 故式 (1.24) 表示的转动运动也可写为

$$\omega \boldsymbol{\$} = (\boldsymbol{\omega}; \boldsymbol{v}_0) \tag{1.25}$$

这样, 构成刚体的转动线矢的对偶矢量是包括由角速度矢量 $\boldsymbol{\omega}$ 和刚体上与坐标原点重合点的线速度矢量 $\boldsymbol{v}_0$ 两者所构成。刚体的瞬时转动运动表示成 Plücker 坐标为 $\omega(\boldsymbol{S}; \boldsymbol{S}_0)$ 或 $(\boldsymbol{\omega}; \boldsymbol{v}_0)$。当坐标系原点与转轴重合, $v_0 = 0$, 转动线矢变成 $\omega \boldsymbol{\$} = (\boldsymbol{\omega}; \boldsymbol{0})$, 写成 Plücker 坐标就是 $(\boldsymbol{\omega}; \boldsymbol{0})$。

当刚体 2 在某滑道中相对刚体 1 做移动运动, 沿滑道的速度是 $\boldsymbol{v}$, 滑动的方向用单位矢量 $\boldsymbol{S}$ 表示, 这样速度矢量可以表示为 $\boldsymbol{v} = v\boldsymbol{S}$, 其中 v 是 $\boldsymbol{v}$ 之模。此单位矢量 $\boldsymbol{S}$ 通常是选在移动副导路的中心线方向。然而对移动运动, 刚体上所有的点都具有相同的移动速度 $\boldsymbol{v}$, 这即是说将矢量 $\boldsymbol{S}$ 平行移动并不改变刚体的运动状态, 所以这样的移动速度矢量也就是前面讲过的 “自由矢量”。

从另一种角度说刚体的移动速度, 也可以看成由一个非常特殊的瞬时转动运动产生的, 此转动轴线沿着与 $\boldsymbol{S}$ 正交方向, 位于距 $\boldsymbol{S}$ 无限远的平面内。位于无穷远处的转轴的 Plücker 坐标可以表示为 $(\boldsymbol{0}; \boldsymbol{S})$。因此, 移动运动就可以表示成节距为无穷大的偶量 $v(\boldsymbol{0}; \boldsymbol{S})$ 或 $(\boldsymbol{0}; \boldsymbol{v})$。

1.3.2 刚体的瞬时螺旋运动

当刚体 2 相对刚体 1 既有相对转动运动又有沿轴线的相对移动时, 情况就要复杂一些，如图 1.10 所示。刚体绕轴 $\boldsymbol{S}_1$ 旋转，瞬时转动螺旋为 $\omega_1(\boldsymbol{S}_1;\boldsymbol{S}_{01})$，这里 $(\boldsymbol{S}_1;\boldsymbol{S}_{01})$ 为单位线矢；刚体同时又沿 $\boldsymbol{S}_1$ 做相对移动，瞬时移动螺旋为 $v_2(\boldsymbol{0};\boldsymbol{S}_1)$。刚体的绝对瞬时运动应是这两个螺旋的合成。按螺旋代数和计算，合成螺旋 $\omega_i\boldsymbol{S}_i$ 的原部和对偶部应分别是转动、移动两螺旋的原部和对偶部的和。当让 $v_2=h\omega_1$，则合成螺旋可以表示成

$$\omega_i\$_i=(\omega_1\boldsymbol{S}_1;\omega_1\boldsymbol{S}_{01})+(\boldsymbol{0};v_2\boldsymbol{S}_1)=(\omega_1\boldsymbol{S}_1;\omega_1\boldsymbol{S}_{01}+h\omega_1\boldsymbol{S}_1)=\omega_1(\boldsymbol{S}_1;\boldsymbol{S}_1^0) \quad (1.26)$$

或

$$\omega_i\$_i=\omega_1(\boldsymbol{S}_1;\boldsymbol{S}_1^0)=(\boldsymbol{\omega}_1;\boldsymbol{v}^0)$$

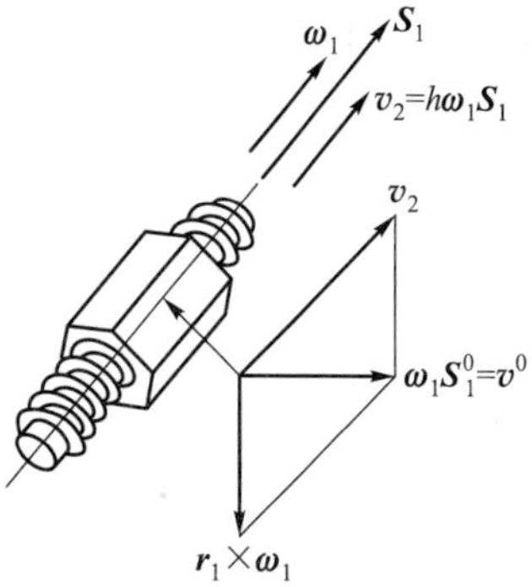

图 1.10 螺旋的对偶速度矢量

此运动螺旋的原级矢量是螺旋运动的角速度矢量 $\boldsymbol{\omega}_1$，而对偶级矢量 $\boldsymbol{v}^0$ 是刚体上原点重合点的线速度矢量。注意，此时对偶级矢量 $\boldsymbol{v}^0$ 的方向一般并不是与角速度矢量 $\boldsymbol{\omega}_1$ 相同，除非螺旋轴线过坐标原点。同时螺旋的节距还可以表示为

$$h=\frac{\boldsymbol{S}_1\cdot\boldsymbol{S}_1^0}{\boldsymbol{S}_1\cdot\boldsymbol{S}_1}=\frac{\boldsymbol{\omega}_1\cdot\boldsymbol{v}^0}{\boldsymbol{\omega}_1\cdot\boldsymbol{\omega}_1} \quad (1.27)$$

刚体的转动和移动是刚体螺旋运动的特例，前者是节距 $h=0$ 的线矢量，后者是 $h=\infty$ 的偶量。

1.3.3 刚体上作用的力和力偶

与表示刚体瞬时运动相似，刚体上的作用力也可以用螺旋来表示。如刚体上有一作用力 $\boldsymbol{f}$，见图 1.11，它可写为标量 f 与单位矢量 $\boldsymbol{S}$ 之积，即 $f\boldsymbol{S}$；而此力对

坐标原点之矩 $\boldsymbol{C}_0$ 可表示为, 标量 f 与单位矢量 $\boldsymbol{S}$ 的线矩 $\boldsymbol{S}_0$ 之积, 即 $\boldsymbol{C}_0 = f\boldsymbol{S}_0$。所以作用在刚体上的力如以单位线矢表示, 则为

$$f\$ = (f\boldsymbol{S}; f\boldsymbol{S}_0) = (\boldsymbol{f}; \boldsymbol{C}_0) \tag{1.28}$$

式中, $\$$ 为单位线矢, $\boldsymbol{S}$ 和 $\boldsymbol{S}_0$ 正交; 用线矢量就同时表示了刚体上的力的大小、方向和作用线。力线矢写成 Plücker 坐标形式为 $f(\boldsymbol{S}; \boldsymbol{S}_0)$, 或 $(f\boldsymbol{S}; f\boldsymbol{S}_0)$, 或 $(\boldsymbol{f}; \boldsymbol{C}_0)$。式中, $\boldsymbol{C}_0$ 是力 $\boldsymbol{f}$ 对原点之矩, 即 $\boldsymbol{C}_0 = f\boldsymbol{S}_0 = f\boldsymbol{r} \times \boldsymbol{S}$。当力过原点, 力对原点之矩为零, $\boldsymbol{C}_0 = \boldsymbol{0}$, 此时表示此力的 Plücker 坐标为 $(\boldsymbol{f}; \boldsymbol{0})$, 或 $(a \quad b \quad c; \quad 0 \quad 0 \quad 0)$。

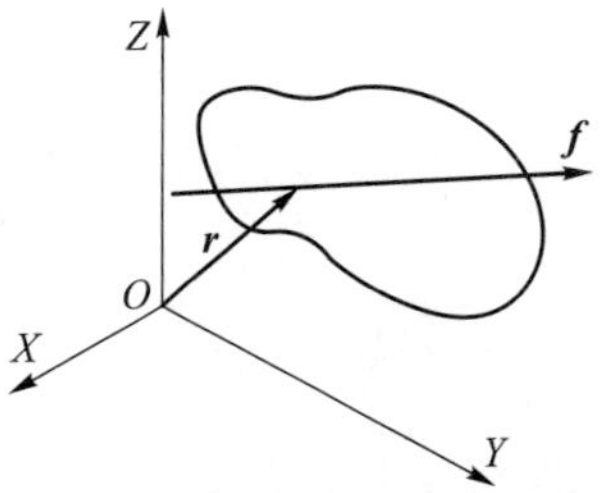

图 1.11 刚体上的作用力

当刚体上作用于两个点有两个大小相等方向相反的平行力 $\boldsymbol{f}_1$ 和 $\boldsymbol{f}_2$, 如图 1.12 所示, 这两个力构成一个力偶, 力偶矩为矢量, 可以表示为

$$\boldsymbol{C} = (\boldsymbol{r}_2 - \boldsymbol{r}_1) \times \boldsymbol{f}_2 = (\boldsymbol{r}_1 - \boldsymbol{r}_2) \times \boldsymbol{f}_1 \tag{1.29}$$

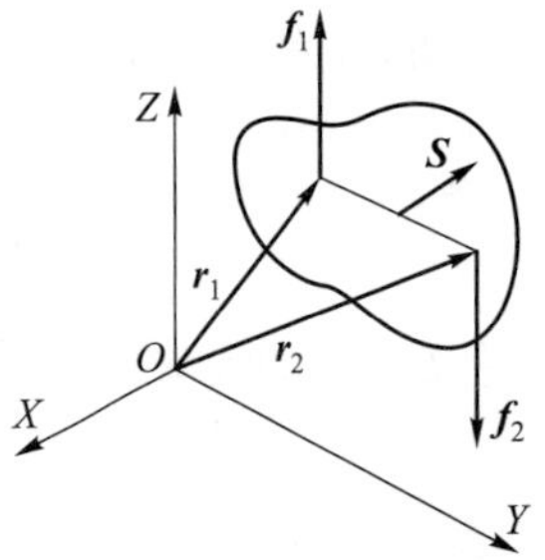

图 1.12 刚体上作用的力偶

显然此力偶矢量 $\boldsymbol{C}$ 是沿力偶作用平面的法线方向。若 $\boldsymbol{S}$ 是力偶平面的法线单位矢量, 它与力偶矩按右手螺旋取得一致。力偶也就可以用螺旋表示, 写为 $C\$$。

力偶是自由矢量, 它在刚体内自由地平行移动而不会改变它对刚体作用的效果。这样力偶螺旋 $C\$$ 也可以认为是一个作用在刚体上位于无限远的 “无限小的力” 引起对原点的矩, 该力的作用线与 $\boldsymbol{S}$ 正交, 其 Plücker 坐标是 $(\boldsymbol{0};\boldsymbol{S})$, 所以力偶旋量可表示为

$$C\$=C(\boldsymbol{0};\boldsymbol{S})=(\boldsymbol{0};C\boldsymbol{S})=(\boldsymbol{0};\boldsymbol{C}) \tag{1.30}$$

1.3.4 刚体上作用的力螺旋

一般情况下物体上作用的力系可以合成为一个力螺旋, 即一个对某轴的力偶与沿该轴的力的结合所形成的和螺旋, 称力螺旋。上述的力螺旋 $f_1(\boldsymbol{S}_i;\boldsymbol{S}_i^0)$ 可以表示为一个大小为 f_1 沿 $\boldsymbol{S}_1$ 作用的力 $\boldsymbol{f}_1$, 和一个与 $\boldsymbol{S}_1$ 方向相平行的力偶矢量 $\boldsymbol{C}_0$ 之和。当原点选在 $\boldsymbol{S}_1$ 轴上, 这个力螺旋可以表示如下:

$$f_1(\boldsymbol{S}_1;\boldsymbol{S}_1^0)=(\boldsymbol{f}_1;\boldsymbol{C}_0) \tag{1.31}$$

当原点不在 $\boldsymbol{S}_1$ 轴上时

$$f_1(\boldsymbol{S}_1;\boldsymbol{S}_1^0)=(\boldsymbol{f}_1;\boldsymbol{C}^0)$$

式中, $\boldsymbol{C}^0$ 是作用于原点的力偶矩。

所以刚体上作用的力和力偶是力螺旋的特例, 前者是节距 $h=0$ 的线矢量, 后者是 $h=\infty$ 的偶量。

综合本节中分析的运动和力的各种形式, 可以归纳出表 1.1。

表 1.1 运动和力的各种螺旋表达形式

类别	运动	力
线矢量 $h=0$	转动	力
偶量 $h=\infty$	移动	力偶
螺旋 $0<h<\infty$	螺旋运动	螺旋力

1.4 螺旋在不同几何空间下的相关性

在空间机构的分析中很多时候要涉及螺旋的相关性问题, 特别是常常被问道 “所给出的几个特定的螺旋是否线性相关? 其秩等于多少?” 这即是提问: “在

某个给定的几何条件下”如何判断含若干空间方向位置各异的线矢量是否线性相关? 甚至其中还含若干偶量的复杂螺旋系, 它们是否线性相关? 这经常是一个很难直接回答的问题。本节就来讨论这种在不同的几何空间下螺旋的相关性问题[7]。

1.4.1 螺旋的相关性

定义 1.9 螺旋的相关性 当有 n 个螺旋 $\boldsymbol{\$}_i = (\boldsymbol{S}_i; \boldsymbol{S}_i^0), i = 1, 2, \cdots, n$, 成为线性相关时, 必可找到一组不全为零的实数 ω_i, 使得和螺旋为零, $\sum\limits_n \omega_i \boldsymbol{\$}_i = 0$, 则这 n 个螺旋为线性相关。

如前所述, 螺旋的 Plücker 坐标可以表示为这样的 6 个元素 $(l\ m\ n; p\ q\ r)$。n 个螺旋的螺旋系的相关性, 就可以由螺旋系的 Plücker 坐标表示的 Jacobian 矩阵的秩来判断

$$\boldsymbol{J} = \begin{bmatrix} l_1 & m_1 & n_1 & p_1 & q_1 & r_1 \\ l_2 & m_2 & n_2 & p_2 & q_2 & r_2 \\ \vdots & \vdots & \vdots & \vdots & \vdots & \vdots \\ l_n & m_n & n_n & p_n & q_n & r_n \end{bmatrix} \tag{1.32}$$

欲求矩阵的秩, 可对其进行初等变换。

定理 1.3 螺旋系的线性相关性 螺旋系的线性相关可以由用 Plücker 坐标所表示的螺旋矩阵的秩来判断。

螺旋的 Plücker 坐标有 6 个分量, 显然三维空间中线性无关的螺旋的数目最多为 6 个。线矢量是螺旋的特例, 线矢量的 Plücker 坐标也有 6 个分量, 所以三维空间线性无关的线矢量的数目最多也有 6 个。

定理 1.4 螺旋的相关性与坐标系的选择无关。

证明: 设有 n 个螺旋, 其原部和对偶部对于坐标系 O 表示为 $\boldsymbol{\$}_i^O = (\boldsymbol{S}_i; \boldsymbol{S}_i^O)$, $i = 1, 2, \cdots, n$。当已知这 n 个螺旋是线性相关的, 按螺旋线性相关的定义, 必可找到一组不全为零的数 ω_i, 使得和螺旋为零, $\sum\limits_n \omega_i \boldsymbol{\$}_i^O = 0$。按螺旋的加法规则, 则分别有

$$\sum_n \omega_i \boldsymbol{S}_i = 0 \quad 和 \quad \sum_n \omega_i \boldsymbol{S}_i^O = 0 \tag{1.33}$$

当坐标系由 O 点移至 A 点, 这 n 个螺旋是否仍旧保持线性相关呢? 按本章

的理论, 当坐标系由 O 点移至 A 点后, 各螺旋相应地表示为 $\boldsymbol{\$}_i^A=(\boldsymbol{S}_i;\boldsymbol{S}_i^A), i=1,2,\cdots,n$, 其中原部不变而对偶部变为

$$\boldsymbol{S}_i^A=\boldsymbol{S}_i^O+AO\times\boldsymbol{S}$$

为确定坐标变换后的相关性, 先分析其线性组合。按螺旋做和原理, 和螺旋为

$$\sum_n\omega_i\boldsymbol{\$}_i^A=\left(\sum_n\omega_i\boldsymbol{S}_i;\sum_n\omega_i\boldsymbol{S}_i^A\right)$$

而其中等式右边和螺旋的对偶部又可写为

$$\sum_n\omega_i\boldsymbol{S}_i^A=\left(\sum_n\omega_i\boldsymbol{S}_i^O+\boldsymbol{AO}\times\sum_n\omega_i\boldsymbol{S}_i\right)$$

由式 (1.33) 知, 和螺旋原部及对偶部 3 项均为零, 所以仍保持有

$$\sum_n\omega_i\boldsymbol{\$}_i^A=0 \tag{1.34}$$

这表明对原坐标为线性相关的螺旋系, 对新坐标系仍保持线性相关。不难导得其 "对称命题", 原为线性无关的螺旋系, 经坐标变换后仍为线性无关。这样, 定理得到证明。

考虑到存在螺旋系的相关性与坐标系的选择无关这个定理, 此后为了推导简明, 在分析螺旋的相关性时可以选取最方便的坐标系, 使诸螺旋的表达式尽可能地简单, 例如使螺旋的 Plücker 坐标中出现许多的 1 或 0 这样最简单的元素, 如图 1.1b 所示。在本章后面还将分析螺旋的相逆性与坐标系的选择无关的命题, 这两个命题的结合对于许多问题的分析会带来诸多方便。

1.4.2 特殊几何条件下螺旋的相关性

下面分析一些常见的特殊几何条件下螺旋的线性无关性, 见表 1.2。当遇到表中没有的其他的特殊几何条件, 可以类似进行分析。

表 1.2 螺旋在不同几何空间下的线性无关性

序号	几何特点	图示及说明	线矢 $h=0$	偶量 $h=\infty$
1	共轴条件		1	1
2	共面平行		2	1
3	共面共点 (平面汇交)	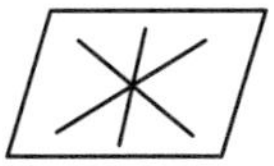	2	2

续表

<table>
<tr><th>序号</th><th colspan="2">几何特点</th><th>图示及说明</th><th>线矢
$h=0$</th><th>偶量
$h=\infty$</th></tr>
<tr><td>4</td><td colspan="2">空间平行</td><td>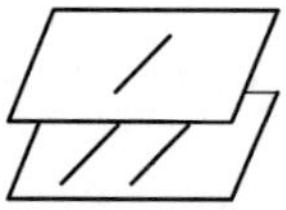</td><td>3</td><td>1</td></tr>
<tr><td>5</td><td colspan="2">共面</td><td>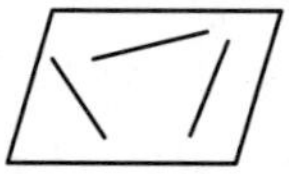</td><td>3</td><td>2</td></tr>
<tr><td>6</td><td colspan="2">空间共点</td><td></td><td>3</td><td>3</td></tr>
<tr><td>7</td><td colspan="2">单叶双曲面上不相交的直线</td><td></td><td>3</td><td>—</td></tr>
<tr><td>8</td><td colspan="2">(a) 有公共交线, 交角为直角
(b) 有公共交线, 交角相同, 且分布在两个垂直面内
(c) 有 1 条公共交线
(d) 有 2 条公共交线
(e) 有 3 条公共交线</td><td></td><td>4
4
5
4
3</td><td>—
—
—
—
—</td></tr>
<tr><td>9</td><td colspan="2">诸线矢所在平面相平行, 且线矢无公垂线[21]</td><td></td><td>5</td><td>—</td></tr>
<tr><td>10</td><td colspan="2">Stewart 绕 Z 轴转 $\pi/2$ 后的位型</td><td></td><td>5</td><td>—</td></tr>
<tr><td rowspan="2">11</td><td rowspan="2">空间
一般
情况</td><td>线矢空间相错
且无公共交线</td><td>如 Stewart 非奇位型下的 6 个支杆的轴线</td><td>6</td><td>—</td></tr>
<tr><td>偶量</td><td>—</td><td>—</td><td>3</td></tr>
<tr><td>12</td><td rowspan="3">线矢和
偶量混
合情况</td><td>两平行线矢和一法向偶量</td><td>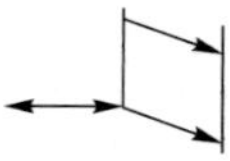</td><td colspan="2">2</td></tr>
<tr><td>13</td><td>平面 3 线矢和一法向偶量</td><td>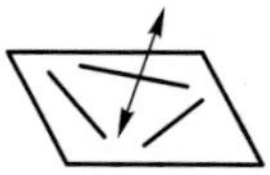</td><td colspan="2">3</td></tr>
<tr><td>14</td><td>空间平行 3 线矢
及一个相垂直的偶量</td><td>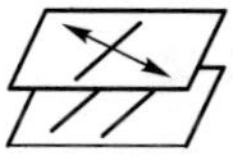</td><td colspan="2">3</td></tr>
</table>

1. 共轴条件

任何两个线矢，它们共轴则必为线性相关，因为它们都可以表示为 $\$_1 = (1 \quad 0 \quad 0; \quad 0 \quad 0 \quad 0)$，所以线矢量在共轴下最大线性无关数为 1；节距为无穷大的偶量在共轴条件下最大线性无关数也为 1；但节距为不同的有限值 $(0 < h < \infty)$ 的螺旋在此条件下的数目却为 2。线矢及螺旋都是与自身线性相关的，即相同的两个螺旋也是线性相关的。

共轴两螺旋之任何组合的和螺旋仍在该轴线上。

例 1.7 如 X 轴上有两个螺旋：$\$_1 = (1 \quad 0 \quad 0; \quad 0 \quad 0 \quad 0)$ 和 $\$_2 = (1 \quad 0 \quad 0; \quad h \quad 0 \quad 0)$，其和螺旋为

$$\$_\Sigma = \$_1 + \$_2 = (2 \quad 0 \quad 0; \quad h \quad 0 \quad 0) \tag{1.35}$$

显然此和螺旋也位于 X 轴上，节距为 $h_\Sigma = h/2$。

2. 共面平行

在这样的几何条件下若使诸螺旋同置于 YZ 平面内，且平行 Z 轴，这样螺旋必有如下形式：

$$\$ = (0 \quad 0 \quad n; \quad p \quad 0 \quad r)$$

式中，第 5 分量为零是因为这些螺旋皆交于 Y 轴，对 Y 轴无线矩；第 6 分量不为零，是因为诸螺旋的节距 $h \neq 0$。由于 n、p、r 3 个元素可以任意选取，因此最大线性无关数为 3。对应的矩阵 $\boldsymbol{J}$ 中将有 3 列元素为零。

对于共面平行节距为零的线矢量，第 6 分量也为零，所以最大线性无关数为 2；对于平行的偶量，这个数就是 1。

3. 共面共点 (平面汇交)

当有 n 个节距不相等的螺旋共面汇交时，此时若将所有螺旋置于 XY 面内，且原点为汇交点，所有的螺旋的 Plücker 坐标都有如下形式：

$$\$ = (l_i \quad m_i \quad 0; \quad h_i l_i \quad h_i m_i \quad 0), \quad i = 1, 2, \cdots, n \tag{1.36}$$

此时，对应螺旋的表达式中都有两个零元素，这样最大线性无关的螺旋数为 4。这里需要注意的是，相交的两个螺旋其节距不等时，如求其和螺旋，其和螺旋将不在此两螺旋决定的平面上，突破了这个共面共点的几何条件，见 1.2.4 节的拟圆柱面。

当有 n 个节距相等的螺旋共面汇交时, 在此共面共点条件下最大线性无关的螺旋数仅为 2。

对于平面汇交的线矢量, 在上述坐标系下其 Plücker 坐标的后 3 项都为零, 最大线性无关数也为 2; 对于偶量这个数目也是 2。

4. 空间平行

当诸螺旋呈空间平行时, 可使坐标系的 Z 轴与螺旋平行, 所有螺旋的Plücker 坐标的第 1、2 两元素都为零, 如 $\$_1 = (0 \quad 0 \quad 1; \quad d \quad e \quad h_1)$, 使矩阵 $\boldsymbol{J}$ [式 (1.32)] 的前两列元素为零, 因此秩为 4。

对于线矢量, Plücker 坐标的第 6 项元素也为零, 对 Z 轴无线矩, 因此对应的秩为 3。广泛使用的全铰链平面机构, 就是这种类型, 由于最大线性无关的线矢数为 3, 有 3 个反螺旋, 公共约束为 3。对于偶量这个数值却是 1。

5. 共面

具有不同节距的螺旋处于共面的条件下, 若将诸螺旋置于坐标系的 XY 面内, 这样式 (1.36) 螺旋的 Plücker 坐标的第 3 分量为零, 第 6 个分量不都为零, 矩阵的秩为 5。所以共面下最大线性无关的螺旋数为 5。同时, 对比 "平面汇交" 情况, 可以看到在这种 "共面情况" 下, 当把螺旋的一个相交点选为原点, 则至少有一个螺旋不过原点。平面上任何螺旋都可由此 5 个螺旋经线性组合得到。但是, 具有不同节距的螺旋的任意线性组合所得到的螺旋的轴线可能位于该平面之外。

同样选取坐标系, 可以看到线矢量的最大线性无关数为 3, 偶量的最大线性无关数为 2。

6. 空间共点

三维空间共点条件下最大线性无关的螺旋数等于 6。任何过公共点的螺旋总可以由该 6 个螺旋的线性组合得到。同时, 空间不过该点的任何螺旋也都可以由该 6 个螺旋线性组合得到。或者说, 共点的 6 个线性无关的螺旋的线性组合可以得到空间中的所有螺旋。

三维空间共点条件下最大线性无关的线矢数是 3。因为将原点选为公共点时, 线矢量为

$$\$ = (l \quad m \quad n; \quad 0 \quad 0 \quad 0)$$

对空间共点条件下线矢量进行线性组合, 合成结果得到的线矢量仍过该汇

交点。

当空间有两组共点线矢量时, 如果将它们的两个公共点连成一条直线, 不难看到在此几何条件下线性无关的线矢量为 5。

7. 单叶双曲面

单叶双曲面上最大线性无关的线矢量为 3。

8. 交公共轴线

若所有线矢量皆与 Z 轴为垂直相交, 则螺旋的 Plücker 坐标的第 3、第 6 分量皆为零, 如 $(l \quad m \quad 0; \quad p \quad q \quad 0)$, 最大线性无关数为 4。当所有分布在两个垂直面内的线矢以相同角度交同一直线, 最大线性无关数则也为 4。

三维空间下交同一直线的所有线矢, 其最大线性无关数是 5。因为选该公共轴线为 Z 轴时, 虽然螺旋的第 3 个元素不为零, 但过 Z 轴的线矢对 Z 的线矩为零。

由于相交两线矢一定互逆 (见下节), 当所有线矢同时与两条直线相交, 即有两条公共交线时, 最大线性无关数为 4; 当所有线矢同时与 3 条直线相交, 有 3 条公共直线, 最大线性无关数为 3; 4 条线矢同时与 3 条直线相交, 这 4 条线矢一定相关。

9. Stewart 机构绕 Z 轴转 $\pi/2$ 后的位型

Stewart 机构有 6 条支杆可以表示 6 个线矢量, 当上平台绕 Z 轴转 $\pi/2$ 后的位型下, 6 个线矢量线性相关, 其最大线性无关数是 5 [7]。

10. 空间相错线矢, 且无公共交线

此时最大线性无关的线矢量是 6。如 Stewart 机构所有非奇的一般位型下, 对应的 6 条支杆作用线所表示的线矢量都是线性无关的。

11. 偶量

偶量情况比较简单, 三维空间存在 3 个独立的偶量, 平面中存在 2 个独立的偶量, 相同方向下只有 1 个偶量是独立的。

12. 两平行线矢和一法向偶量

如果某物体承受了 3 个螺旋 $\$_1$、$\$_2$ 和 $\$_3$。前两个是节距为零的线矢量, 第 3 个是节距为无穷大的偶量, 而且后者与前两个螺旋轴线组成的平面相垂直, 见图 1.13, 这种情况在机构分析时也是常遇到的。试问在这种情况下, 线性无关

独立的螺旋有几个? 对此, 我们可以建立如图的坐标系, 写出 3 个螺旋

$$
\begin{aligned}
\$_1 &= (0 \quad 1 \quad 0; \quad 0 \quad 0 \quad 0) \\
\$_2 &= (0 \quad 1 \quad 0; \quad d \quad 0 \quad 0) \\
\$_3 &= (0 \quad 0 \quad 0; \quad 1 \quad 0 \quad 0)
\end{aligned}
\tag{1.37}
$$

分析此螺旋系容易看到, 它们是线性相关的, 只有两个螺旋是独立的。

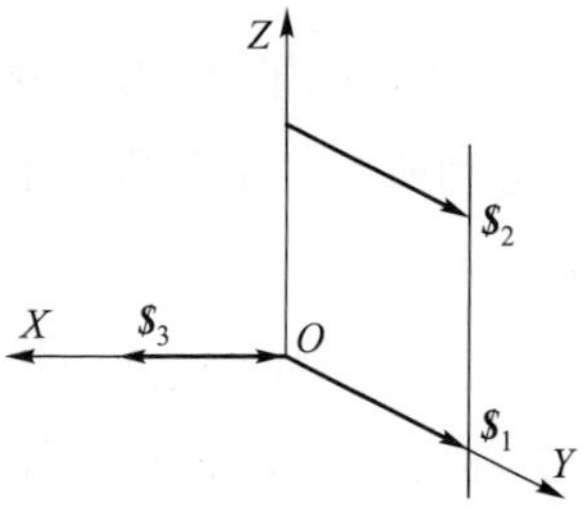

图 1.13 两平行线矢和一法向偶量

对于空间几何分布情况还会有许多具体不同类型, 这里不再一一分析, 当读者遇到文中没有列出的类型时, 可以参考上述方法以螺旋理论具体分析之。

1.5 反螺旋

1.5.1 反螺旋的概念

一刚体被一个转动副约束, 见图 1.14, 转动副以单位线矢量 $\$_1 = (\boldsymbol{S}_1; \boldsymbol{S}_{01})$ 表示, 物体的运动可以表示为

$$\omega \$_1 = \omega(\boldsymbol{S}_1; \boldsymbol{S}_{01}) = (\boldsymbol{\omega}; \boldsymbol{v}_0) \tag{1.38}$$

式中, $\boldsymbol{\omega}$ 是转动角速度; $\boldsymbol{v}_0$ 是原点重合点的线速度。设刚体上还作用了一节距为零的单位力螺旋 $f(\boldsymbol{S}_2; \boldsymbol{S}_{02})$, 它可以表示为

$$f\$_2 = f(\boldsymbol{S}_2; \boldsymbol{S}_{02}) = (\boldsymbol{f}; \boldsymbol{C}_0) \tag{1.39}$$

式中, f 是作用力; $\boldsymbol{C}_0$ 是力对原点之矩。此螺旋力 $f(\boldsymbol{S}_2; \boldsymbol{S}_{02})$ 对物体所做的瞬时功率, 应等于力 $\boldsymbol{f}$ 和力矩 $\boldsymbol{C}_0$ 分别引起的瞬时功率之和

$$P = \boldsymbol{f} \cdot \boldsymbol{v}_0 + \boldsymbol{\omega} \cdot \boldsymbol{C}_0 \tag{1.40}$$

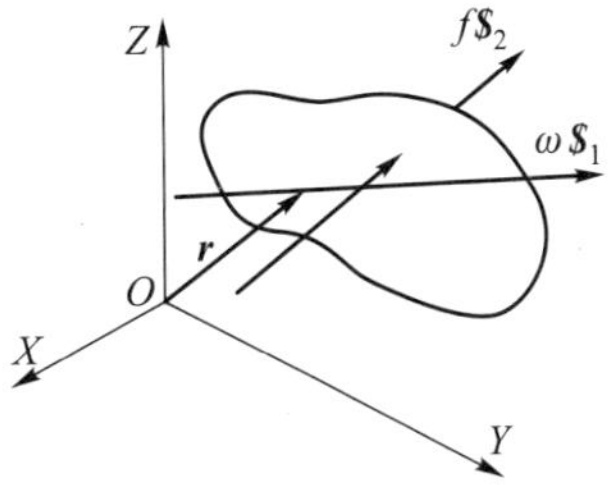

图 1.14 反螺旋的概念

从另一方面看, 由式 (1.20) 互易积定义, 运动螺旋与力螺旋的互易积可表示为

$$\omega\$_1 \circ f\$_2 = \boldsymbol{f}\cdot\boldsymbol{v}_0 + \boldsymbol{\omega}\cdot\boldsymbol{C}_0$$

记及式 (1.11) 并展开上式有

$$\begin{aligned}\omega\$_1 \circ f\$_2 = \boldsymbol{f}\cdot\boldsymbol{v}_0 + \boldsymbol{\omega}\cdot\boldsymbol{C}_0 &= f\boldsymbol{S}_2\cdot\omega(\boldsymbol{r}_1\times\boldsymbol{S}_1 + h_1\boldsymbol{S}_1) + \omega\boldsymbol{S}_1\cdot f(\boldsymbol{r}_2\times\boldsymbol{S}_2 + h_2\boldsymbol{S}_2)\\ &= f\omega[(h_1+h_2)\cos\alpha_{12} - a_{12}\sin\alpha_{12}] \qquad (1.41)\end{aligned}$$

比较式 (1.40) 和式 (1.41) 可以看到, 螺旋力对运动物体所做之功就是两个螺旋的互易积。

如果所研究的两螺旋 $\omega\$_1$ 和 $f\$_2$ 互易积的数值为零, 即

$$\omega\$_1 \circ f\$_2 = 0 \qquad (1.42)$$

可以看到此时力螺旋对做螺旋运动物体的瞬时功率为零。这种情况下, 无论该力螺旋的数值多大, 都不对物体做功, 不影响物体的运动状态。这个不能改变物体运动状态的作用力, 它会是什么力呢? 唯一可能就是机械中无摩擦的支座反作用力。

定义 1.10 反螺旋 当螺旋 $\$_1$ 与螺旋 $\$_2$ 构成的互易积为零时

$$\$_1 \circ \$_2 = 0 \qquad (1.43)$$

称螺旋 $\$_2$ 是螺旋 $\$_1$ 的反螺旋 (reciprocal screw) 或逆螺旋, 同时螺旋 $\$_1$ 也是螺旋 $\$_2$ 的反螺旋, 它们相逆。它们之间的这种性质称为互逆。

螺旋 $\$$ 的反螺旋本书中记为 $\$^{r}$。在实际中, 这种不做功的力只可能是不计摩擦的情况下运动副的约束反作用力, 也就是理想约束情况下的约束反作用力。这种约束反作用力总是与运动副的接触表面相垂直。例如, 它垂直移动副的滑道, 它通过转动副及球面副的中心, 或它沿接触两曲面的法线方向, 等等。这个

对运动物体不做功的反螺旋在机构学中有特别重要的意义[7]，它反映了运动副或机械对于运动物体的约束，甚至能够反映出对物体的约束限制，为分析自由度及其性质提供了理论依据[4]。

对串联运动链来说，组成运动链的螺旋系的反螺旋，也就是串联链末端件受到的约束，或者说是整个运动链对末端物体的运动约束。还可以更一般地说，组成机械系统的螺旋系的反螺旋，构成机械系统对运动物体的约束，这就是机械结构实体对运动物体的综合约束。

当两个螺旋的互易积为零时，若一个螺旋表示了物体的运动，其反螺旋则是机械系统对物体所产生的约束；反之，若一个螺旋表示了机械系统的约束反力，其反螺旋则是机械系统所允许的物体的运动螺旋。再者，若一个螺旋系表示了末端物体具有的某种多自由度的运动，其反螺旋系是机械系统对物体所产生的约束螺旋系，表示了物体被约束了的运动；而此约束螺旋系的反螺旋系（二次反螺旋）则反过来又能表示机械系统的运动螺旋系，能够反映机械系统存在的自由度类型。由此，互易积为零和不为零这一种对偶关系，是分析机械系统自由度特性十分简单的有效工具，奠定了本书自由度分析的理论基础。这里再次看到"螺旋"所具有的特别丰富的物理内涵这个性质[7-9]。

从另一方面说，若两螺旋的互易积不为零，$\boldsymbol{\$}\circ\boldsymbol{\$}^{\mathrm{r}}\neq 0$，表示力对运动的功率不等于零，力对运动物体做了功，对应这个做功的反螺旋力就应该是驱动力、工作阻力，或者运动副中的摩擦力，不再是基座对运动构件的无摩擦约束反力。

当两螺旋互易积为零时，式 (1.43) 可以直接写为代数形式

$$l_1p_2+m_1q_2+n_1r_2+p_1l_2+q_1m_2+r_1n_2=0$$

当求 n 个已知螺旋的反螺旋时，就可以建立含 n 个方程的齐次线性方程组，并联立解之

$$l_ip^{\mathrm{r}}+m_iq^{\mathrm{r}}+n_ir^{\mathrm{r}}+p_il^{\mathrm{r}}+q_im^{\mathrm{r}}+r_in^{\mathrm{r}}=0,\quad i=1,2,\cdots,n \tag{1.44}$$

式 (1.44) 是一个齐次线性方程组，它还可以写成矩阵形式并经由矩阵方程求解

$$\boldsymbol{J}\boldsymbol{\$}^{\mathrm{r}}=\boldsymbol{0} \tag{1.45}$$

式中，$\boldsymbol{J}$ 为式 (1.44) 的系数矩阵。这就是求 n 个已知螺旋的反螺旋的代数法。

[4]这里说的这一点非常重要，请读者仔细加以体会。

当已知运动螺旋与力螺旋的节距都不为零时, 由式 (1.41), 两个螺旋的互易积为零还可以表达成另一种形式[1]

$$(h_1 + h_2)\cos\alpha_{12} - a_{12}\sin\alpha_{12} = 0 \tag{1.46}$$

式中, h_1 和 h_2 分别为两个螺旋的节距; a_{12} 是两螺旋轴线之间的距离; α_{12} 是两轴线之间的夹角。从式 (1.46) 还可以引出如下定理:

定理 1.5 螺旋的相逆性与坐标系的选择无关。两个螺旋的相逆只与两个螺旋的参数有关, 与其轴线夹角有关, 而与原点的位置无关, 即与坐标系的选择无关。

两螺旋的相逆性与坐标系的选择无关这个原理是十分有用的, 在自由度分析、机构综合等问题研究时都要用到。

1.5.2 反螺旋的物理意义和对偶性

1.5.2.1 反螺旋的物理意义

在讨论反螺旋的物理意义之前, 先看以下例题。

例 1.8 一个做转动运动的物体。

图 1.15 所示物体 2 相对机架转动, 转动副的螺旋表达式为

$$\$ = (0 \quad 1 \quad 0; \quad 0 \quad 0 \quad 0) \tag{1.47}$$

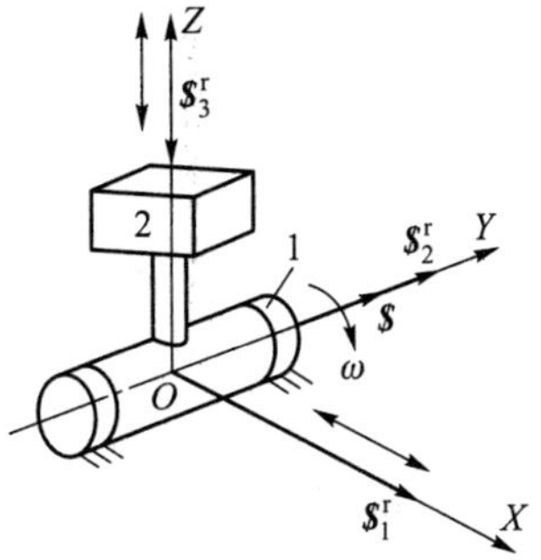

图 1.15 一个做转动的物体

对于这种螺旋系仅含一个螺旋的单螺旋系, 存在一组 5 个线性无关的反螺旋, 由于式 (1.47) 的 6 个元素中 5 个为零, 反螺旋可以直接从该式判断得到

$$
\begin{aligned}
\$_1^{\mathrm{r}} &= (1 \quad 0 \quad 0; \quad 0 \quad 0 \quad 0)\\
\$_2^{\mathrm{r}} &= (0 \quad 1 \quad 0; \quad 0 \quad 0 \quad 0)\\
\$_3^{\mathrm{r}} &= (0 \quad 0 \quad 1; \quad 0 \quad 0 \quad 0)\\
\$_4^{\mathrm{r}} &= (0 \quad 0 \quad 0; \quad 1 \quad 0 \quad 0)\\
\$_5^{\mathrm{r}} &= (0 \quad 0 \quad 0; \quad 0 \quad 0 \quad 1)
\end{aligned}
\tag{1.48}
$$

从数学上看, 不难验证上述 5 个反螺旋都满足 $\$\circ\$_i^{\mathrm{r}}=0$ 的条件, 而且此 5 个反螺旋相互之间是线性无关的。任何其他反螺旋都是这 5 个反螺旋的线性组合。这 5 个反螺旋分别表示了在无摩擦下支座对运动物体的不同的约束反作用力, 反映了支座对物体的综合约束。这 5 个独立的约束, 也就约束了构件的 5 个自由度, 构件只剩下 1 个自由度。

需要注意的是, 式 (1.48) 中的 5 个反螺旋表示的是支座对物体的 5 个约束, 它们在这里不是 “力” 的概念, 虽然它们有力的形式, 却不是力。

从图 1.15 看到, 机架通过以转动副连接并约束物体, 物体只能做转动运动, 物体在空间的其他 5 个自由度都被约束了。这 5 个反螺旋就能够反映被约束的这 5 个自由度, 包括被约束的 3 个移动自由度和 2 个转动自由度。可是, 若具体地问, 什么样的反螺旋约束移动自由度, 什么样的反螺旋约束转动自由度? 按牛顿定律, 力能够使物体产生沿力作用方向的加速度, 力作用一定时间后物体就具有沿力方向的运动速度; 力偶能够使物体产生沿力偶作用方向的角加速度, 作用一定时间后物体就会具有沿力偶作用方向的运动角速度。现在这个力是一个支座约束反力, 它作用后不能产生沿力方向的加速度, 长时间作用也不会使物体运动, 所以这个约束力就反映了物体失去了沿力作用方向的移动自由度; 另一方面, 约束力偶则反映物体失去了沿力偶矢量方向的转动自由度。这个关系可以表示在表 1.3 的左侧部分。

表 1.3 反螺旋的物理意义

螺旋	当 $\$$ 表示运动, 则 $\$^{r}$ 表示约束		螺旋	当 $\$$ 表示约束, 则 $\$^{r}$ 表示运动	
	$\$^{r}$ 是线矢力	$\$^{r}$ 是偶量		$\$^{r}$ 是线矢量	$\$^{r}$ 是偶量
被约束的运动	沿力方向的移动	绕矢量方向的转动	物体允许的运动	绕该线矢的转动自由度	沿偶量方向的移动自由度

注: 表中的 $\$^{r}$ 仅表示是 $\$$ 的反螺旋。

表 1.3 的右侧部分表示了与左侧相反的问题: 当已知机械系统对物体的约束 $\$$ 时, 如何通过反螺旋获知物体的自由度。

顺便提到, 在做机构受力分析时, 为求运动副反力, 过去常常直接将运动副拆开, 暴露出运动副内的约束反力, 对于转动副就有 5 个约束反力, 球副就有 3 个约束反力。当采用螺旋理论分析运动副的作用力时, 通过对有关的若干螺旋求反螺旋, 也可以得到运动副中的反作用力, 而这种方法常常能够使未知约束力的数目减少[8]。如转动副的约束力常常少于 5 个, 球副的约束力少于 3 个等。未知数目的减少自然有利于进一步分析求解。我们所关心的和要说明的是, 这里的约束力就是真正的物理量中的 "力"。这个力是可以合成、分解, 以及通过力系平衡求取未知力。在此, 我们仅简单介绍反螺旋力还有这样的作为 "力" 的功用。

1.5.2.2 反螺旋的对偶性

对反螺旋的功用讲到这里时, 还需要说明的一个重要问题就是反螺旋概念所存在的对偶性: "它是力又不是力"。如果不区分这两个概念, 在遇到实际问题时就可能发生错误。

如前面分析, 一方面每一个反螺旋都反映一个运动物体受到的约束, 物体运动受到的限制。反螺旋系包含几个独立的螺旋, 物体就失去了几个独立的自由度。这里反螺旋反映的是被约束的运动, 是机械系统对物体的 "约束", 虽然它也称为约束力, 它并不是物理量中的 "力", 它没有大小, 不做功, 也不能合成。它只是一个概念, 这样的反螺旋是不能线性叠加的, 不能求和, 每一个都单独表示了一个约束, 都约束了一个自由度。

反螺旋还具有另一层意思, 它确实可以表示支撑物体对所研究的物体约束反作用力, 它具有力的性质, 确实就是物理量中的 "力", 包括约束反作用力或约束反作用力偶; 有时也能够用于表示主动力。它是在做物体的力分析时出现, 在做力系平衡时往往可以将它们合成、叠加, 可以进行类似的数学运算, 还如 1.5.1 节中可以用力螺旋计算力的功率, 这些都体现了它作为 "力" 的性质。

反螺旋这种是力又不是力的概念, 就是反螺旋概念的对偶性。在具体问题中一定要严格区分这两种不同的概念和不同的应用, 弄混了则会惹出麻烦。这个对偶的概念, 看似会引出许多麻烦, 却不知从辩证的道理, 这正是螺旋理论在机构学上能够发挥巨大作用的原因。

1.5.3 反螺旋的数目和计算

1.5.3.1 反螺旋的数目和代数计算

用一螺旋副 $\$_1$ 将一物体联于机架, 物体具有 1 个自由度, 见图 1.16。这样该物体受到约束, 只能做约束所允许的沿 $\$_1$ 的螺旋运动。若其转动角速度为 ω, 运动螺旋就可以表示为 $\omega\$_1$。如另外有一力螺旋 $f\$^{r}$ 作用于物体上, 其 Plücker 坐标为 $(l^{\mathrm{r}}\ m^{\mathrm{r}}\ n^{\mathrm{r}}; p^{\mathrm{r}}\ q^{\mathrm{r}}\ r^{\mathrm{r}})$, 它是 $\omega\$_1$ 的一个反螺旋。此运动螺旋及反螺旋按式 (1.44) 有

$$l_1 p^{\mathrm{r}} + m_1 q^{\mathrm{r}} + n_1 r^{\mathrm{r}} + p_1 l^{\mathrm{r}} + q_1 m^{\mathrm{r}} + r_1 n^{\mathrm{r}} = 0 \tag{1.49}$$

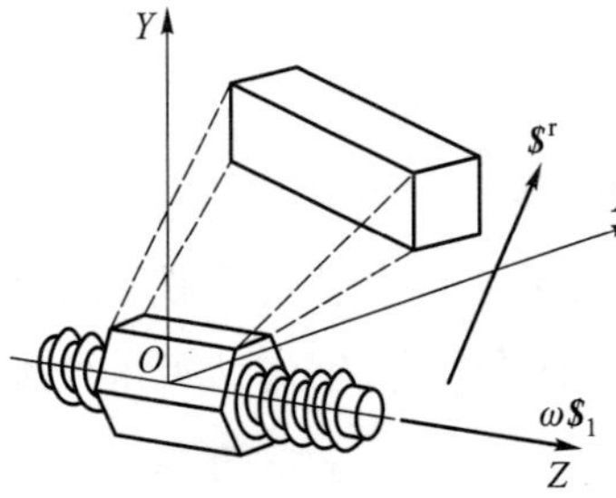

图 1.16 螺旋副的反螺旋

当已知运动螺旋 $\omega\$_1$, 可由此齐次线性方程计算其反螺旋, 找到与此运动螺旋相逆的力螺旋。由于螺旋的标量坐标有 6 个, 所以在三维空间与一个运动螺旋相逆的反螺旋有 ∞^5 个。但这里关心的只是它们的线性无关解。若某单位螺旋 $\$^{r}$ 是它的一个解, 则不论 λ 取何实数, 所有的 $\lambda\$^{r}$ 螺旋都是它的解, 但它们之间是线性相关的。所以在空间只有 ∞^4 个单位反螺旋。

由线性代数的理论, 若齐次线性方程组有 n 个未知数, 方程组系数矩阵的秩为 r。当 $r = n$ 时, 方程组只有唯一的零向量解, 即无意义解, 或零解。如果 $r < n$, 它有无穷多组解。在无穷多组解中, 解向量之间的最大线性无关的数目为 $n - r$。任意 $n - r$ 个线性无关的解向量都可以构成一个基础解系。当 $r < n$ 时, 基础解系也有无穷多个, 当某基础解系被选定后, 所有其他解向量都是此基础解系中诸解向量的线性组合。这样由互逆螺旋线性方程组决定的基础解系将会由 $n - r$ 个线性无关的螺旋构成, 这也就是最大线性无关的反螺旋的数目。从这里也可以看到, 螺旋系和其反螺旋系组成的和螺旋系的秩应该为 6。

定理 1.6 当螺旋系的秩为 r, 且 $r \leqslant 6$, 它的反螺旋的数目为 $6-r$, 反之亦然。

由于单个螺旋的反螺旋只决定于一个线性方程, 其秩为 1, 待决定的参数 n 有 6 个, 所以它的基础解系包括 5 个解向量。这就是说, 必存在 5 个线性无关的反螺旋构成式 (1.49) 的基础解系。所以单螺旋的线性无关的反螺旋系是由 5 个螺旋构成。

例 1.9 一个做转动运动的物体。

图 1.15 所示物体 2 相对机架转动, 转动副的螺旋表达式为

$$\$ = (0 \quad 1 \quad 0; \quad 0 \quad 0 \quad 0) \tag{1.50}$$

其反螺旋为

$$\begin{aligned}
\$_1^{\mathrm{r}} &= (1 \quad 0 \quad 0; \quad 0 \quad 0 \quad 0) \\
\$_2^{\mathrm{r}} &= (0 \quad 1 \quad 0; \quad 0 \quad 0 \quad 0) \\
\$_3^{\mathrm{r}} &= (0 \quad 0 \quad 1; \quad 0 \quad 0 \quad 0) \\
\$_4^{\mathrm{r}} &= (0 \quad 0 \quad 0; \quad 1 \quad 0 \quad 0) \\
\$_5^{\mathrm{r}} &= (0 \quad 0 \quad 0; \quad 0 \quad 0 \quad 1)
\end{aligned} \tag{1.51}$$

从物理意义上说, 前 3 个反螺旋 $\$_1^{\mathrm{r}}$、$\$_2^{\mathrm{r}}$ 和 $\$_3^{\mathrm{r}}$ 是节距为零的约束力, 方向分别沿 X、Y 和 Z 轴方向, 表示限制了物体沿 X、Y 和 Z 3 个方向的移动。而后两个反螺旋是节距无穷大的约束力偶, 方向绕 X 轴和 Z 轴方向, 限制了物体绕 X 轴和 Z 轴轴线的两个转动。

顺便还要说到, 当运动副限制了物体沿 X、Y 和 Z 3 个方向的移动, 这就是说空间任何方向的移动都被限制了, 因为 3 个反螺旋 $\$_1^{\mathrm{r}}$、$\$_2^{\mathrm{r}}$ 和 $\$_3^{\mathrm{r}}$ 的任何线性组合可以得到空间的任何方向的约束。上述的分析是从反螺旋的第 1 层意思来讨论的。显然, 从分析物体受到的机械约束这个角度看, 这 5 个反螺旋是不能合成一个的。

为了叙述方便, 这里介绍本书中将采用的一些符号, 见表 1.4。

表 1.4　本书中采用箭头的类型和所代表的意义

箭头意义	运动副螺旋	约束力	约束力偶	转动运动	移动运动	螺旋运动
表示方法	单头箭头	单头箭头并标注	双向箭头	空心箭头	双向空心箭头	双头空心箭头
图形表示		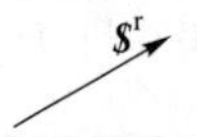	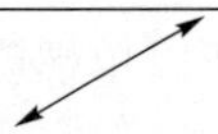		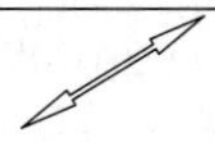	

注: 在某些特殊情况应用特殊符号将另作说明。

例 1.10　平面串联链。

图 1.17 所示为一个平面 3 自由度串联机械手。建立这 3 个转动副的螺旋表达式

$$
\begin{aligned}
\$_1 &= (0 \quad 0 \quad 1; \quad 0 \quad 0 \quad 0) \\
\$_2 &= (0 \quad 0 \quad 1; \quad d_2 \quad e_2 \quad 0) \\
\$_3 &= (0 \quad 0 \quad 1; \quad d_3 \quad e_3 \quad 0)
\end{aligned} \tag{1.52}
$$

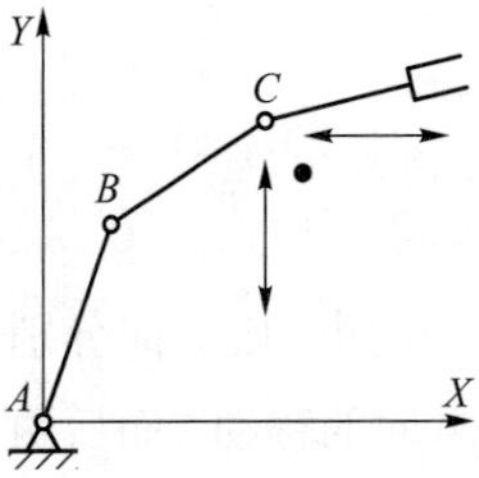

图 1.17　平面 3 自由度串联机械手

它们的反螺旋可按下式求得:

$$\$_i \circ \$^{\mathrm{r}} = 0, \quad i = 1, 2, 3 \tag{1.53}$$

可以看到, 对于这个齐次线性方程组, 其秩 $r = 3$, 反螺旋的数目有 3 个, $6 - r = 3$。

$$
\begin{aligned}
\$_1^{\mathrm{r}} &= (0 \quad 0 \quad 1; \quad 0 \quad 0 \quad 0) \\
\$_2^{\mathrm{r}} &= (0 \quad 0 \quad 0; \quad 1 \quad 0 \quad 0) \\
\$_3^{\mathrm{r}} &= (0 \quad 0 \quad 0; \quad 0 \quad 1 \quad 0)
\end{aligned} \tag{1.54}
$$

线性无关的 3 个螺旋有 3 个反螺旋, 这 3 个反螺旋共同约束着串联链末端手的运动, 第 1 个反螺旋是节距为零的线矢量, 它限制了末端手沿 Z 轴的移动 (这里图中实心圆点表示 Z 向约束力), 第 2 个和第 3 个反螺旋节距都为无穷大的偶量, 分别限制了末端手绕 X 轴和 Y 轴的转动。该机械手只能作绕 $\$_1$ 轴的转动, 以及沿 X 和 Y 轴向的移动。或者说, 这 3 个螺旋 $\$_1$、$\$_2$ 和 $\$_3$ 是那 3 个反螺旋所共同允许的运动。末端手的任何其他运动都是上述 3 个运动螺旋的线性组合。从上述分析我们看到 3 个反螺旋 [式 (1.54)], 不能线性组合, 不能将它们合成为一个; 而 3 个运动螺旋 [式 (1.52)], 却可以线性组合, 不同的组合结果是末端实现不同的合成运动螺旋。但这种组合不改变运动螺旋系的秩。

运动螺旋系的反螺旋可称为组成螺旋系的诸运动螺旋的公共约束。螺旋系公共约束的数目就是反螺旋的数目。

定理 1.7 *运动螺旋系的反螺旋数目就是该螺旋系的公共约束。*

1.5.3.2 反螺旋的几何分析

要从一个螺旋系中找出其反螺旋, 上面介绍了代数法。虽然代数法从理论上是可解可行的, 但是必须采用计算机计算, 不方便, 也费时。当采用了螺旋理论, 却有一个十分简便且省时的方法, 就是反螺旋分析的几何法。

如果运动螺旋 $\$_1$ 的节距为零, 即 $h_1 = 0$, 瞬时运动是绕 $\$_1$ 的轴线的纯转动, 这相当于一个轴线过 $\$_1$ 的回转副。若存在一个与之相逆的反螺旋, 且反螺旋的轴线与运动螺旋的轴线相交, $a_{12} = 0$, 为满足式 (1.46) 使两螺旋互逆, 则力螺旋的节距也要为零, 即 $h_2 = 0$。这表明与回转副轴线相交、平行或共轴的纯力, 都不能改变物体的运动状态。所以节矩等于零 $(h_1 = h_2 = 0)$ 的两螺旋若共面, 它们为互逆, 即共面两线矢为互逆。同时还可以从式 (1.46) 看到, 数学上线矢与其自身是相逆的称为自逆, 偶量也具有自逆性。

在两轴线垂直相交下, $\alpha_{12} = 90°, \cos\alpha_{12} = 0$, 此时不论两螺距 h_1、h_2 各为何值, 两螺旋必互逆。所以与运动螺旋垂直相交的力螺旋, 不论节距多大皆不能使物体改变运动状态。

表 1.5 给出了两个螺旋相逆的几何条件。

表 1.5 螺旋相逆的几何条件

	类别	相逆条件
1	两线矢	共面 (不共面必不相逆)
2	两偶量	必相逆
3	线矢与偶量	仅当垂直才相逆

当明确了两个螺旋相逆的几何条件, 在已知一个运动螺旋系时, 与其相逆的反螺旋就可以根据螺旋相逆的几何条件不难立即经判断而确定。

1.5.4 约束反螺旋和机构的自由度

基于螺旋互逆的关系, $\$_i \circ \$^{\mathrm{r}} = 0$, 可以求得运动螺旋 $\$_i$ 的反螺旋 $\$^{r}$, 由反螺旋可以先确定对应物体被约束的运动, 再由被约束的运动去确定允许的运动和自由度。

当反螺旋是约束力时, 此力对物体不做功, 那表示物体没有发生沿该力方向的移动, 或者说是物体的移动运动被限制了。当反螺旋是约束力偶时, 此力偶对物体不做功, 那表示物体没有发生沿该力偶方向的转动, 或者说是物体的转动运动被限制了。

例 1.11 如物体上有一个节距为零的反螺旋约束力 $\$^{\mathrm{r}} = (1 \quad 0 \quad 0;\ 0 \quad 0 \quad 0)$, 应该如何确定物体被约束的运动和物体所具有的自由度?

物体的六维运动一般可以表示为如下 6 个螺旋, 前三者是线矢量表示转动运动, 后三者是偶量表示移动运动:

$$\begin{aligned}
\$_1 &= (a \quad 0 \quad 0;\quad 0 \quad 0 \quad 0)\\
\$_2 &= (0 \quad b \quad 0;\quad 0 \quad 0 \quad 0)\\
\$_3 &= (0 \quad 0 \quad c;\quad 0 \quad 0 \quad 0)\\
\$_4 &= (0 \quad 0 \quad 0;\quad d \quad 0 \quad 0)\\
\$_5 &= (0 \quad 0 \quad 0;\quad 0 \quad e \quad 0)\\
\$_6 &= (0 \quad 0 \quad 0;\quad 0 \quad 0 \quad f)
\end{aligned} \tag{1.55}$$

在上述反螺旋出现的时候, 这 6 个运动中哪个仍旧存在, 哪个被约束掉? 可以看到仅有 $\$_4$ 与 $\$^{r}$ 的互易积不为零, 即 $\$_4 \circ \$^{\mathrm{r}} \neq 0$, 其余 5 个螺旋与 $\$^{r}$ 的互易积都为零, 即 $\$_i \circ \$^{\mathrm{r}} = 0\ (i = 1, 2, 3, 5, 6)$。仅 $\$_4 \circ \$^{\mathrm{r}} \neq 0$, 这说明只有与 $\$^{r}$

同轴的偶量 $\$_4$ 不相逆, 它是被约束的运动, 即物体沿 X 轴向的移动运动被约束了; 而其余 5 个运动螺旋, $\$_i$ $(i=1,2,3,5,6)$ 都与 $\$^{r}$ 相逆, 它们都是约束允许的运动, 那就是说存在着 5 个自由度; 其中 $\$_i$ $(i=1,2,3)$ 是节距为零的线矢量, 它们表示允许了 3 个转动自由度, 物体能分别绕 X 轴、Y 轴和 Z 轴转动; 而 $\$_i$ $(i=5,6)$ 是两个节距为无穷大的偶量, 这表示是两个允许的移动自由度, 移动方向分别指向 Y 轴和 Z 轴方向。

所以上述分析也说明当反螺旋为约束力时, 被约束的运动仅是同方向的移动运动; 其余的 5 个运动是允许的运动。类似地, 当反螺旋为约束力偶时, $\$^{\mathrm{r}}=(0\quad 0\quad 0;\quad 1\quad 0\quad 0)$, 则被约束的运动是同轴的转动运动, 其余的 5 个运动则是允许的运动, 机构也具有 5 个自由度。

1.6 反螺旋和所允许转动的转动轴线

上节我们从机构的运动螺旋系出发, 研究了存在的反螺旋系和反螺旋对运动的约束。机械系统对它的某个末端件作用了反螺旋, 约束了末端件部分的运动, 它也保留了一部分运动。这里我们要进一步讨论这些保留下来的运动与反螺旋还有什么特殊的关系[7,9], 运动性质有没有什么变化?

我们知道, 当一个球形物体在一平面上滚动, 平面对球有一个垂直约束反作用力, 是一个节距为零的线矢力 $\$_1^{\mathrm{r}}$, 见图 1.18。

$$\$_1^{\mathrm{r}}=(0\quad 0\quad 1;\quad 0\quad 0\quad 0) \tag{1.56}$$

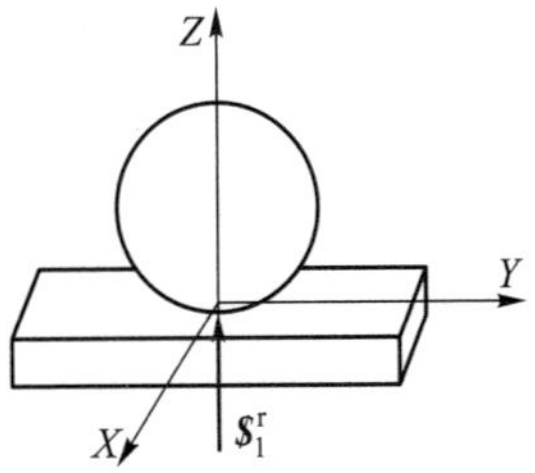

图 1.18 球在平面上滚动

在此约束作用下, 物体失去了沿 Z 方向的移动能力, 因为若发生此方向的移动, 球和平面将脱离, 或者被压入, 两者都破坏了运动副。与此同时, 物体还保留有 2 个移动和 3 个转动的自由度。2 个移动运动的方向应该分别垂直于 $\$_1^{\mathrm{r}}$,

即允许沿 X、Y 方向移动, 是因为这个移动运动可以表示为 $\$_1^{\mathrm{r}}$ 的反螺旋, 如表示为运动螺旋 $\$_1^{\mathrm{m}} = (0 \quad 0 \quad 0; d_1 \quad e_1 \quad 0)$, 不论 d_1、e_1 取何值, 它们均满足互易积为零的条件, 即 $\$_1^{\mathrm{m}} \circ \$_1^{\mathrm{r}} = 0$。同时 3 个方向的转动自由度也是允许的。然而, 转动轴线的线矢量 $\$_2^{\mathrm{m}}$ 的选取必须满足条件 $\$_2^{\mathrm{m}} \circ \$_1^{\mathrm{r}} = 0$。其中线矢量 $\$_2^{\mathrm{m}}$ 要能够与 $\$_1^{\mathrm{r}}$ 保持互逆, 由式 (1.56) 它必须形如

$$\$_2^{\mathrm{m}} = (a_2 \quad b_2 \quad c_2; \quad d_2 \quad e_2 \quad 0) \tag{1.57}$$

其中第 6 个元素必须为零, 而 a_2、b_2、c_2、d_2、e_2 5 个参数都可以任意选取。但为保证得到的是线矢量的 3 个分量 a_2、b_2、c_2 不能同时为零, 且为保持其节距必须为零还需满足条件, 即

$$a^2 + b^2 + c^2 = 1, \quad a_2 d_2 + b_2 e_2 \equiv 0 \tag{1.58}$$

从几何上说, 凡是能满足上式 ($\$_2^{\mathrm{m}} \circ \$_1^{\mathrm{r}} = 0$) 的线矢量都必须与线矢量 $\$_1^{\mathrm{r}}$ 相交, 否则也就不满足式 $\$_2^{\mathrm{m}} \circ \$_1^{\mathrm{r}} = 0$。从理论上说, 若物体上另外还作用有约束力偶, 满足上式的线矢量还必须与所有偶量相垂直, 因此, 转动轴线在空间不能任意取, 必须是能够与线矢量 $\$_1^{\mathrm{r}}$ 相交的直线, 且与约束偶量相垂直。只有绕着这些轴线才是存在的转动自由度, 至少也允许做瞬时转动运动。其余任何与之相平行的直线都不能作为转动轴线。看来, 这里的几个转动自由度也并非完全地自由。

如果物体上作用两个反螺旋约束力, 则允许的物体转动运动的轴线必须是能够同时与两条反螺旋轴线相交的直线, 能够同时与两条直线相交的直线却也有无穷多条。类似地, 如果物体上作用了 3 个反螺旋 $\$_1^{\mathrm{r}}$、$\$_2^{\mathrm{r}}$ 和 $\$_3^{\mathrm{r}}$, 允许的转动运动的转动轴线也就只是能同时与 3 条轴线相交的直线。

能够找到与空间 3 条方向各异的直线同时相交的一条直线吗? 下面来讨论这个问题。物体上受到 3 个约束力的情况是十分典型和常见的情况。

在空间机构和机器人机构中, 反螺旋的出现多数呈节距为零的线矢力。当物体上作用了 3 个反螺旋线矢力 $\$_1^{\mathrm{r}}$、$\$_2^{\mathrm{r}}$ 和 $\$_3^{\mathrm{r}}$ 时, 看看物体还能够做什么样的运动。

(1) 三线矢力为空间共点。物体失去三维空间的任何移动, 此时仅存在 3 个独立的转动, 但转动也非绝对自由, 其所有转轴必须都通过唯一的一个点, 这个点就是上述诸轴线的汇交点。

(2) 三线矢力为空间平行。物体失去一个移动和两个转动, 允许沿与约束力相垂直的平面中的二维移动和绕与线矢力平行的轴线转动。

(3) 三线矢为平面共点。这 3 个线矢线性相关, 秩为 2, 只相当两个约束力, 这时只限制平面内的两维移动, 物体有 4 个自由度, 包括允许沿平面法线的移动和过汇交点的三维转动, 即过汇交点的任何空间方向均可作为转轴。当然平面内的任何直线也都可以作为转轴。

(4) 三线矢共面不共点。限制平面内的两个移动和绕平面法线的一个转动, 允许沿平面法线方向的移动和绕平面内任何轴线的两维转动。

(5) 分布不同平行平面且无公共垂线的三线矢力。由于三线矢力分布在 3 个相互平行的平面中, 且它们没有公垂线, 这种情况下约束了平面中的二维移动 (移动是用偶量表示, 而偶量是自由矢量, 其平行移动不会改变物体的运动状态), 同时这样的 3 个线矢力的线性组合还可以唯一地构成一个力偶, 它又约束一个转动运动。在这 3 个约束力下允许一个沿平面法线的移动, 而允许的两维转动也必须能够同时与 3 个线矢力的轴线相交。

(6) 3 个反螺旋线矢力呈空间任意分布。当物体上受到 3 个反螺旋线矢力的作用 $\$_1^{\mathrm{r}}$、$\$_2^{\mathrm{r}}$ 和 $\$_3^{\mathrm{r}}$, 而且 3 个反螺旋线性无关且任意分布, 由于 3 个约束力在空间方向的不同, 对物体产生不同的约束作用, 则限制了物体在三维空间 3 个方向上的移动, 物体只能做 3 个方向的三维转动运动。

已如前所述, 约束力的出现不仅完全限制了同方向的移动, 对存在的转动也受到约束, 只有与约束力共面的直线才能作为转轴。这样, 存在 3 个线性无关的约束线矢力时, 物体允许的转动运动, 即可能的转动角速度矢量是受到限制的, 其转动轴线就必须能与 3 个约束线矢力的作用线同时相交。

能够同时与空间 3 条直线相交的直线有无穷多条, 为求这样的直线, 这里介绍两种方法, 即代数法和几何法。

若 3 条直线的线矢量分别表示为 $(\boldsymbol{S}_1;\boldsymbol{S}_{01})$、$(\boldsymbol{S}_2;\boldsymbol{S}_{02})$ 和 $(\boldsymbol{S}_3;\boldsymbol{S}_{03})$, 所求直线的线矢为 $(\boldsymbol{S};\boldsymbol{S}_0)$, 此直线若能与上述 3 直线都相交, 由式 (1.13) 必须同时满足

$$\boldsymbol{S}\cdot\boldsymbol{S}_{0i}+\boldsymbol{S}_i\cdot\boldsymbol{S}_0=0,\quad i=1,2,3 \tag{1.59}$$

依此有 3 个代数方程组

$$
\begin{aligned}
lp_1+mq_1+nr_1+l_1p+m_1q+n_1r=0 \\
lp_2+mq_2+nr_2+l_2p+m_2q+n_2r=0 \\
lp_3+mq_3+nr_3+l_3p+m_3q+n_3r=0
\end{aligned}
\tag{1.60}
$$

从此方程组求 l、m、n、p、q、r 6 个未知数, 必有无穷多解, 但基础解系中只包括 3 个线性无关解。即由上述方程必能求得 3 条线性无关的直线同时与所给 3 条直线相交。

另一种思路是基于几何原理, 见图 1.19, 从几何上看如何做出一条直线能同时与 3 条给定的直线相交? 空间有 3 条直线, 将原点选在其中的第 1 条轴线 $\$_1$ 上, 又在第 3 个轴线 $\$_3$ 上任选一点 A, 点 A 分别与螺旋 $\$_1$ 和 $\$_2$ 的两条轴线可以构成两个平面, 显然, 这两平面的交线也必与 $\$_1$ 和 $\$_2$ 相交, 它过给定的这 3 条线矢。那就是说这条能与 $\$_1$、$\$_2$ 和 $\$_3$ 同时相交的直线就是这 3 个螺旋的反螺旋 $\$^{r}$。可以看到, 由于点 A 是螺旋轴线 $\$_3$ 上任意选定的, 不同选取的点可得不同的反螺旋, 因此反螺旋解也有无穷多。在这种 3 个反螺旋线矢力呈空间任意分布的情况下, 物体可以做空间的三维转动, 但任何转动的轴线必须能同时与 3 个反螺旋轴线相交, 这样的交线有无穷多条。

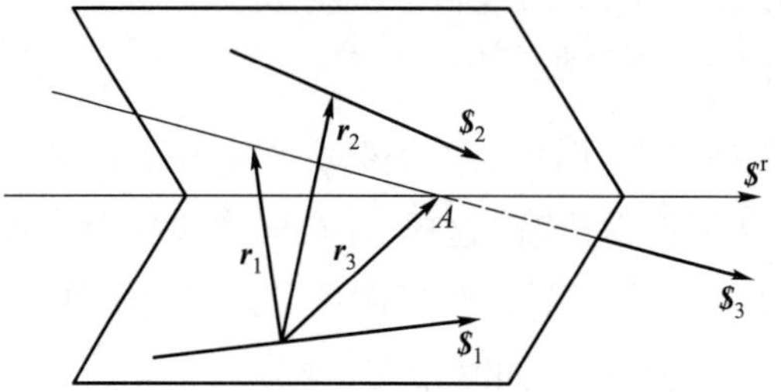

图 1.19 与 3 个线矢相逆的反螺旋

通过 $\$_3$ 上任何一点能够找到与 $\$_1$、$\$_2$ 相交的一条直线。显然, 能与 $\$_1$、$\$_2$、$\$_3$ 同时相交的直线有无穷多, 它们之间必定是线性无关的。且与这 3 条直线 $\$_1$、$\$_2$ 和 $\$_3$ 相交的所有直线在空间构成一个单叶双曲面, 见图 1.8, 其上覆盖的直线族称二次线列。二次线列具有这样一个性质: 包络它形成的单叶双曲面上还有与它对偶的另一族二次线列, 称二次线列补。即在同一个单叶双曲面上有两族二次线列, 每一族都完全地覆盖了整个单叶双曲面。单叶双曲面上这一族二次线列的每一条线都与另一族的每一条线相交, 而同一族的两条直线则不会相交。而且单叶双曲面上的每一条直线都存在一条也在此单叶双曲面上而与它相平行的直线, 即单叶双曲面上有无限多成对的平行线, 但相互平行的两条直线是分布在不同的两个二次线列上。

这两个二次线列对应的这两个螺旋系是相逆的。即第 2 个二次线列中的每一条直线都是第 1 个二次线列的反螺旋, 反之亦然。上述的 3 个螺旋 $\$_1$、$\$_2$ 和 $\$_3$ 本身能够构成一个覆盖于单叶双曲面上的二次线列, 而与 $\$_1$、$\$_2$ 和 $\$_3$ 相逆的 $\$^{r}$ 却在其二次线列补上。这里介绍的关于单叶双曲面的一些知识是很有用的, 在后面的分析中多处用到。

第 2 章 基于反螺旋的自由度普遍原理

机构分析的最基本问题是机构的自由度分析, 传统上进行自由度分析是应用 Grübler-Kutzbach (G-K) 公式计算, 各种版本的《机械原理》教材中的自由度公式都是其不同的表达形式。然而, 历史上出现过许多不适合 G-K 公式的反例, 说明这个公式早就不具有普遍性。特别是在第二次世界大战后的 70 余年来, 机械工程中出现了大量多自由度多环空间机构。尤其是空间多自由度机器人和多自由度并联机构的出现, 极大地扩大了机构的应用范围, 创造了许许多多的高技术新装备。然而它们的出现却带来了许多机构自由度的新问题, 包括不仅需要正确确定自由度的数目, 还必须确定自由度的各种性质。对于如此复杂的情况, 原有的 G-K 公式显得更不能适应, 寻找自由度统一公式的问题就显得更加突出, 成了学术界长期的研究热点。150 多年来, 许许多多学者企图解决自由度分析的这个普遍性问题, 曾引进了多种现代数学, 提出各种各样的自由度分析原理和公式, 但是它们往往不具备普遍性, 而且不能适应多自由度机构。特别是 2005 年 Gogu 教授所概括指出的: 还没有一种公式既适合并联机构又适合 "古典机构"[10]。没有普遍性和通用性的自由度公式对需要实际应用的工程师们是没有意义的, 谁都不会去使用。

用 G-K 公式进行自由度计算之所以困难, 是因为隐藏在机构中的 "过约束", 它就像病人身体中隐藏的病灶, 不识别出病灶也就难以正确诊断。所以这里的核心问题就是要找出隐藏在机构中的“过约束”。

1997 年黄真在《并联机器人机构学理论及控制》[7] 一书中首次在国际上实现了识别并联机构的过约束问题。那时提出的这个新理论不仅尝试过识别出 3 自由度 3-RRRH 并联机构的过约束, 还用同一理论识别出具有严格几何条件的古典 Sarrus 机构的过约束。该书中虽然只有上述两个例子, 但却体现出思路的严谨、系统, 包括建立运动螺旋系, 求反螺旋, 建立作用于动平台上的约束螺旋系, 再判断螺旋的相关性获得约束螺旋系的秩, 最后识别出“过约束”。经历了这个过程才正确地解决并联机构和古典机构的自由度分析难题。这已经体现出一套完整的求解思路及完整的方法, 这些就形成了这个具有相当普遍性的“通用的自由度原理”的理论基础。这个正确的思路一直沿用至今, 也为后来的无数研究所证明, 还得到充分的发展。确实, 就在 1997 年前后，黄真和他的学生又基于此理论发表了许多文章, 研究了并联机构的自由度。在这个新世纪之初, 他们被公认“推进了并联机构型综合的发展”, 个型综合也是基于这个正确的自由度理论。2011 年黄真的《论机构自由度》一书[11] 又集中地以全部的 Gogu 提出的现代并联机构和古典机构[10] 来论证其提出理论的正确性和普遍性。

本书又进一步将此原理推向到更广大的范围, 包括广泛应用的一般平面机构和少有人关注和研究的一般的空间机构, 解决了这两方面正确计算自由度的问题, 发展了这个统一、通用的自由度理论。

本章主要介绍这个具有普遍性和通用性的自由度原理和公式: 首先探讨随着机构学的新发展, 应如何扩大和重新定义自由度的概念; 接着介绍基于反螺旋的“通用自由度原理”, 特别是深入分析自由度问题的 3 个关键要素, 即过约束、统一的自由度原理与公式以及自由度性质。

2.1 自由度的概念和所出现的困惑

2.1.1 自由度的概念

机械创新的重要内容之一就是机构的创新。对任何新机构最基本的认识, 首先就是要知道它的自由度 (degree of freedom, DOF), 也称为活动度 (mobility)。

在 IFToMM[5]名词术语的标准中[12], 自由度被定义为“确定机构或运动链位型所需的独立参数的数目”, 即为了确定机构或运动链所有构件的位置所需要的独立参数的数目。

从半个多世纪以来机械工程的发展历史看, 机构已发展到空间多环、多自由度状态, 自由度性质有了多样性。因此仅仅依据自由度的数目来定义自由度是远远不能全面描述新机构的特点并满足实际应用的需求, 因而自由度的概念就应该发展成为一个综合的新概念[11]。

定义 2.1　自由度　机构或运动链在三维空间所具有的稳定的、独立运动的能力称自由度。这个能力表现在如下 3 个方面:

① 这个能力的大小以确定机构或运动链位型所需要的独立参数的数目表示; ② 这个能力的性质以机构杆件所具有的移动自由度和转动自由度来表示; ③ 这个自由度能力表现在时空上应该具有连续不变性, 它应该是全周的。

定义里提到的“稳定”是指无论是自由度的大小或性质都必须有一个有限范围的稳定运动区域, 在这个范围内自由度的大小和性质都不发生变化。这个区域并不一定要求有多大, 更不要求对应曲柄旋转一周, 但又绝不能是无限小, 这种情况就被称为全周自由度 (full-cycle mobility)。当仅存在于运动区域无限小的范围内, 这样的自由度数值不能代表机构的自由度。

上述的② 和③ 就是考虑了空间机构、并联机构等多自由度机构而提出的。应用目的的不同要求机构的自由度性质也不同。例如, 房门的开闭仅需要它能绕轴线转动, 这是一维的单自由度机构; 打印机的定位机构就需要 XY 两个方向的移动, 是二维的运动; 空间定位机构需要三维移动; 适用于平面定位、垂直方向进行装配作业的 SCARA 机器人具有三维移动和一维转动的 4 自由度机构; 而喷漆机器人则不需要喷口再旋转, 仅要 5 个自由度即可。

2.1.2　机构自由度分析的困惑和普遍性原理的提出

至今, 在我们大学的《机械原理》教科书中, 介绍了平面和空间的机构自由

[5]IFToMM 是机械工程基础理论学科国际学术组织, 其全名为 The International Federation for the Promotion of Mechanism and Machine Science。中国是其成员国。

度公式, 它们分别是

$$M = 3N - 2p_2 - p_1$$
$$M = 6N - 5p_5 - 4p_4 - 3p_3 - 2p_2 - p_1 \tag{2.1}$$

式中, M 是机构的自由度; N 表示机构中除去机架总的活动构件的数目; p_i 表示机构具有 i 个约束的运动副的数目。上述的自由度公式在国际上一般习惯称为 Grübler-Kutzbach(G-K) 公式, 这个 G-K 公式还有如下更通用的表达形式:

$$M = d(n - g - 1) + \sum_{i=1}^{g} f_i \tag{2.2}$$

式中, d 是机构的阶, $d = 6 - \lambda, \lambda$ 是机构的公共约束[6], 对平面机构, 公认的公共约束为 3, $d = 3$; 一般空间机构没有公共约束, $d = 6$。n 表示机构中包括机架的所有构件的数目; g 是运动副的数目; f_i 是第 i 个运动副的自由度数目。

历史上, 许许多多的机构用上述公式得出了正确的结果, 包括绝大多数的平面机构和少数的空间机构。而且这个公式仅仅考虑机构的构件数目、运动副的数目和类型, 用最简单的算术就解决了机构的最基本的自由度问题, 确实既方便又快捷。在国内外教科书上都能见到这个公式[13-15]。自由度公式还有许多不同的具体形式, 但是这些不同的表达方式一般都可以互相转化, 因而它们的实质是相同的。

然而, 对于这种传统的机构自由度 G-K 公式, 在机构学的近 150 年的发展历史中却出现了许多反例和问题, 如对于平面的 Norton 机构、空间的 Bennett 机构、Goldberg 机构、Sarrus 机构等用这个公式都不能得到正确的结果。特别是近半个世纪以来, 机构从平面发展到空间的多环多自由度的现代高等级情况, 这个传统的 G-K 公式不仅对上述许多古典机构不适用, 几乎也不能用来分析许多现代并联机构。这样问题就变得尤为突出, 也就是说, 用这个公式计算会经常得到错误的结果。G-K 公式的计算不可靠, 再用它来计算还有什么意义呢? 由于现代并联机构结构简单、构件少, 能够实现的运动和轨迹复杂多样, 并能够满足各种各样的复杂空间运动要求, 从而得到广泛的应用。然而在对其设计和分析时, 连最基本的机构自由度 (包括数目和性质) 都难以获得正确的结果, 实在使人难以忍受。自由度分析就成了横亘在机械工程创新设计者面前的一个大问题!

[6]在后面的 2.4.3 节将给出准确的公共约束定义。

为什么用 G-K 公式不能得到正确的结果? 这个问题的实质是机构中出现了"过约束", 或称"虚约束"。在实际的机构中, 这些约束对机构的运动并没有起到约束的作用, 却在 G-K 公式中被过多地计算了。最简单的例子就是门轴上的两个合页, 它们是两个转动副, 如按两个转动副用 G-K 公式计算, 门也就开不开了, 其实另一个合页对于约束运动来说就是多余的, 它就是虚约束, 就是这个虚约束的作用使 G-K 公式得不到正确的结果。

于是, 如何去除实际中存在的过约束, 如何寻找普遍适用而又能方便计算的自由度公式, 越来越成为学者们关注的热点。确实, 从 Chebychev 于 1854 年提出第一个自由度公式开始, 自由度的研究已经持续了 150 余年。150 年来提出了许多方法。然而, 不是一次次地发现存在反例而不具有一般性 (自由度公式失去普遍性也就完全没有意义) 就是计算起来太过于复杂, 甚至不能适应现代多自由度机构对自由度性质判别的多种新要求。要知道, 自由度计算是分析机构的最基本问题。在机械创新设计的初期阶段, 在确定机构方案时会自然要提出许多不同的机构设计方案, 要考虑到许多不同的机构加以比较。提出的任何机构, 哪怕是最简单的机构都首先会碰到自由度问题, 没有普遍性的自由度公式, 人们只得各想各的办法。如果对每一个机构方案都需要花这么大的力气才能确定其自由度, 必将严重影响机械产品设计创新工作。

1997 年在《并联机器人机构学理论及控制》一书中, 首次基于反螺旋理论提出了能够识别并联机构"过约束"的机构自由度计算的通用原理和公式, 一个通用且统一的自由度理论和公式是机构学理论上的一个重大进展。这仅仅是第一次有了一个通用统一的自由度公式。在后来的许多年中, 该书作者对这个理论又做了许多研究, 补充、丰富和发展了这个理论。当然, 也期待今后的进一步发展, 有既通用又简单的自由度公式。科学的发展是无限的, 没有尽头, 没有句号。

2.2 运动副的螺旋表达

无论是运动链或是机构, 都是杆件与运动副的组合。在"机械原理"中, 运动副被定义为"两个构件的活动连接"是说这两个构件一方面要相互连接, 又须连而不死, 允许有部分的相对运动。在自由度的研究中需要应用到螺旋理论, 这里首先就要把运动副表达为螺旋。由第 1 章中介绍的螺旋理论知识可知, 机构的所有运动副均可以用螺旋表示。转动副是节距为零的螺旋 ($h = 0$); 移动副则对应着节距为无穷大的螺旋 ($h = \infty$); 螺旋副则是具有非零有限值节距的螺旋 ($0 < h < \infty$); 圆柱副相当于共轴的转动副和移动副的组合; 球面副则相当于共点不共面的 3 个依次连接的转动副。所以一个含有多个运动副的运动链就可以表示为一个螺旋系。这样也就可以用螺旋理论来分析运动链, 以及进一步分析机构。

运动副的螺旋形式如下:

(1) 转动副 (revolute pair, 简记为 R)。转动副也称回转副, 这种运动副是两个构件具有一个转动自由度的连接, 见表 2.1。当坐标系 Z 轴与转动副轴线重合时, 转动副可以用线矢量表示为

$$\$ = (\boldsymbol{S}; \boldsymbol{S}_0) = (0 \quad 0 \quad 1; \quad 0 \quad 0 \quad 0) \tag{2.3}$$

式中, $\boldsymbol{S}$ 是转动副轴线的方向; $\boldsymbol{S}_0$ 则与线矢量轴线的位置有关。此线矢量既表示了转动副轴线的空间方向, 又表示了它的空间位置。这里看到, 用线矢量能够完整地表达运动副的全部内涵且又形式简明。

(2) 移动副 (prismatic pair, 简记为 P)。移动副允许两构件沿中心线做相对移动, 也称滑动副。这种运动副也是两个构件具有一个自由度的连接, 可以表示成一个偶量。

$$\$ = (\boldsymbol{0}; \boldsymbol{S}) \tag{2.4}$$

式中, $\boldsymbol{S}$ 是移动副的滑道方向, 移动副的节距为无穷大, 是自由矢量。

当坐标系 Z 轴与移动副轴线重合时, 移动副可以表示为

$$\$ = (0 \quad 0 \quad 0; \quad 0 \quad 0 \quad 1) \tag{2.5}$$

(3) 螺旋副 (helical pair, 简记为 H)。螺旋副允许被连接的两个构件做相对的螺旋运动, 即构件做绕轴线转动的同时还沿轴线做与转动相关的相对移动。这种运动副的相对自由度仍等于 1, 螺旋副的节距为 h, 当 h 为正时表示右旋螺纹, 反之为左旋螺纹。其螺旋和节距分别表示为

$$\$ = (\boldsymbol{S}; \boldsymbol{S}^0), \quad h = \boldsymbol{S} \cdot \boldsymbol{S}^0 / \boldsymbol{S} \cdot \boldsymbol{S} \tag{2.6}$$

当坐标系 Z 轴与运动副轴线重合时, 螺旋副可以表示为

$$\$ = (0 \quad 0 \quad 1; \quad 0 \quad 0 \quad h)$$

(4) 圆柱副 (cylindroid pair, 简记为 C)。圆柱副同时允许两构件做绕轴线的独立相对转动和沿轴线独立的相对移动, 这种连接具有两个自由度, 见图 2.1。圆柱副的运动等效于共轴的转动副和移动副的组合, C ≡ PR。其中一个为转动副, 另一个为移动副。它可用一个单位线矢量和一个单位偶量表达, 这种表达与两个螺旋次序之先后无关。若将坐标 Z 轴与转动副轴线重合, 则圆柱副可以表示为

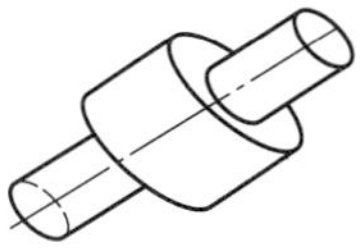

图 2.1 圆柱副

$$\begin{aligned} \$_1 &= (\boldsymbol{S}_1; \boldsymbol{S}_{01}) = (0 \quad 0 \quad 1; \quad 0 \quad 0 \quad 0), \boldsymbol{S}_1 \cdot \boldsymbol{S}_{01} = 0 \\ \$_2 &= (\boldsymbol{0}; \boldsymbol{S}_1) = (0 \quad 0 \quad 0; \quad 0 \quad 0 \quad 1) \end{aligned} \tag{2.7}$$

(5) 虎克铰 (universal joint, 简记为 U)。虎克铰也称为万向铰, 结构上其中间有一个十字头, 十字头的端点经转动副连接两个叉子而连接前后两个构件, 十字头上对应的这两个转动副轴线是垂直相交的。虎克铰允许相连的两构件之间具有两个相对转动的自由度, U ≡ RR, 见图 2.2。当 X 轴与两轴之一 $\boldsymbol{S}_1$ 相重合, Y 轴与另一个轴 $\boldsymbol{S}_2$ 相重合时, 两个轴线都通过原点。虎克铰可以用两个单位线矢量表示为

$$\begin{aligned} \$_1 &= (\boldsymbol{S}_1; \boldsymbol{S}_{01}) = (1 \quad 0 \quad 0; \quad 0 \quad 0 \quad 0) \\ \$_2 &= (\boldsymbol{S}_2; \boldsymbol{S}_{02}) = (0 \quad 1 \quad 0; \quad 0 \quad 0 \quad 0) \end{aligned} \tag{2.8}$$

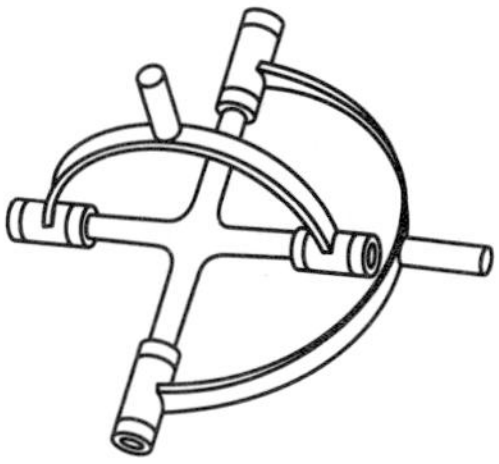

图 2.2 虎克铰

(6) 球面副 (spherical pair, 简记为 S)。球面副允许连接球副两端的两构件间具有 3 个独立的相对转动, 见图 2.3, 具有 3 个相对自由度。球副等效于轴线

汇交且不共面的 3 个转动副, S ≡ RRR。通常用共心的 3 个节距为零的螺旋表示

$$\begin{aligned}\$_1 &= (\boldsymbol{S}_1;\boldsymbol{0}) = (1\quad 0\quad 0;\quad 0\quad 0\quad 0)\\ \$_2 &= (\boldsymbol{S}_2;\boldsymbol{0}) = (0\quad 1\quad 0;\quad 0\quad 0\quad 0)\\ \$_3 &= (\boldsymbol{S}_3;\boldsymbol{0}) = (0\quad 0\quad 1;\quad 0\quad 0\quad 0)\end{aligned}\tag{2.9}$$

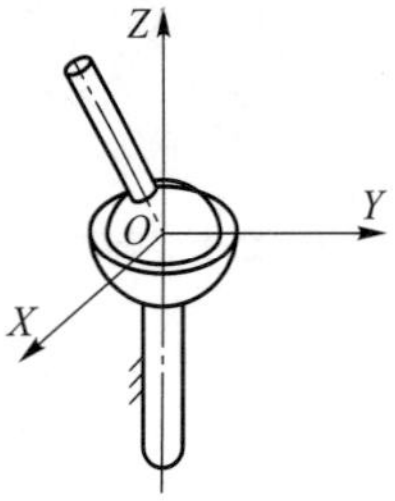

图 2.3 球面副

(7) 平面副 (planar pair, 简记为 E)。平面副允许两构件间存在 3 个相对自由度, 见图 2.4, 包括允许平面中相互垂直的两个方向的移动和允许绕该平面内法线的转动。它可以表示成 3 个螺旋, E ≡ PPR, 其中 R 为转动副, P 为移动副。平面副的特性也与转动副和移动副的先后排列次序无关。表示成螺旋为

$$\begin{aligned}\$_1 &= (\boldsymbol{0};\boldsymbol{S}_1) = (0\quad 0\quad 0;\quad 1\quad 0\quad 0)\\ \$_2 &= (\boldsymbol{0};\boldsymbol{S}_2) = (0\quad 0\quad 0;\quad 0\quad 1\quad 0)\\ \$_3 &= (\boldsymbol{S}_3;\boldsymbol{0}) = (0\quad 0\quad 1;\quad 0\quad 0\quad 0)\end{aligned}\tag{2.10}$$

图 2.4 平面副

当机构中的运动副都以上述方法表示为螺旋时, 机构本身就可以被表示为螺旋系, 这样我们就可以用螺旋理论来分析处理有关机构学的问题了。

概括以上分析, 运动副的螺旋表达可见表 2.1。

表 2.1 常用运动副的螺旋表示

运动副	图示	活动度	螺旋表示
转动副 (R)	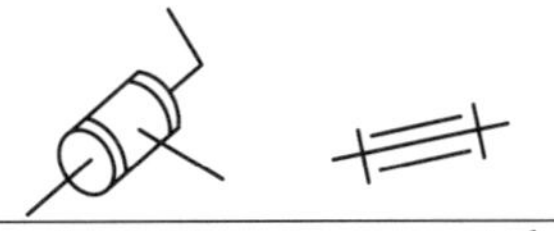	1	$\$_{\mathrm{R1}}=(1\quad 0\quad 0;\quad 0\quad 0\quad 0)\quad h=0$
移动副 (P)		1	$\$_{\mathrm{P1}}=(0\quad 0\quad 0;\quad 1\quad 0\quad 0)\quad h=\infty$
螺旋副 (H)	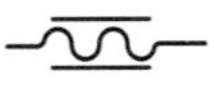	1	$\$_{\mathrm{H1}}=(1\quad 0\quad 0;\quad h_1\quad 0\quad 0)$ h=非零常数
圆柱副 (C)		2	$\$_{\mathrm{C1}}=(1\quad 0\quad 0;\quad 0\quad 0\quad 0)\quad h=0$ $\$_{\mathrm{C2}}=(0\quad 0\quad 0;\quad 1\quad 0\quad 0)\quad h=\infty$
万向铰 (U)	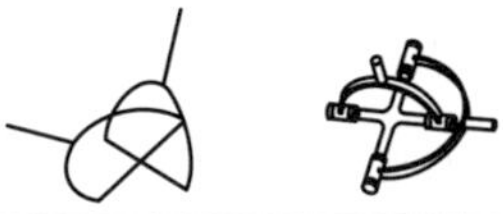	2	$\$_{\mathrm{U1}}=(1\quad 0\quad 0;\quad 0\quad 0\quad 0)\quad h=0$ $\$_{\mathrm{U2}}=(0\quad 1\quad 0;\quad 0\quad 0\quad 0)\quad h=0$
平面副 (E)	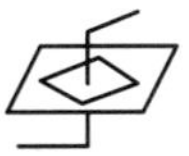	3	$\$_{\mathrm{E1}}=(0\quad 0\quad 0;\quad 1\quad 0\quad 0)\quad h=\infty$ $\$_{\mathrm{E2}}=(0\quad 0\quad 0;\quad 0\quad 1\quad 0)\quad h=\infty$ $\$_{\mathrm{E3}}=(0\quad 0\quad 1;\quad 0\quad 0\quad 0)\quad h=0$
球面副 (S)	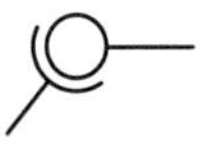	3	$\$_{\mathrm{S1}}=(1\quad 0\quad 0;\quad 0\quad 0\quad 0)\quad h=0$ $\$_{\mathrm{S2}}=(0\quad 1\quad 0;\quad 0\quad 0\quad 0)\quad h=0$ $\$_{\mathrm{S3}}=(0\quad 0\quad 1;\quad 0\quad 0\quad 0)\quad h=0$

2.3 基于反螺旋的自由度原理和公式

2.3.1 机构自由度原理的三方面问题

“基于螺旋理论的机构自由度原理” 是本书最基本的理论思想, 它将体现于以后的诸章节之中, 这里可先概括如下 3 点:

1. 为正确获得机构的自由度先要识别过约束

要获得准确的机构自由度的关键是要识别出机构中的过约束, 再从计算的公式中去掉过约束。过约束都是在运动链闭合时发生, 那么就要在运动链闭合时检查和发现过约束。虽然最简单的发生过约束情况是单环运动链的再闭合, 但最典型和有普遍应用意义的却是如何确定并联机构, 在其多环的再闭合中存在的过约束和确定它的自由度。为此, 分析并联机构就首先要由并联机构的各个分支的运动螺旋系分别求出对应的反螺旋系, 接着对各分支的反螺旋系经并集运算以得到动平台的约束螺旋系, 再计算约束螺旋系的最大线性无关螺旋组得以确定 "过约束", 最后得到并联机构正确的自由度。话说回来, 之所以说并联机构的自由度问题具有普遍意义, 一方面它是多环机构中最简单的类型, 有典型性; 另一方面, 求并联机构运动平台自由度的方法还可以用于各种机构中计算指定构件的自由度。

在处理比并联机构更复杂的最具一般性的多环空间机构时, 为确定机构自由度就要将机构的多环按先后顺序一一打开, 并一一再闭合, 通过分析运动链的依次再闭合情况, 即对比每次再闭合前后的约束反螺旋状态, 可以发现对应再闭合时所出现的 "过约束", 经此复杂过程才能最后确定一般多环机构的自由度; 而且在一般多环空间机构形成时, 还常常伴随出现运动耦合情况, 甚至是强耦合, 这使得分析自由度问题更要复杂许多[7]。

2. 确定自由度性质

对于空间多自由度机构, 为方便应用, 实际问题中必定要求得知其自由度的性质, 即需要知道它具有几个转动自由度和有几个移动自由度这样的问题, 还要求知道转动是绕什么轴线方向, 移动自由度又是沿什么方向。这可以由上述所得构件约束螺旋系的最大线性无关螺旋组, 再按约束螺旋系与运动螺旋系的对偶性和物理性质来确定自由度的运动性质; 或者通过计算机构螺旋系的二次反螺旋以获得输出运动的自由度运动性质[11,16]。

3. 确定转动副转动的可能轴线位置

若得知允许的转动自由度的转动轴线可能存在的空域, 对规划机构和机器人的运动是十分有意义的。它是依赖于诸约束力线矢量在空间的位置, 这方面更是紧密依赖螺旋理论[7,11]。

2.3.2 基于反螺旋理论的过约束

定义 2.2 过约束 若某机械系统对同一构件提供了两个以上约束性质相同的约束, 就称构件受到了过度的约束, 简称 "过约束"。过约束也称虚约束或冗余约束 (overconstraint 或 redundant constraint)。当约束以反螺旋表示时, 数学

---

[7]请见第 5 章。

上当“两个以上的约束反螺旋”线性相关时, 过约束发生。

当构件的约束螺旋系中的螺旋发生线性相关时机构中发生过约束[8]。约束螺旋系中的螺旋发生线性相关, 那就是在该约束螺旋系中螺旋的数目大于螺旋系的秩的数目, 这个差数就是过约束螺旋的数目。约束螺旋系的秩决定了构件受到的独立约束的数目, 也将决定了构件的自由度的性质。

当获得这些约束反螺旋, 就可以进而得到构件的运动螺旋系, 构件的自由度也就获得了。看来过约束的存在使得在自由度分析时约束被重复地计算了, 或重复计算了同样的约束。这样过多地计算了约束, 机构的自由度数目也就减少了, 计算结果就发生了错误。因此从这个角度说, 不去掉重复的约束也就不能得到正确的自由度结果。所以, 正确计算自由度的关键就是如何正确判定重复的约束。为了确定并去掉重复而无效的“过约束”, 这里就要应用“反螺旋理论”以解决这个难题。

具有过约束的机构都是因为它有一定特殊的几何条件。比如, 最简单的汽车门, 该门用了两个铰链固定于门框上。其实, 从“运动学理论”上说只要一个铰链就能够保证门的转动和启闭, 但由于力学的原因制造上至少都采用了两个合页, 在两个合页下为保证能够转动, 从几何学上说这两个转动副的轴线必须共轴,“共轴”就是它的特殊的几何条件, 在这个几何条件下其中的一个铰链就没有起到运动学上的约束作用, 它就是虚约束。当我们能够识别出机构发生的类似这样的过约束, 并在计算自由度时去掉过约束, 正确的自由度也就能够获得。

此外, 在讨论机构的自由度时, 我们还要关心这个特殊的几何条件是否稳定。若在机构的运动过程中几何条件不发生改变, 机构才有稳定的自由度。否则, 机构的位型发生变化, 特殊的几何关系也发生变化, 那么机构的自由度也将发生变化。当发生交通事故时, 汽车门发生扭曲打不开就是因为两个合页不再共轴了, 几何条件发生了变化, 从而导致机构的自由度为零。一般说自由度不能保持稳定的机构, 不是我们所希望的机构, 甚至说是错误的机构设计。

2.3.3 “通用的自由度公式”

如前所述, 自由度公式计算之所以不能得到正确的结果, 就是因为没有考虑

[8]约束螺旋系中的螺旋发生线性相关时机构中发生过约束, 而机构运动螺旋系中的螺旋发生线性相关时机构中发生自由度。注意这两者的区分。

机构中存在相当数量的不起约束作用的过约束。正确的计算只需要在公式中去掉过约束的影响即可[7,8,11]。由于是过多地计算了约束，去掉过约束的办法就是在自由度公式中加上被过多去掉的过约束数。

$$\text{机构自由度} = \text{活动构件的自由度} - \text{全部运动副带来的约束} + \text{总的过约束} \tag{2.11}$$

如果把过约束数记为 μ，那么只需要从 G-K 公式中加上已经被过多去掉的 μ 即可。在《论机构自由度》一书中曾把加上 μ 的 G-K 公式称为“修正的 G-K 公式”。本书中就把这个公式直接称为“通用的自由度公式”。

在机构的“通用的自由度公式”中如何处理过约束有两种思路，对应地，通用的自由度公式则有两种不同形式；同时这里还给出分析机构中的指定构件的自由度的方法。

2.3.3.1 第一种求解思路

对空间机构的公式 (2.2) 直接加上计算中被过多减去的“全部过约束 μ”，就能够得到正确的自由度数目

$$M = 6(n-g-1) + \sum_{i=1}^{g} f_i + \mu \tag{2.12}$$

式中，M 表示机构的自由度；n 表示包括机架的构件数目；g 表示运动副的数目；f_i 表示第 i 个运动副的自由度数；μ 是机构中过约束的总数。显然，这里是把所有机构都看成空间机构 (包括将平面机构也按空间机构处理)，让 $d=6$。这种方法也就必然是一种一般性的方法，最具普遍性，可以适用于各种各样的机构。

2.3.3.2 第二种求解思路

这首先是针对平面机构和球面机构的特点，方便它们的应用，而且这些特点大家都已熟悉，它也适合空间并联机构。这种方法是将全部的过约束分为两部分，一部分以公共约束的形式来处理，公式采取式 (2.2) 的形式；但是对于机构呈多环闭合的情况，只考虑公共约束还不够，还有些过约束没有包括在公共约束之内，那就是要考虑当构造多环闭合时发生的超出公共约束的那些过约束。在公共约束之外的这部分过约束我们过去称为“并联冗余约束”，现在考虑到更普遍的情况，它被改称为“多环闭合时超出公共约束部分的冗余约束”，简称“闭合冗余约束”，记以 ν。这样，式 (2.2) 就应再加上此闭合冗余约束部分的过约束，

而导得第二种机构通用的自由度公式

$$M = d(n - g - 1) + \sum_{i=1}^{g} f_i + \nu \tag{2.13}$$

式中, M 表示机构的自由度; d 表示是机构的阶数, 它依赖于公共约束, 当 λ 表示公共约束时, $d = 6 - \lambda$, 对平面机构和球面机构 $\lambda = 3$, 对于纯平面滑块机构 $\lambda = 4$; n 表示包括机架的构件数目; g 表示运动副的数目; f_i 表示第 i 个运动副的自由度; ν 表示闭合冗余约束, 它等于在去除公共约束因素后的独立冗余约束的数目。

虽然式 (2.12) 和式 (2.13) 形式不同, 其实质是一样的, 很容易用式 (2.13) 推导得到式 (2.12), 如

$$\begin{aligned} M &= d(n - g - 1) + \sum_{i=1}^{g} f_i + \nu = (6 - \lambda)(n - g - 1) + \sum_{i=1}^{g} f_i + \nu \\ &= 6(n - g - 1) + \sum_{i=1}^{g} f_i + \mu \end{aligned}$$

式中, $\mu = \nu + \lambda(g - n + 1)$。

比较上述这两种处理过约束的思想和两种形式的自由度公式, 对于任何的单环机构[9]、平面和球面机构、某些并联机构, 我们倾向于应用式 (2.13), 这样考虑计算能够方便一些。例如对于平面机构或球面机构仍然可以以 3 代替 d 应用该公式。而对于其他的机构, 或更加复杂的某些机构, 就应该在具体分析各种情况计算出发生的那些过约束后, 应用式 (2.12) 直接将过约束再予以加上, 就能够得到正确的结果。关于这点请读者参看以后诸章节, 以及在自己的实际工作中积累经验, 灵活运用。

读者可能注意到许多人提出的 "公式" 都与这里的公式有相似的形式, 或者它们之间常常可以相互推导转化。因此读者怀疑它们之间是不是并没有什么区别? "公式相同", 确实如此, 或者它们公式形式相同或者可以相互推导转化。但这里的关键是如何求得 "过约束", 如何求得过约束这才是问题的关键。要看它解决过约束问题是基于什么理论和用什么方法? 这方面的差别其实是非常大的, 甚至是决定性的, 这个方法能够求解, 那个方法就解决不了。这个方法有普遍性, 那种方法却已经自认存在 "局限性"。而我们的特点就是应用了反螺旋理论, 抓住了机构中的 "过约束", 应用上具有普遍性。

[9]对于单环机构在 2.4.1 节将要进一步做出分析。

2.3.3.3 构件的自由度

上面提到的式 (2.12) 和式 (2.13) 都是针对整个机构而言, 适用于确定整个机构的自由度。由于在同一个多自由度机构中, 不同的杆件具有不同的自由度, 为了某种原因, 当需要知道机构中某个指定构件本身的自由度时, 就要求获取构件的自由度。

定义 2.3 构件的自由度 为确定机构中某构件的位置, 所需要对该机构施加的最少独立参数的数目就是该构件的自由度。

定理 2.1 构件的自由度的确定 *机构中某构件的自由度的数目和性质, 依赖于机构施加该构件上全部的独立约束反螺旋。*

如何求得机构中某个构件的自由度? 依据上述定理, 要确定构件的自由度, 就要从螺旋理论出发, 求出作用其上的独立的约束反螺旋。为此常常可以将所研究的机构直接视为一个并联机构, 而将该构件视为并联机构的动平台或并联机构输出的末端件。若这样考虑, 问题就变成研究此并联机构动平台的自由度了。具体地说, 在选定 "并联机构" 的动平台后, 确定和该动平台相连的那些分支, 又分别求取各个分支的反螺旋系后, 再讨论作用于动平台上的整个反螺旋系, 以及再求此反螺旋系的秩, 从而可以获得动平台的自由度和了解自由度的性质。由定理 2.1, 动平台或机构末端件的自由度, 可以按以下公式求得:

$$M_{\mathrm{G}} = 6 - \sigma \tag{2.14}$$

式中, M_{G} 表示所研究杆件的自由度; σ 表示作用于该构件上独立的约束反螺旋数目, 即约束螺旋系的秩。实际上这种方法也就是确定该 "并联机构" 动平台输出自由度的方法。类似地, 此种方法就可以分析复杂环路中任何一个构件, 得到构件自身的自由度。至于对应构件所具有的自由度性质, 则可以从分析 σ 个约束螺旋反推得到。

在具体应用式 (2.12) ~ 式 (2.14) 做自由度分析时可以采取以下两种方法:

(1) 代数法。即建立各个运动螺旋系后, 以代数法求对应的约束螺旋系, 再确定公共约束、闭合冗余约束或总的过约束; 其后再应用 "通用的自由度公式" 计算自由度。

(2) 几何法。先将运动副的轴线依据所给出的几何条件表示于机构图中, 依据螺旋的相关和相逆性可以在图中确定反螺旋, 再确定动平台的约束螺旋系, 从而确定机构自由度。为了方便, 在确定螺旋系的相关性或相逆性时, 直接应用表示几何关系的表 1.2 和表 1.5 可得。

若比较这两种方法, 代数法规范, 但需要通过计算求得, 还常常需要应用计算机, 相对麻烦一点。几何法十分简便快捷, 但要求几何概念清楚。对于初学者请先采用代数法, 当你比较熟练, 概念也很清楚之后再采用几何法。特别是对于机械工程师在机构的原始概念设计阶段需要分析许多不同的机构方案, 这时几何法就突显其优越性, 快捷省时, 能很快判定各个机构的自由度。当然, 几何法只适用节距为零或无穷大的情况, 即适用于线矢量和偶量的情况; 对于节距为非零有限量就解决不了, 这时就只能用代数法了。然而这种节距为非零有限量的特殊情况还是极少发生的。

上述分析给出通用的自由度计算公式, 然而要正确应用这 3 个公式计算自由度, 关键是要进行约束分析, 找出存在于机构中的过约束。同时, 在进行自由度分析时还要确定机构中所选定构件的自由度性质。从这两方面说, 关键都是要采用反螺旋原理分析约束。

2.3.4 局部自由度

在机构自由度分析时还时常出现 “局部自由度” 问题, 对机构输出运动而言, 局部自由度常常是多余的自由度, 它对机构的输出自由度没有影响, 比如滚子凸轮机构中滚子的转动自由度, 滚子的转与不转都对其输出推杆的运动没有影响。又如, 在并联机构的一个分支串联链中, 如有 4 个转动副的轴线平行, 这 4 个转动副就形成一个局部的运动自由度, 这个运动也不会影响机构的输出。因此在计算机构自由度时, 常常要将这种局部自由度减去, 以得到机构输出的 “名义自由度”。局部自由度在理论上可以通过判断一个局部的螺旋系 (或分支螺旋系) 是否发生线性相关而决定, 实际上当经验较多时判断局部自由度却往往不用计算, 由简便的观察就能正确确定, “机械原理” 中已经介绍过许多这样的例子。

这里我们还是要补充 “局部自由度” 的定义如下:

定义 2.4　局部自由度　机构中不影响机构输出件运动的机构自由度称为局部自由度 (passive degree of freedom 或者 idle freedom), 可以记为 ζ。

定理 2.2　局部自由度的发生　*在理论上局部自由度可以通过判断一个局*

部的螺旋系是否发生线性相关而决定[10]。

当有 n 个螺旋构成的一个串联链, 其中有 m 个螺旋, $m < n$, 发生线性相关, 则这 m 个螺旋对这 n 个螺旋形成局部自由度, m 个螺旋的不同位型变化不影响 n 个螺旋末端的输出。由于机构的局部自由度不影响机构末端的输出, 因此在计算机构自由度时, 常常要将这种局部自由度 ζ 减去, 以得到机构输出的 "名义自由度 M_{N}", 公式如下

$$M_{\mathrm{N}} = 6(n - g - 1) + \sum_{i=1}^{g} f_i + \mu - \zeta \tag{2.15}$$

从本节看到通用的自由度公式有 4 个, 即式 (2.12) ~ 式 (2.15)。式 (2.12) 是最普遍的, 对任何机构都适用; 式 (2.13) 主要是对平面机构、球面机构, 有时也用于空间单环机构以及并联机构; 而式 (2.14) 则仅仅是对具体机构中的构件, 如求并联机构的输出动平台的自由度, 或某闭环运动链中一指定构件的自由度时应用此式; 而式 (2.15) 是在需要知道机构的名义自由度时应用。

2.4 基于反螺旋的过约束分析

这里首先来讨论在应用式 (2.12) ~ 式 (2.15) 计算自由度时如何确定最为关键的因素: 过约束和确定过约束的性质。

2.4.1 过约束的发生和运动链闭合的方式

文献 [17,18] 都提到过运动链闭合时会发生过约束。闭合的方式多种多样, 然而, 最基本的方式是串联链经过闭合成为单闭环机构, 过约束就在闭合之时发生。而单闭环的过约束又是单闭环机构的公共约束。对应于连接到机架的串联开式链, 它的每个构件都承受公共约束, 但串联链中没有过约束。

对于复杂的多环运动链, 见图 2.5, 当建立第 1 个闭环 $ABCDEA$ 时, 它的闭合可能带来过约束; 又有第 2 个闭环 $FGHIJKF$, 其中也可能有过约束; 当仅用一个运动副 K 将两环连接时, 这个运动副 K 并没有将原来的两个环连接成

[10] 局部自由度仅是针对机构运动螺旋系中的部分螺旋, 当它们变成线性相关时, 就发生局部自由度。如当整个机构的运动螺旋系线性相关, 则出现公共约束, 并引起机构"阶" 的变化。这两者是有区别的。一般说来, 螺旋系线性相关下必定引起运动链的可动性, 产生活动度。

第 3 个新的闭环, 两环之间还是 "开式" 关系, 所以运动副 K 并不会给系统带来任何新的过约束。如果这里再设法以某个新的运动副将两个环连接起来, 则会有一个新的闭环形成, 得到第 3 个闭环。这个新的 "运动副" 可以仅是一个运动副, 也可以是一个串联链。图 2.5 中就是一个串联链 $LMNO$, 当此串联链末端 P 尚未与第 1 个环相连接时, 闭合环没有发生, 系统并不会增加过约束, 一旦此 P 副将开链连接到第 1 个闭环上, 则发生了闭合, 形成第 3 个闭环, 过约束可能再次发生。所以过约束都是在运动链闭合时发生。

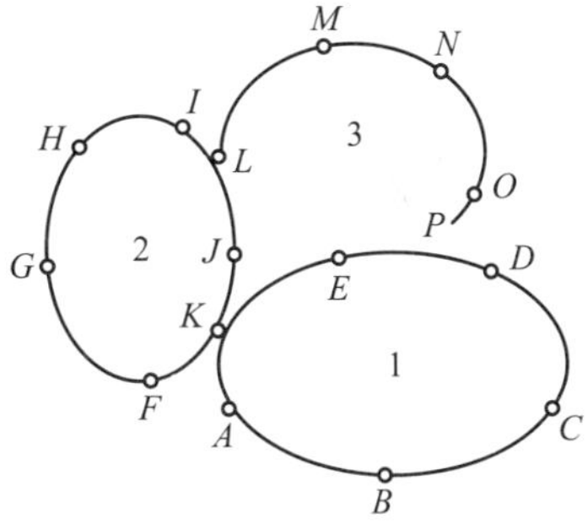

图 2.5 3 环结构

定理 2.3 开式运动链没有过约束 *开式运动链没有过约束, 机构中的过约束都是在运动链闭合时发生。*

由上述定理可以知道, 影响机构自由度计算的这个主要因素 "过约束" 是在运动链闭合时发生, 尚未闭合的开式链没有过约束; 而且这个定理还明确告诉我们, 过约束除了在开链闭合处之外没有过约束。换句话说, 闭合的运动链只当打开它的一个运动副后, 过约束就在这里的再闭合过程中发生, 而在这个闭环内所有其他地方都不再会有过约束, 不必再去检查。

运动链的闭合又有不同的形式, 对应不同的闭合形式, 考虑的因素也不同, 这里分别介绍 3 种不同的闭合方式。

1. 刚性闭合

当把串联链的末杆与机架刚性固连起来会形成一个单闭环机构, 这种闭合方式称为 "刚性闭合", 任何刚性闭合都带来了 6 个约束条件, 而在刚性闭合前后机构的运动副数目却没有变化。若 δ 为串联链中独立的运动螺旋之数目, 即串联链的末杆则具有 δ 个自由度[11], 即此时未闭合之前末端已受到 $6-\delta$ 个约束; 在刚性闭合下不仅末杆的 δ 个自由度被约束掉, 实际上这种刚性闭合给运动链末杆带来了 6 个约束, 因而其中的 $6-\delta$ 个约束就是重复的, 就是在刚性闭合下该单闭链的过约束数。

$$\mu = 6 - \delta \tag{2.16}$$

从另一方面说, 当串联链末杆具有 δ 个自由度时, 其每个构件都受到不少于 $6-\delta$ 个约束, 对串联链而言 $6-\delta$ 个约束也就是所有构件的公共约束, 公共约束用 λ 表示, 即 $\lambda = 6 - \delta$。它也就是开链运动螺旋系的反螺旋的数目, 也是具有相同运动副数目的单环机构的反螺旋数目, 是串联链也是对应单环机构的公共约束数目。

在机构自由度分析中常常采用这种刚性闭合方式分析机构的过约束数。

2. 活动闭合

当把一个末杆具有 δ 个自由度的串联链与机架闭合之时, 再另外加上一个转动副以形成单闭环机构, 这种闭合方式可以称为"活动闭合"。此种方式闭合下, 单闭环机构的运动副数目比串联链的运动副数目多了一个。设 δ 个自由度对应的螺旋系为 $\widehat{\$}^{\delta\mathrm{m}}$, 新加的转动副的螺旋表示为 $\$^{R}$, 此时有两种情况: 若此 $\$^{R}$ 仍属于螺旋系 $\widehat{\$}^{\delta\mathrm{m}}$, 则串联链的独立反螺旋数和此单闭环的反螺旋数目相同, 过约束仍按式 (2.16) 计算

$$\mu = 6 - \delta$$

否则, 当 $\$^{R}$ 不属于 $\widehat{\$}^{\delta\mathrm{m}}$, 则此单闭环机构的反螺旋数比此串联链的反螺旋数数目就会少了一个, 即过约束也少了一个, 此时过约束按下式计算:

$$\mu = 5 - \delta \tag{2.17}$$

例 2.1 平面 4 杆机构。

以图 2.6a 的平面 4 杆机构 $ABCD$ 为例分析。为分析机构是否有过约束, 我们先以刚性闭合方式考查。将机架 AD 杆的 $m-m$ 截面处断开, 得到一个含 $ABCD$ 4 个转动副的 4 自由度开式运动链 $ABCDE$, 见图 2.6b。为分析串联链末杆 DE 的自由度, 考虑到 4 杆机构的所有轴线都相互平行, 4 杆机构的 4

[11]串联链的自由度与其末端杆的自由度有时是不相同的, 前者是所有运动副自由度之和, 后者则仅是串联链运动螺旋系之秩, 即串联链中独立运动螺旋之数目。

个转动副在坐标系 $A-XY$ 下表示成螺旋, 这里选取所有螺旋轴线的方向沿转动副轴线向外, 4 个转动副可以表示为 4 个螺旋, 有

$$\begin{aligned}
\$_A &= (0 \quad 0 \quad 1; \quad 0 \quad 0 \quad 0) \\
\$_B &= (0 \quad 0 \quad 1; \quad d_2 \quad e_2 \quad 0) \\
\$_C &= (0 \quad 0 \quad 1; \quad d_3 \quad e_3 \quad 0) \\
\$_D &= (0 \quad 0 \quad 1; \quad 0 \quad e_4 \quad 0)
\end{aligned} \tag{2.18}$$

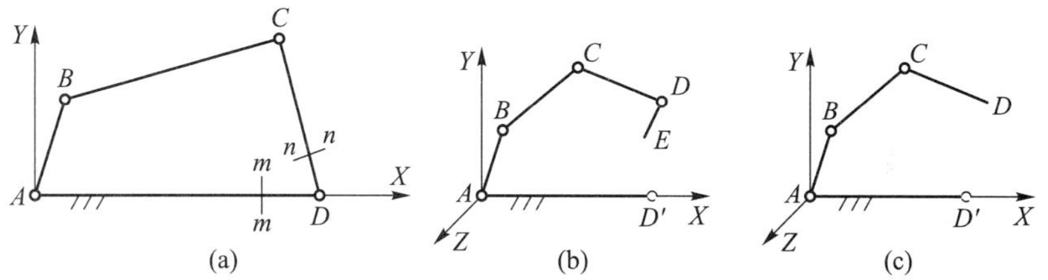

图 2.6 4 杆机构

式中, d_i 及 e_i 是与运动副轴线位置有关的变量, 但其具体数值的大小与自由度问题本身无关, 可以不去考虑它[12]。这 4 个螺旋就构成此串联链的运动螺旋系。为判断此 4 个螺旋是否线性相关可以应用式 (1.32), 然而从这 4 个螺旋的表达式可以明显地"观察"到, 它们线性相关, 独立的螺旋仅 3 个, 末端仅有 3 个自由度。为求这 3 系螺旋的反螺旋, 可以应用螺旋的互易积为零的原理建立代数方程组, 求解后得到如下 3 个约束反螺旋:

$$\begin{aligned}
\$_1^{\mathrm{r}} &= (0 \quad 0 \quad 1; \quad 0 \quad 0 \quad 0) \\
\$_2^{\mathrm{r}} &= (0 \quad 0 \quad 0; \quad 1 \quad 0 \quad 0) \\
\$_3^{\mathrm{r}} &= (0 \quad 0 \quad 0; \quad 0 \quad 1 \quad 0)
\end{aligned} \tag{2.19}$$

然而, 上述 3 个反螺旋却可以根据式 (2.18) 直接看出, 之所以能够直接看出反螺旋, 是依据式 (2.18) 中存在的零元素。式 (2.19) 表示了串联链的末端受到 3 个约束, 第一个节距为零, 是线矢量, 它表示是一个约束力, 将限制沿 Z 轴的移动; 后两个节距为无穷大, 是约束力偶, 约束了末杆绕 X 轴和 Y 轴的转动。经这样分析得知末端仅有 3 个自由度, 包括绕 Z 轴的转动和沿 X 轴、Y 轴的移动。虽

[12]注意, 如此处理 d_i 及 e_i 的思路正是本方法的特点, 它可以大为简化分析的过程。

然串联链本身的 4 个运动副对应串联链有 4 个自由度, 而其末端杆件 DE 的自由度却仅仅是 3。

从另一方面看, 式 (2.19) 的 3 个反螺旋与该串联链的每一个螺旋都发生相逆, 可以说是串联链每一个螺旋的公共反螺旋, 它们都承受了这 3 个约束, 是它们的公共约束。

此时, 再将此开式串联链 $ABCDE$ 的末杆 DE 与机架固连闭合。所谓将末杆固连到机架上, 也就是在末杆上施加 6 个约束条件。从约束的性质看, 除了串联链末杆的那 3 个自由度将全部被约束掉外, 还施加有另外的 3 个约束, 即是约束绕 X 轴、Y 轴的转动和沿 Z 轴的移动。经对比可见, 绕 X 轴、Y 轴的转动和沿 Z 轴的移动这 3 个约束确实又重复地约束一次, 因此这 3 个约束就是 "过约束", $\mu = 6 - \delta = 3$。

从这里看到, 串联链已经有的公共约束在这个闭合过程中又被约束了一遍, 因此可以说公共约束在闭合时都成了过约束。

若以 "活动闭合" 方式考查此 4 杆机构, 为判断其有无过约束, 我们从机架副 D 之前的截面 $n-n$ 处截断 CD 杆, 见图 2.6c, 为保持再闭合后与原机构不变, 当它再度闭合时就需要增加一个转动副 D, 这就是 "活动闭合"。虽然这时的串联链末杆 CD 的运动决定于式 (2.18) 的前 3 个螺旋, 那表明串联链也有 3 个自由度, 它也将受到 3 个约束。当闭合时要增加了一个转动副 D, 这个转动副却不能任意设定, 必须使其轴线与串联链原有的运动副的轴线平行, 以形成平面 4 杆机构, 这样转动副 D 对应的螺旋仍属于前 3 个螺旋构成的螺旋系, 这种情况下它属于活动闭合的第 1 种情况, 这里过约束仍按式 (2.16) 计算, 结果也是 3, $\mu = 6 - \delta = 3$, 其余是实约束。可见, 虽然此转动副 D 会带来 5 个约束, 而过约束却不是 5。当求得平面 4 杆机构的过约束, $\mu = 3$, 机构的自由度可以按式 (2.12) 正确计算

$$M = 6(n-g-1) + \sum_{i=1}^{g} f_i + \mu = 6 \times (4-4-1) + 4 + 3 = 1$$

经上述分析可见平面 4 杆机构只有 3 个过约束。

3. 动态闭合

还有更普遍也更复杂的另外一种闭合方式, 是将一个开式链的两端分别闭合到某闭环中的两个都在运动的构件上, 即具有绝对运动的两个构件上。这种闭合称为 "动态闭合"。对于这样的动态闭合要考虑所连接的两个构件的相对运动。动态闭合可以经过机架转化, 成为一端连于机架, 另一端连于某一构件这种简单情况以简化分析的过程。

如前定理 2.3 所述, 过约束都是在运动链闭合时发生。最一般的闭合情况就是这种动态闭合, 见图 2.7a, 这种闭合方式是将一个开式链闭合到某闭环中做相互运动的两个构件上。如运动链 $JKLM$ 闭合到单环机构 $ABCDEFGHI$ 上的两个杆件 BC 和 GH 上, 该两杆都是运动着的杆件, 所以这就是动态闭合。

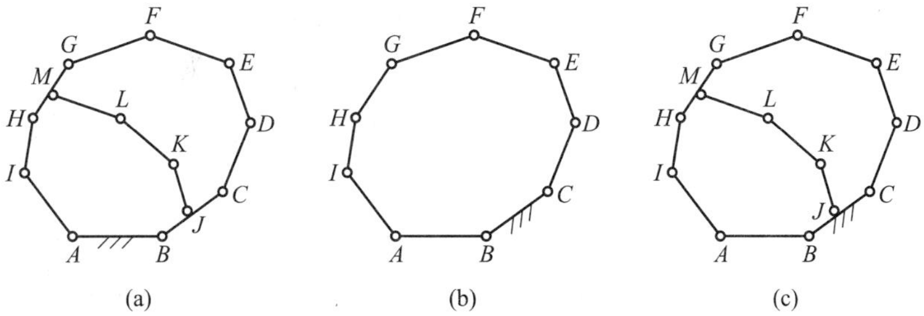

图 2.7 动态闭合与过约束

为了判断此运动链 $JKLM$ 给原机构 $AB\cdots I$ 带来的过约束, 就要应用螺旋理论和前述的并联机构自由度理论来分析。其原则就是先找出所要连接的两个杆件 BC 和 GH 之间它们原有的相对自由度, 包括自由度的数目和性质, 再分析所附加的串联运动链 $JKLM$ 首末两杆之间的相对自由度; 然后再比较那两组自由度就可以判断出在运动链闭合时所发生的过约束。具体有如下的方法步骤:

(1) 从原机构中单独拿出单环机构 $AB\cdots I$, 见图 2.7b, 为求杆 HG 相对 BC 的自由度, 就可以经机架转化, 把 BC 视为不动的机架, 再求 GH 杆相对机架的自由度。这里完全可以把这个单环机构 $AB\cdots IA$ 视为一个具有两个分支的并联机构, BC 是机架, GH 是对应的动平台, 两个分支分别是 $BAIH$ 和 $CDEFG$。按并联机构求其运动平台 GH 的自由度的方法求出所需要的相对自由度。

(2) 分析串联链 $JKLM$ 末杆 LM 具有的相对自由度, 见图 2.7c。

(3) 当将串联链末杆 LM 以转动副 M 与 HG 杆相连时, 转动副 M 将带来 5 个约束, 并分析 5 个约束的性质, 这里原来的动态闭合转化为活动闭合。

(4) 比较 HG 和 ML 两者的自由度即可判断转动副 M 带来的约束何者是实约束, 何者是虚约束, 即确定过约束的数目和性质。

从上面的分析我们看到, 过约束都是在运动链闭合的时候发生, 闭合时依据闭合的方式、闭合时所应用的运动副和所连接的构件的运动状态的不同, 确定不同的过约束。如上所述, 可将闭合发生过约束的情况分为 3 种: 刚性闭合、活动闭合和动态闭合, 实际分析时, 须按不同情况具体分析。

2.4.2 机构的复杂度

由于机构自由度问题的难度依赖于过约束的复杂程度, 而复杂程度又依赖运动链发生闭合次数的多少, 所以按机构发生闭合的次数有以下 3 种不同情况:

1. 单环一次闭合

单环机构的过约束是在串联链闭合时发生, 只经过了一次闭合, 这是最简单的情况。

如例 2.1 的单闭环四杆机构, 它可以看成由平面串联链经一次闭合方式构成, 如前所述。依据串联链末杆闭合时发生的约束数, 理论上就可以用来确定单环机构的过约束。

串联链是连于机架的串联杆组, 它的自由度就是各个运动副自由度之和, 而其末端件的自由度则决定于串联链对应运动螺旋系的秩, 它常常小于串联链的自由度。串联链的运动螺旋系的反螺旋决定其公共约束, 闭合前的串联链没有过约束。在串联链再闭合后形成单环机构, 单环机构运动螺旋系的反螺旋就既是机构的公共约束, 也是单环机构的过约束。还依据定理 1.6, 我们有如下定理:

定理 2.4 单环机构的过约束 单环机构的过约束 μ, 数值上就等于单环机构运动螺旋系的反螺旋的数目。若单环机构具有的线性无关的运动螺旋数目为 $\delta < 6$, 其过约束则为

$$\mu = 6 - \delta \tag{2.20}$$

法则 2.1 确定串联链和单环机构的自由度 串联链没有过约束, 其自由度即是它的所有运动副自由度之和, 串联链末端件的自由度是其运动螺旋系的秩; 对单环机构, 按照定理 2.4 在确定单环机构的过约束后, 可以按式 (2.12) 计算自由度; 对平面单环机构, 按定理 2.4 获得的过约束 μ, 也即是平面单环机构

的公共约束 λ, 就直接可应用式 (2.13) 计算, 并取 $\nu = 0$。这个法则对于空间单环机构也适用。

2. 多环一次闭合

并联机构是多环机构, 但它的多个分支都同样地连接上下两个平台形成多个闭环, 但是, 此多个闭环的闭合可以看成是同时发生的, 即可以将多个分支在所有下端与定平台连接好后, 所有分支的上端与定平台同时发生闭合, 这样说它就是仅经历一次闭合, 多分支的并联也就是在一次闭合中形成。即在这一次闭合中, 动平台同时承受来自所有各个分支的约束的作用, 这些约束可以归纳合并于同一个约束螺旋系, 或说取各约束螺旋系之并, 然后判断此合成的螺旋系是否线性相关, 及求得此约束螺旋系的秩。这个分析过程只经历一次完成, 这就是一次闭合法。它不同于下面的多环的分次闭合, 这种并联机构的闭合是多环闭合的一种特殊的较简单的情况。

对于并联闭合这种特殊情况, 我们已经较好地解决了判断过约束的方法, 在 2.4.3 节中将予以介绍。

3. 多环分次闭合

一般的空间多环机构以及空间网络机构是更复杂的多环机构, 这种多环机构的形成是经历了先后多次的闭合, 每次闭合时都可能发生过约束, 这是过约束发生的最一般情况, 也是分析起来最复杂的情况。所以对这种一般空间机构以及更复杂的空间网络机构分析过约束时, 需要对于每个环路的再闭合分别分析研究。不可以认为 “分别取各个环对应运动螺旋系的反螺旋就是对应的该环的过约束”, 这是错误的。

这种一般多次闭合的多环机构的构成是很不规律的, 它是由最初的一个单环机构将一个个不同的串联链以不同的闭合方式, 包括动态闭合方式, 附加其上而逐渐形成的, 这个不断地附加运动链的过程使机构一点点变大, 变得复杂, 并逐渐形成复杂的多环机构, 这种复杂情况在后面的章节中将会多次看到。分析这种一般多环机构与分析并联机构在方法上是不相同的。对这种多环闭合机构, 就要先逐次分层分解机构, 分解后再依据分层的次序逐个地闭合, 在每次闭合时都须检查是否出现 “过约束”, 而且, 在多次闭合时还会发生并需要考虑运动耦合或强耦合这样更加复杂的情况。经逐个地再闭合分析后, 最后再累计整个分析过程中出现的过约束而得总的过约束数目, 再用自由度公式计算, 可得正确的结果。

定理 2.5　一般多环机构的过约束　一般多环机构的过约束都是在各个闭环闭合时发生, 为求过约束就必须在各个闭环的依次一一再闭合的过程中加以识别。

求过约束以计算机构的自由度, 就要依据上述这 3 类不同复杂情况用不同的方式处理。

2.4.3　机构的公共约束

对于平面机构、球面机构和并联机构也都可以应用式 (2.13) 这种 “通用的自由度公式”, 常常也是很方便的, 因为式 (2.13) 采取了大家习惯应用的方式。应用式 (2.13) 时一个很重要的因素就是如何确定机构 (包括并联机构) 的公共约束, 进而也确定了机构的 “阶”——d。如前所述, 机构的阶是由公共约束数 λ 来决定的

$$d = 6 - \lambda \tag{2.21}$$

这里我们采用以反螺旋来定义公共约束。若机构中所有的运动副均以运动螺旋 $\$$ 表示, 它们构成一个螺旋系, 称为机构运动螺旋系或简称机构螺旋系, 记以 $\widehat{\$}$。

定义 2.5　公共约束　若存在一个与机构运动螺旋系 $\widehat{\$}$ 中每一个螺旋 $\$$ 均相逆的反螺旋 $\$^{r}$, 这个反螺旋就是该机构的一个公共约束 (common constraint)。反螺旋的数目就是公共约束的数目。公共约束用 λ 表示。

机构的 “阶” 用 d 表示, “阶” 的数值是 6 与公共约束的数目之差, 即 $d = 6 - \lambda$。

由这个定义再结合定理 2.4 显然可以看到, 对单环机构而言, 运动螺旋系独立的反螺旋数目即是机构的公共约束, $\mu = 6 - \delta = \lambda$, 机构的阶即是其独立的运动螺旋的数目, $d = \delta$。

当然公共约束也反映了机械结构对运动构件的约束, 如平面机构的公共约束就共同约束该机构的每一个构件, 使机构中所有构件只能做平面运动; 球面机构的公共约束就约束了机构中的所有构件, 使它们只能做相对于同一球心的球面运动。与运动螺旋系所有螺旋相逆的反螺旋的数目就决定了该螺旋系的公

共约束数目。如前所述, 当运动螺旋系的秩为 6 时, 不存在与所有螺旋相逆的反螺旋, 也就不存在公共约束, $\lambda = 0$; 当运动螺旋系的秩 r 小于 6 时, 机构就有 $\lambda = 6 - r$ 个反螺旋, 即公共约束的数目是 $\lambda = 6 - r$。所以, 公共约束的数目取决于该反螺旋系的秩。

反螺旋之所以能揭示约束的真正物理原因, 就是因为反螺旋本身所具有的性质, 该性质反映的是机械系统实体对所取构件所施加的机械结构约束。过去自由度 G-K 公式经常出问题, 是因为没有考虑过约束。要分析约束, 应用反螺旋是很恰当的, 它能揭露机械系统中的结构约束。这就是前面关于反螺旋的对偶性所说的反螺旋所具有的那层物理意义。

这里再通过前面的例 2.1 的平面四杆机构实例看看公共约束的物理意义。过去不考虑过约束时, 直接用 G-K 公式计算图 2.6a 的 4 杆机构的自由度, 结果是

$$M = 6(n - g - 1) + \sum_{i=1}^{g} f_i = 6 \times (4 - 4 - 1) + 4 = -2$$

这个 -2 的结果表示机构不可能运动。实际上平面 4 杆机构具有 1 个自由度, 这样计算自由度时多算了 3 个约束条件。

为了要得到正确的结果, 我们前面在例 2.1 中已经基于螺旋理论分析了平面 4 杆机构, 得知它有 3 个反螺旋, 即式 (2.19)

$$\begin{aligned} \boldsymbol{\$}_1^{\mathrm{r}} &= (0 \quad 0 \quad 1; \quad 0 \quad 0 \quad 0) \\ \boldsymbol{\$}_2^{\mathrm{r}} &= (0 \quad 0 \quad 0; \quad 1 \quad 0 \quad 0) \\ \boldsymbol{\$}_3^{\mathrm{r}} &= (0 \quad 0 \quad 0; \quad 0 \quad 1 \quad 0) \end{aligned}$$

这 3 个反螺旋构成了 4 杆机构运动螺旋的反螺旋系。分析一下这 3 个反螺旋, 可以看到第 1 个反螺旋的节距为零, 表示它是一个约束力, 它限制每一个杆件都不允许沿 Z 轴移动, 第 2 和第 3 个反螺旋则都是节距无穷大的约束力偶, 它们分别限制各个杆件不允许做绕 X 轴和 Y 轴的转动。也就是说限制了包括沿 Z 轴的移动和绕 X 轴、Y 轴的两个转动这样的 3 个独立的运动。因为反螺旋系中的每一个螺旋, 对运动螺旋系中的每一个运动螺旋都相逆, 就是说对每一个运动螺旋所联系的杆件都施加了相同的 3 个约束, 每一个构件都相同地失去 3 个自由度。所有的 3 个能动的构件都同样地受到这 3 个约束, 我们称这些约束是 “公共约束” 就是很自然的事情, 这样 “公共约束” 的物理意义也就很

清楚了。平面 4 杆机构受到了 3 个公共约束, $\lambda = 3, d = 3$。又基于定理 2.4, 由于 4 杆机构的过约束即等于其公共约束, 机构不再含有其他的过约束, 也即闭合冗余约束为零, $\nu = 0$, 按新的通用的自由度公式就能得到正确的结果

$$M = d(n - g - 1) + \sum_{i=1}^{g} f_i + \nu = 3 \times (4 - 4 - 1) + 4 + 0 = 1$$

例 2.2 曲柄滑块机构, 见图 2.8。

若直接用 G-K 公式计算的曲柄滑块机构的自由度, 结果自然也是不正确的

$$M = 6(n - g - 1) + \sum_{i=1}^{g} f_i = 6 \times (4 - 4 - 1) + 4 = -2$$

这个自由度等于 -2 的结果, 表示机构不可能运动。

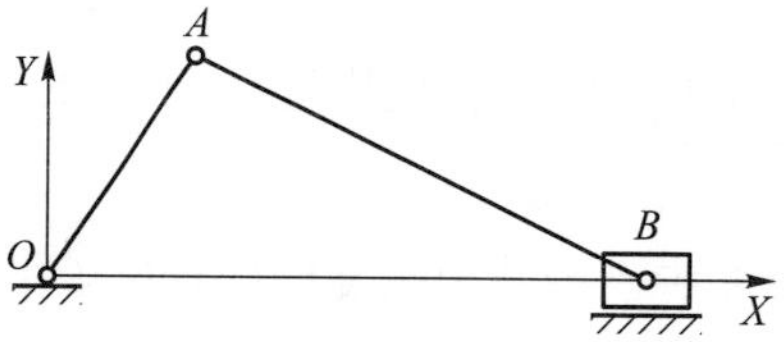

图 2.8 曲柄滑块机构

为了要得到正确的结果, 我们也基于螺旋理论来分析此曲柄滑块机构。考虑到曲柄滑块机构的所有轴线都相互平行, 把该曲柄滑块机构的运动副在空间坐标系 $O - XYZ$ 下表示成螺旋, 有 (读者也试分析为什么有这么多的零元素, 见图 1.1b)

$$\begin{aligned}
\$_O &= (0 \quad 0 \quad 1; \quad 0 \quad 0 \quad 0) \\
\$_A &= (0 \quad 0 \quad 1; \quad d_2 \quad e_2 \quad 0) \\
\$_{B1} &= (0 \quad 0 \quad 1; \quad 0 \quad e_3 \quad 0) \\
\$_{B2} &= (0 \quad 0 \quad 0; \quad 1 \quad 0 \quad 0)
\end{aligned}$$

式中, d_i 及 e_i 也都是与运动副轴线位置有关的变量, 由于不影响自由度分析也不用去考虑它。该 4 个螺旋就构成一个运动螺旋系, 从这 4 个螺旋的表达式中

的零元素可以明显地“看”到，它有 3 个反螺旋

$$
\begin{aligned}
\$_1^{\mathrm{r}} &= (0 \quad 0 \quad 1; \quad 0 \quad 0 \quad 0) \\
\$_2^{\mathrm{r}} &= (0 \quad 0 \quad 0; \quad 1 \quad 0 \quad 0) \\
\$_3^{\mathrm{r}} &= (0 \quad 0 \quad 0; \quad 0 \quad 1 \quad 0)
\end{aligned}
\tag{2.22}
$$

之所以能够直接看出，正是式中存在的多个零元素。这 3 个反螺旋构成了机构运动螺旋系的反螺旋系。分析一下这 3 个反螺旋，可以看到它们限制了包括沿 Z 轴的移动和绕 X 轴、Y 轴的两个转动这样 3 个独立的运动。所有的 3 个能动的构件都同样地受到这 3 个约束，这些约束就是此曲柄滑块机构的“公共约束”。机构受到了 3 个公共约束，$\lambda = 3, d = 3$。此外由与上面 4 杆机构相同的道理，$\nu = 0$，按新的通用的自由度公式就能得到正确的结果

$$
M = d(n - g - 1) + \sum_{i=1}^{g} f_i + \nu = 3 \times (4 - 4 - 1) + 4 + 0 = 1 \tag{2.23}
$$

从上述两个例子看到，在实际分析时，首先要列出机构的运动螺旋系，然后按反螺旋定义及式 (1.43)，$\$_1 \circ \$_2 = 0$，计算该螺旋系的反螺旋，反螺旋的数目就是公共约束的数目。而反螺旋的性质也就可以确定被约束运动的性质，依据定理 1.6 及反螺旋计算式 (1.43)，进而又可推得运动螺旋系的性质。

通过上面两个平面机构的例子分析，我们也就不难知道为什么在 2.3.3 节中曾指出对于平面机构一般可以以 3 代替公式中的 d。

对于一般的单环机构，见图 2.6a，就可以根据上述定理 2.4 直接计算公共约束。

2.4.4 并联机构的自由度分析

这里我们讨论并联机构的多环是怎样经一次闭合形成的，看看这种情况下应该如何分析它的过约束。对于并联机构求自由度同样首先要确定机构的过约束，具体分析时有两种不同思路，对应地也应用两个不同的公式，即选择应用式 (2.12) 还是式 (2.13)。这里我们先按式 (2.13) 讨论，看看应该如何分析?

(1) 按式 (2.13) 计算并联机构的自由度。

这样就要分别计算出并联机构的公共约束和闭合冗余约束数。

对于类似于下面讨论的这种空间并联机构, 问题要比单环机构复杂许多, 因为它是多环机构且其运动副相对较多又呈空间分布。为此, 引入一个关于并联机构公共约束的定理使分析能够简化。

定理 2.6　并联机构的公共约束　对于一个并联机构, 当且仅当每个分支都能提供一个相同的作用到运动平台的约束螺旋时, 这个约束螺旋就是它的一个公共约束。如果这些约束螺旋都是约束力, 它们就应该共轴; 如果它们都是约束力偶, 它们就应具有相同的方向。(读者可以自证, 参看表 1.2)

按此定理就能很容易地求得并联机构的公共约束。

法则 2.2　并联机构"闭合冗余约束"的确定。

① 对称并联机构的闭合冗余约束。

当机构有 p 个相同的分支, 且分支在上下平台间沿上下平台圆周对称分布。每个分支都有相同数目的 j 个线性无关的单自由度运动副, 它们构成一个分支螺旋系 $\widehat{\$}^{\mathrm{b}}$, 这个分支螺旋系的反螺旋系是 $\widehat{\$}^{\mathrm{br}}$。在这个分支反螺旋系中有 q 个独立的反螺旋, $q=6-j$。那就是说, 此分支将施加 q 个约束作用于运动平台。每个分支有 q 个约束螺旋, 所有分支施加于动平台上的总的约束螺旋数为 $p\cdot q$。它应该包括生成公共约束所需的约束数 $\lambda\cdot p$ 和剩余的约束数 t 的和, 即

$$p\cdot q=\lambda\cdot p+t \tag{2.24}$$

若 t 个约束不全独立, 仅有 k 个独立, 构成一个 k 系螺旋, 则 $k<t$, 那么它们的差即为公共约束之外的过约束, 即闭合冗余约束

$$\nu=t-k$$

把上式代入式 (2.24), 消去 t。这样闭合冗余约束为

$$\nu=p(q-\lambda)-k \tag{2.25}$$

② 非对称并联机构的闭合冗余约束。

由于非对称的并联机构各个分支的结构不同, 各个分支对动平台提供的独立的约束则可能不同, 这时

$$\nu=\sum_{1}^{p}q_i-\lambda\cdot p-k \tag{2.26}$$

式中, q_i 是第 i 分支的独立反螺旋数。这就是说, 对于非对称并联机构就应该逐个分支分析, 然后再经比较而确定。

(2) 按式 (2.12) 计算并联机构的自由度。

这样就需求出整个机构的过约束 μ, 它应该是各个分支作用于动平台的总反螺旋数, 减去对应总反螺旋中独立的约束数, 其差就是重复的约束, 即过约束。

$$\mu = \text{平台承受的反螺旋总数} - \text{对应独立的反螺旋数目} \tag{2.27}$$

定理 2.7　并联机构的过约束　并联机构的过约束就是作用于动平台的总反螺旋数, 减去总反螺旋中独立的约束螺旋数, 其差就是并联机构的过约束 μ。

例 2.3　4 自由度 4-URU 并联机构。

这里的 4-URU 并联机构是 2000 年提出的第一个对称的 4 自由度机构。这里就以此 4-URU 机构为例分析并联机构的自由度问题, 见图 2.9a, 分析为什么该 4-URU 并联机构具有 4 个自由度, 以及这 4 个自由度都具有什么运动性质。

该机构是由 4 个相同的 URU 分支同时连接上下平台并对称地分布于上下平台之间。每个分支有 3 个运动副, 第 1 个运动副是虎克铰链, 即 U 副, 第 2 个运动副是转动副 R, 第 3 个运动副也是 U 副。每个 URU 分支相当包含了 5 个单自由度的转动副, 而且它们线性无关, 其中间的 3 个转动副是相互平行的。而且第 1 个转动副与基面垂直, 而第 5 个转动副与运动平台垂直, 起始时上下平台平行。

为分析此机构的自由度, 选择一个分支如图 2.9b, 其分支坐标系 $o-xyz$ 如图所示。在此坐标系下分支的 5 个运动副可以表示为 5 个螺旋

$$\begin{aligned}
\boldsymbol{\$}_1 &= (0 \quad 0 \quad 1; \quad 0 \quad 0 \quad 0)\\
\boldsymbol{\$}_2 &= (1 \quad 0 \quad 0; \quad 0 \quad 0 \quad 0)\\
\boldsymbol{\$}_3 &= (1 \quad 0 \quad 0; \quad 0 \quad e_3 \quad f_3)\\
\boldsymbol{\$}_4 &= (1 \quad 0 \quad 0; \quad 0 \quad e_4 \quad f_4)\\
\boldsymbol{\$}_5 &= (0 \quad 0 \quad 1; \quad d_5 \quad 0 \quad 0)
\end{aligned} \tag{2.28}$$

这就是分支运动螺旋系 $\widehat{\boldsymbol{\$}}_i^{\mathrm{bm}}$。为求这五系螺旋的反螺旋, 可以应用螺旋的互易积为零的原理建立代数方程组, 进行代数求解。然而在上述所选取的坐标

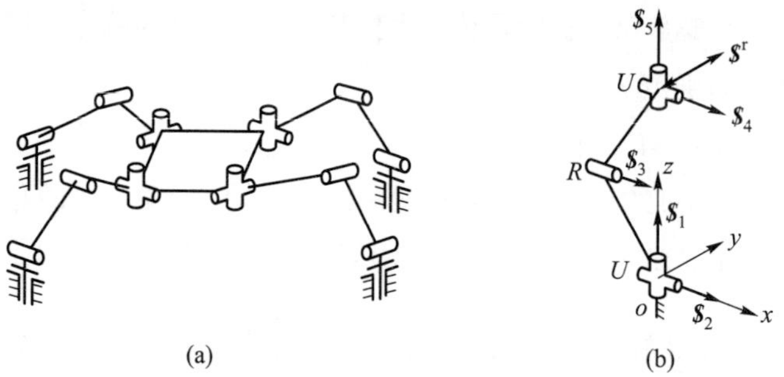

图 2.9　4-URU 机构

系下, 容易看到式 (2.28) 中诸螺旋的 Plücker 表达式中的第 2 个元素都为零。这样反螺旋立即可以写出

$$\$^{\mathrm{r}} = (0 \quad 0 \quad 0; \quad 0 \quad 1 \quad 0) \tag{2.29}$$

这个结果不难验证, 只需将它分别与每一个螺旋作互易积, 检查互易积是否为零即可

$$\$^{\mathrm{r}} \circ \$_i = 0, \quad i = 1, 2, \cdots, 5$$

由于分支运动螺旋系 $\widehat{\$}_i^{\mathrm{bm}}$ 有 5 个独立的螺旋, 它的约束反螺旋系 $\widehat{\$}_i^{\mathrm{br}}$ 只能含一个螺旋。从式 (2.29) 还可以看到, 这个反螺旋的节距为无穷大, 是一个作用到动平台上的约束力偶, 这个力偶沿 y 轴方向, 也就是沿其虎克铰十字头平面的法线方向, 在图 2.9b 中的双向箭头表示了此约束力偶。也就是说, 这个分支产生一个与虎克铰的十字头相垂直的约束力偶。

这个结果也完全可以用表 1.5 螺旋相逆的几何原理来证实: 即考虑到仅当能够与螺旋系中所有的线矢量轴线相交且与螺旋系中所有偶量相垂直的线矢量才是该螺旋系的反螺旋; 以及仅当能够与螺旋系中所有的线矢量轴线垂直的偶量才是该螺旋系的反螺旋。这样看来, 几何上与 U 副十字头平面相垂直的力偶能够与分支所有 5 个转动副轴线相垂直, 而与表示这 5 个转动副的线矢量相逆, 因此该力偶就是与该 5 个螺旋相逆的分支反螺旋, 见图 2.9b。

从整个机构看, 这里就需要 “综合所有分支的约束螺旋, 以确定平台的约束螺旋系”。毫无疑问, 4 个完全相同的 URU 分支将会产生 4 个约束力偶共同作用到动平台上。若设立一个统一坐标系 $O-XYZ$ 于下平台中央, 这样动平台所

承受的来自 4 个分支的 4 个约束螺旋可以统一表示为

$$\begin{aligned}\$_1^{\mathrm{r}} &= (0 \quad 0 \quad 0; \quad d_1 \quad e_1 \quad 0)\\ \$_2^{\mathrm{r}} &= (0 \quad 0 \quad 0; \quad d_2 \quad e_2 \quad 0)\\ \$_3^{\mathrm{r}} &= (0 \quad 0 \quad 0; \quad d_3 \quad e_3 \quad 0)\\ \$_4^{\mathrm{r}} &= (0 \quad 0 \quad 0; \quad d_4 \quad e_4 \quad 0)\end{aligned} \tag{2.30}$$

从这 4 个力偶的螺旋表达式看, 显然它们线性相关, 其中独立的螺旋只有 2 个, 按定理 2.7, 另 2 个则是过约束, 即 $\nu = 2$。它们也不满足定理 2.6, 所以不构成公共约束。$\lambda = 0, d = 6$。

依据动平台具有的这两个独立的约束反螺旋, 比如 $\$_1^{\mathrm{r}}$ 和 $\$_2^{\mathrm{r}}$, 就完全可以断定机构的动平台的运动性质。因为这两个约束都是约束力偶, 它们约束了两个转动自由度, 因为两个约束力偶都垂直于 Z 轴, 那就是说它们分别约束了绕 X、Y 两轴的转动运动, 平台失去这两个转动自由度。因此对于所具有的 4 个自由度, 其性质分别是 3 个移动自由度和 1 个绕 Z 轴转动的自由度。从这个例子可以看到, 机构自由度性质可以从机构的反螺旋系来判断。

其自由度数目还可以由通用的自由度公式 (2.13) 计算, 考虑到 $\lambda = 0$ 和 $\nu = 2$, 有

$$M = d(n - g - 1) + \sum_{1}^{g} f_i + \nu = 6 \times (10 - 12 - 1) + 20 + 2 = 4 \tag{2.31}$$

这里得到了这个机构的自由度是 4。对这个机构而言, 它既是机构的自由度, 也是其动平台的自由度。在并联机构自由度分析时, 有时会出现机构的自由度与其动平台的自由度不相同的情况, 那常常是因为, 在并联机构的某个或某几个分支中出现了部分运动螺旋线性相关的情况, 即在分支中出现了局部自由度的问题, 这样两者就不相同了。对于这个机构, 在它的 4 个分支中都没有出现运动螺旋发生线性相关的情况, 也无其他类似问题, 所以机构自由度与动平台的自由度相同。这个结果也是动平台构件的自由度, 这个原理常常可以加以利用, 用以求取某机构中所要求构件的自由度, 在前面的 2.3.3 节中就是依据这个原理, 当欲求取机构中某个指定构件的自由度时, 就可以选定此构件作为某个并联机构的动平台, 按并联机构求动平台的自由度的方法来计算机构中指定构件的自由度。

从这里的并联机构的例子还可以引出，如何求取机构中构件自由度的方法，其步骤如下：

(1) 明确所研究的构件。

(2) 确定该构件与固定机架相连的所有分支。

(3) 建立每一个分支的分支螺旋系，并求出对应分支的反螺旋系。

(4) 通过综合全部分支对所研究构件的约束螺旋后，再确定该杆件承受的最大线性无关的约束螺旋系；经过对此约束螺旋系的分析可以得到机构的自由度数目和性质。

(5) 自由度的数目和性质还可以由该杆件的约束螺旋系求取二次反螺旋系获得 (见下面提出的法则 2.3)。

特别要注意的是，在进行 “综合所有分支的约束螺旋，确定平台的约束螺旋系” 时，上例是采取设立一个统一坐标系 $O-XYZ$，再建立式 (2.30) 并导出结果。这里我们这样做的目的是为了使读者从理论上清楚这个求解过程。实际上，对更复杂的空间并联机构，这样建立坐标系去求解常常会很麻烦，甚至难以得到结果，因此建立坐标系也并不是必须的。基于我们的自由度原理，在操作上并不需要在数学上重新建立一个统一坐标系，并把各个分支的约束螺旋用数学方法具体地转化到此统一坐标系上，再经过数学运算以获得平台约束螺旋系。而是直接通过逻辑推理的办法获得对统一坐标系的约束螺旋系结果，这样既快速又简洁。

这里我们仍以上例来介绍那种通过逻辑推理的方法：

当我们前面得到了 “这个分支产生一个与虎克铰的十字头相垂直的约束力偶” 后，那么可以合乎逻辑地说，具有相同螺旋系的其他 3 个分支也必将分别产生 3 个约束力偶，它们必定也分别垂直对应的十字头平面，从机构的结构上看这些十字头平面又都与基面垂直，因此可以说这 4 个约束力偶都平行基面，或说这 4 个力偶共面 (力偶是自由矢量，其平行移动不影响结果)。由于 4 个分支的 4 个对应的十字头平面的法线不会是同一方向，那么这 4 个力偶共面，毫无疑问它们线性相关，且获得了 “独立的约束力偶就只有两个” 这个结论，见表 1.2，这样在不需要建立实际的统一坐标系并未经过数学计算下获得了相同的结论。

有了这一点，下面的自由度计算就没有问题了。

上述的 “逻辑推理” 是严格的，结论也就是可靠的。然而它却避免了用其他方法的繁琐复杂的甚至难以获得结果的代数运算，也不需要应用计算机。特别是它的快速有效，对机械的创新设计阶段特别有利。此时常常会应对同时提出的许多不同的机构方案，需要分析这些方案，这时应用这种有效的方法将发挥特殊的快速作用。这就是本方法最重要的特点之一，读者注意学习并掌握。

这里再次指出，我们说机构具有 "移动自由度" 的这个概念，它不是指机构上某个点的移动，或 "杆件随一点移动和绕该点转动" 中的那个 "随一点的移动"。而是说所研究的杆件本身能否做 "纯平动运动"，例如平行 4 杆机构的连杆那样的移动运动。

这里我们再通过著名的 Norton 机构讨论并联机构的过约束。

例 2.4　Norton 机构。

这个平面三平行 5 杆机构就是著名的 Norton 机构[19]，见图 2.10a，在 "机械原理" 课程中常常以它作为典型的过约束机构进行分析。这里把这个机构看成一个并联机构，介绍如何以并联机构理论分析其过约束。显然DF杆是其动平台，它有 3 个分支，即 AD、BC 和 EF。这里试用螺旋理论的两种方法分析，并互相验证。

(1) 按过约束综合分析。

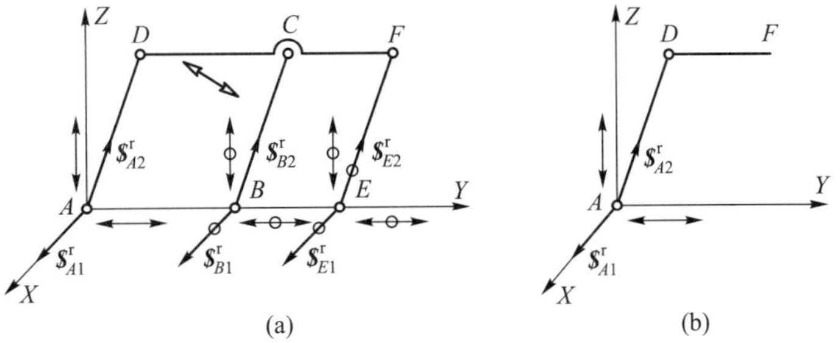

图 2.10　Norton 机构

这个机构是一个具有 3 个分支的并联机构，这里先取出它的一个分支 AD，见图 2.10b，这里的 A、D 两个转动副，轴线均平行 X 轴，表示为两个螺旋

$$
\begin{aligned}
\$_A &= (1 \quad 0 \quad 0; \quad 0 \quad 0 \quad 0) \\
\$_D &= (1 \quad 0 \quad 0; \quad 0 \quad e \quad -f)
\end{aligned}
\tag{2.32}
$$

对于这两个螺旋共有 4 个反螺旋, 它们是

$$
\begin{aligned}
\$_1^{\mathrm{r}} &= (1 \quad 0 \quad 0; \quad 0 \quad 0 \quad 0) \\
\$_2^{\mathrm{r}} &= (0 \quad f \quad e; \quad 0 \quad 0 \quad 0) \\
\$_3^{\mathrm{r}} &= (0 \quad 0 \quad 0; \quad 0 \quad 1 \quad 0) \\
\$_4^{\mathrm{r}} &= (0 \quad 0 \quad 0; \quad 0 \quad 0 \quad 1)
\end{aligned} \tag{2.33}
$$

其中, 前两个反螺旋节距为零, 表示两个约束力分别沿 X 轴和 AD 方向; 后两个反螺旋节距为无穷大, 是两个约束力偶, 它们分别沿 Y 轴和 Z 轴方向作用。图中的单向箭头表示约束力, 双向箭头表示约束力偶。

对于结构相同的第 2 和第 3 分支, 它们作用于上平台 DCF 上的约束都应该与第 1 个分支相同, 也都各有 4 个约束, 包括两个约束力, 分别沿平行 X 轴方向和沿分支杆 BC 或 EF 方向, 另两个是约束力偶, 它们分别沿 Y 轴和 Z 轴方向。

这样 3 个分支共作用于杆DCF上 12 个约束, 包括 6 个约束力和 6 个约束力偶。为分析这 12 个螺旋的独立性, 即分析它们是否线性相关。首先看沿 Y 轴方向的 3 个力偶, 显然共线的 3 个约束力偶线性相关, 仅一个是独立的, 见表 1.2; 再考虑另外 3 个平行 Z 轴的力偶, 它们也是线性相关的, 也仅一个独立; 所以 6 个约束力偶中仅有 2 个是独立的, 发生 4 个过约束。而考虑 3 个平行 X 轴的约束力, 及另外 3 个分别沿 AD、BC、EF 方向作用的约束力, 由于它们分别共面平行, 3 个中仅 2 个是独立的 (表 1.2 第 2 栏), 这 6 个平行力中又有 2 个过约束。另外在上述剩余的 X 方向的 2 个共面平行约束力和该平面法线方向 (沿 Z 轴) 的约束力偶这三者是相关的 (表 1.2 第 12 栏) 也同样会发生 1 个过约束。

这样整个机构共有 7 个过约束, 不独立的虚约束在图中以圆圈表示[13]。这样有 7 个约束是不独立的, 作用于 DCF 杆上的独立约束只有 5 个, 因此 DCF 杆剩下的自由度就只有 1 个了, 即它们约束了 3 个方向的转动, 以及沿 X 轴和杆 AD 等两个方向的移动; 这样连杆 CD 只可以唯一地沿与 AD 相垂直的方向移动, 而 AD 则只能绕 A 点转动。

[13]注意, 这里并没有采用统一坐标系去分析, 而是采用逻辑推理的方法。读者可以试用统一坐标系分析之, 看看有何不同。

按整体作过约束分析: 有 7 个过约束, $\mu = 7$, 按通用的自由度公式 (2.12)

$$M = 6(n - g - 1) + \sum f_i + \mu = 6 \times (5 - 6 - 1) + 6 + 7 = 1 \tag{2.34}$$

(2) 按公共约束方法分析。

对 Norton 并联机构分析过约束, 也可以采取求 "公共约束" 的方法, 用这个方法除了要确定公共约束的数目外, 还要确定 "闭合冗余约束"。

从上述分析中看到, 3 个分支共有 12 个约束作用于公共杆DCF, 在这 12 个约束中, 按定理 2.6, 分别沿 Y 轴和 Z 轴方向各有 3 个力偶, 满足力偶同向的条件, 这个沿 Y 轴和 Z 轴方向的两组力偶是 2 个公共约束; 对于平行 X 轴的 3 个约束力, 在考虑存在与之相垂直的沿 Z 轴的力偶, 见表 1.2, 它们都作用于连杆 DCF 上, 这样, 机构又多了 1 个公共约束[14]。因此, 这个 Norton 机构共有 3 个公共约束, $\lambda = 3, d = 6 - \lambda = 3$。当然, 还有另一种办法可以用来判定公共约束, 那就是将机构全部运动副表示成为螺旋系, 再求螺旋系的反螺旋, 反螺旋的数目就是公共约束数。

加于 DCF 上的约束总数有 12 个, 去除形成 3 个公共约束的 9 个约束外, 还剩下 3 个, 那就是分别沿 AD、BC 和 EF 的 3 个约束力, 在这 3 个约束力中, 有几个是独立的? 有没有闭合冗余约束呢? 由表 1.2 第 2 栏, 共面的 3 个平面平行线矢量独立的只有 2 个, 因此, 那个重复的约束力就是闭合冗余约束, $\nu = 1$。按通用的自由度公式

$$M = d(n - g - 1) + \sum f_i + \nu = 3 \times (5 - 6 - 1) + 6 + 1 = 1 \tag{2.35}$$

从上述两种方法看结果相同, 它们互相验证。

最后要说的是, 看起来上述方法似乎是比《机械原理》教材中对该机构的分析复杂多了, 其实这里是以它作为例子, 看看如何用基于螺旋理论的两种不同的方法去分析, 并比较这两种方法。对于更复杂的机构,《机械原理》教材中的那种方法就无能为力了。所以, 读者需要好好掌握这种有效的方法。

---

[14]按定理 2.6, 约束力仅当共轴才是公共约束。这里有 3 个相互平行的约束力和 1 个与之相垂直的力偶, 本来不重合的两个平行线矢是独立的, 但按表 1.2 的第 12 项, 当多了一个相垂直的约束力偶, 这两个平行线矢就不独立了。所以这里的 3 个平行力, 在相垂直的力偶作用下变成线性相关, 成为一个公共约束。

2.5 自由度的性质

如前所说, 对于多自由度的空间机构, 在自由度分析时仅仅计算出机构自由度的数目是远远不够的, 实际还要求判断机构自由度的性质。比如, 机构输出件能不能够移动? 它向什么方向移动? 能不能转动? 能不能绕预定的那个轴线转动? 自由度是否是全周的? 这些都是多自由度机构必然会提出的问题, 都是自由度分析应该回答的问题。

在论及自由度的运动性质时, 问到机构具有移动自由度还是转动自由度? 这里首先再次要明确的一个概念, 就是什么是移动自由度? 因为在这个问题上, 经常看到有人混淆, 造成错误。

定义 2.6 移动自由度 物体具有的有限平移运动的能力。

这个定义明确指出移动自由度是指 "物体" 平移的能力。常常有读者将移动自由度误认为是点的移动。这是受到了理论力学中的 "物体的运动可以看成随一点的移动和绕该点的转动" 的影响, 把随一点的移动的这个移动等效成我们这里的移动自由度, 这是不恰当的, 这里的移动等效于理论力学中的 "平动" 这一概念, 注意区别。

2.5.1 移动运动和转动运动

如何判断自由度性质是移动还是转动? 理论上, 在三维空间中最大线性无关的螺旋只有 6 个, 构成 6 维螺旋系。空间中任何 6 个线性无关的螺旋都能成为六维螺旋系的 "基"。而典型且最简单的 "基" 在直角坐标系中具有如下形式:

$$
\begin{aligned}
\$_1 &= (1 \quad 0 \quad 0; \quad 0 \quad 0 \quad 0) \\
\$_2 &= (0 \quad 1 \quad 0; \quad 0 \quad 0 \quad 0) \\
\$_3 &= (0 \quad 0 \quad 1; \quad 0 \quad 0 \quad 0) \\
\$_4 &= (0 \quad 0 \quad 0; \quad 1 \quad 0 \quad 0) \\
\$_5 &= (0 \quad 0 \quad 0; \quad 0 \quad 1 \quad 0) \\
\$_6 &= (0 \quad 0 \quad 0; \quad 0 \quad 0 \quad 1)
\end{aligned}
\tag{2.36}
$$

若用此 6 个螺旋表示物体的运动, 前 3 个螺旋的节距为零, 它们表示的是转动运动, 表示物体能够分别独立地绕 3 个坐标轴转动; 后 3 个螺旋的节距为无穷大, 表示是移动运动, 物体能够分别独立地沿 3 个坐标轴移动。

一般地说, 在 3 维空间螺旋系的 6 个基螺旋可以由 3 个节距为零的螺旋和 3 个节距为无限大的螺旋构成。这样的表达无论是几何上还是物理学上都有很重要的意义。

(1) 线矢量能表示直线在空间的方向和位置 (几何学上)。

(2) 当表示运动螺旋时, 式 (2.36) 的 6 个螺旋中的前 3 个螺旋表示转动运动, 后 3 个螺旋表示移动运动 (物理学上)。

(3) 当它们表示力螺旋时, 前 3 个螺旋表示力, 后 3 个螺旋则表示力偶 (物理学上)。

(4) 当表示自由度时, 前 3 个螺旋表示转动自由度, 后 3 个螺旋则表示移动自由度 (物理学上)。

(5) 当表示约束时, 前 3 个螺旋表示约束力, 后 3 个螺旋表示约束力偶; 约束力限制了物体沿力方向的移动, 约束力偶则限制了物体绕约束力偶轴线的转动 (物理学上)。

正是由于螺旋有这么丰富而多变的表达能力, 不仅这 5 个概念之间容易以螺旋的互逆而互相转化以讨论不同的数学和物理问题, 而且螺旋又容易转化为其他的数学形式, 这样又方便了数学计算, 容易获得需要的数值结果。上述这诸方面的性能都有重要的意义, 使得螺旋在机构学上发挥了重要作用, 解决了机构学中多方面的问题, 包括在机构学上有重大的历史意义的问题。

如果一个具有 $n(n \leqslant 6)$ 个自由度的构件, 它有 n 个运动螺旋。由每个运动螺旋的节距就可以判断运动的性质: 当节距为零, $h = 0$, 则构件能够绕该螺旋表示的轴线方向做转动运动; 当其节距为无穷大时, $h = \infty$, 则构件能够沿该螺旋表示的方向做移动运动。如果所得到的螺旋是 n 个类似式 (2.36) 这样表达的运动螺旋, 则更易于确定此 n 个自由度的运动性质。由此可见, 为确定构件的自由度性质, 最好能够建立起类似于式 (2.36) 这样表达的运动螺旋系, 再依据其中螺旋的节距来判断构件自由度的性质就十分简单方便了。

例 2.5 一个由两个转动副构成的串联链。

图 2.11a 表示了一个串联链, 它的两个转动副轴线相互垂直, 其末端件 E 的

运动可以先用其运动螺旋系表示出来, 若其坐标系如图所示, 则

$$
\begin{aligned}
\$_1 &= (1 \quad 0 \quad 0; \quad 0 \quad 0 \quad 0) \\
\$_2 &= (0 \quad 1 \quad 0; \quad -d \quad 0 \quad 0)
\end{aligned} \tag{2.37}
$$

从这两个运动螺旋的表达式可以看到, 它们确实表示了此串联链末杆具有的两个转动自由度, 并且指明串联链末杆可以分别绕 X 轴和 $\$_2$ 轴线做转动运动。

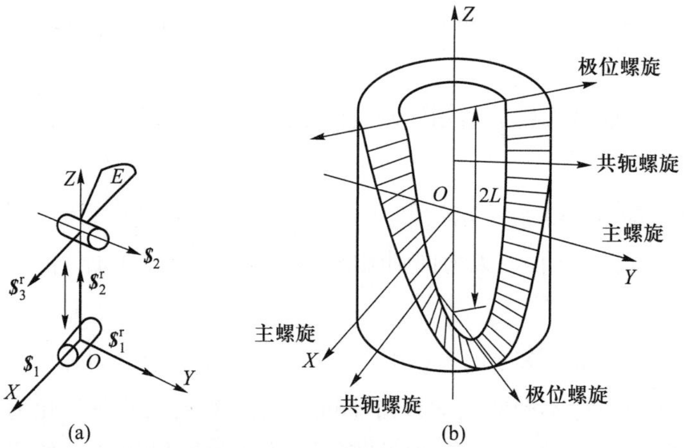

图 2.11　2 自由度串联链

例 2.6　5 自由度机器人。

图 2.12a 所示为一喷漆机器人, 图 2.12b 是机器人的结构图, 它有 5 个转动副, 并采取如图的布置。在这种结构下, 其前 3 个转动副 ($\$_1$、$\$_2$ 和 $\$_3$) 的作用可以使手臂末端 H 点抵达其工作空间的任何地方, "习惯上" 称其为能够实现 "三维移动", 后两个转动副 ($\$_4$ 和 $\$_5$) 能够给安装于末端的工具获得二维的转动自由度能力。这样的机型就是 "习惯上" 称为 "3 移 2 转" 的 5 自由度机器人。

这里我们要从机构学理论上分析其末端手到底具有什么自由度, 分析这个具有 5 个转动副的 5 自由度机构末端件的自由度性质。为此我们先要建立其运

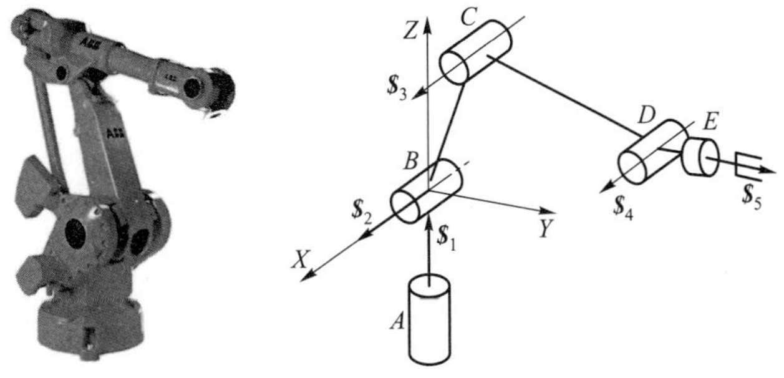

(a) (b)

图 2.12 5 自由度机器人

动螺旋系, 按如图所示的坐标系 $O-XYZ$ 有

$$
\begin{aligned}
\$_1 &= (0 \quad 0 \quad 1; \quad 0 \quad 0 \quad 0)\\
\$_2 &= (1 \quad 0 \quad 0; \quad 0 \quad 0 \quad 0)\\
\$_3 &= (1 \quad 0 \quad 0; \quad 0 \quad e_3 \quad f_3)\\
\$_4 &= (1 \quad 0 \quad 0; \quad 0 \quad e_4 \quad f_4)\\
\$_5 &= (0 \quad 1 \quad 0; \quad d_5 \quad 0 \quad 0)
\end{aligned}
\tag{2.38}
$$

其反螺旋仅有一个, 为

$$
\$^{\mathrm{r}} = (1 \quad 0 \quad 0; \quad 0 \quad -d_5 \quad 0) \tag{2.39}
$$

反螺旋表达式为一个约束力。

依据此约束螺旋就直接可以判断串联链末端允许的自由度性质, 这个反螺旋的节距是零, 它表示的是约束力, 约束了沿 X 方向的移动; 由于只有一个约束, 它就有 5 个自由度, 这样就可以推得其末端具有沿 Y 和 Z 轴线方向的 2 个移动自由度, 以及绕 X、Y 和 Z 轴的 3 个转动自由度, 是 3 转 2 移机构。

然而, 有另一种更直接的方法可以用来判断末杆的自由度性质, 当我们进一步对式 (2.39) 的螺旋系求反螺旋, 也就是对原来的串联链运动螺旋系求二次反螺旋, 就可以用求得的二次反螺旋来判别自由度的运动性质。式 (2.38) 表示的运动螺旋系的二次反螺旋, 也即式 (2.39) 表示的那个螺旋系的反螺旋, 共有 5

个, 它们是

$$
\begin{aligned}
\$_1^{\mathrm{rr}} &= (1 \quad 0 \quad 0; \quad 0 \quad 0 \quad 0) \\
\$_2^{\mathrm{rr}} &= (0 \quad 1 \quad 0; \quad d_5 \quad 0 \quad 0) \\
\$_3^{\mathrm{rr}} &= (0 \quad 0 \quad 1; \quad 0 \quad 0 \quad 0) \\
\$_4^{\mathrm{rr}} &= (0 \quad 0 \quad 0; \quad 0 \quad 1 \quad 0) \\
\$_5^{\mathrm{rr}} &= (0 \quad 0 \quad 0; \quad 0 \quad 0 \quad 1)
\end{aligned}
\tag{2.40}
$$

由此式看到在图 2.12 中的 5 个转动副机器人其末端所得到的自由度性质, 却是 3 个转动加上 2 个移动, 这个结果与我们上面的第 1 种方法对式 (2.39) 的分析是相同的。注意到式 (2.40) 相比式 (2.36) 并没有达到完全标准化, 这是由于 $\$_2^{\mathrm{rr}}$ 没有经过 Y 轴, 这种情况在实际中也是常有的。但从表达式 (2.40) 看, 该机器人确实具有 5 个自由度, 无疑包括独立的 3 转 2 移 5 个自由度。此机构除了奇异位型外是一个稳定的 3 转 2 移机构。

但是从这个 3 转 2 移自由度的结果看, 与前面对它的习惯称呼 “3 移 2 转” 有所差别, 其原因正是我们这里认为构件的移动自由度是指物体的平动, 而上面的习惯称呼却把点的移动当成了机构的移动自由度。当今机构学学术界在讨论多自由度机构的自由度性质时, 公认移动自由度还是指物体的平动。读者遇到类似问题时当注意区分。

当通过对反螺旋系再求反螺旋, 所得到的二次反螺旋就具有了如式 (2.36) 的标准形式, 这样就更容易判断自由度的性质。

法则 2.3 *通过求杆件运动螺旋系的二次反螺旋可以容易地获得杆件的运动性质。*

这里还要明确指出的一点是, 在分析机构自由度性质时, 不要基于上述两个例子, 就认为机构的末端件的运动只有如式 (2.37) 和式 (2.40) 所表示的, 它们不是移动就是转动那两种可能。实际上, 式 (2.37) 和式 (2.40) 所表示的这 2 个螺旋或 5 个螺旋, 它们的任何线性组合得到的运动螺旋都能实现; 对例 2.5 的 2 自由度串联链, 它能够实现图 2.11b 所示的拟圆柱面[5] 中包括的所有运动, 包括了许多节距为非零有限值的螺旋。例 2.6 的 5 自由度串联链能够实现的运动就更多了, 式 (2.40) 表示的 5 个螺旋的所有线性组合都能实现。

这里以例 2.6 来看，我们说它能够实现 2 移 3 转 5 个自由度，其实式 (2.40) 中第 2 个螺旋和第 4 个螺旋的无限多线性组合都能够得到节距非零的螺旋，第 3 个螺旋和第 5 个螺旋的无限多线性组合也能够得到节距非零的螺旋。可是这里完全没有提到它的那些节距为非零有限值的那些可能运动，这又是为什么？是否正确？原因是这样的，由于人们应用多自由度机构的目的是为了能够执行一定的工作要求，比如前面提到我们要设计一台适用于平面定位，垂直方向进给，能够进行装配作业的 SCARA 机器人，就需要具有三维移动和一维转动的 4 自由度机构，能够满足这个自由度条件，这台机器人就符合要求，至于它还能够实现什么节距非零的螺旋运动，我们并不关心；而喷漆机器人或焊接机器人则可以仅需要具有 5 个自由度，我们关心的也就是这样的 5 个自由度。其实，很多多自由度空间机构都能够实现非零节距的螺旋运动，这些我们都不关心。但是我们却要明白，实际上它们确实可以实现非零节距的螺旋运动。

对于多自由度的并联机构，一般都要求求得作为输出杆件运动平台的自由度的数目和明确的自由度性质。我们这个分析机构自由度方法的特点就是必须求出“末端件的约束反螺旋系”，即必须进行机构的反螺旋分析。从要求计算自由度数目这个方面说，在应用“通用的自由度公式”求解自由度数目之前，需要找出机构中的过约束数目，这也要求分析机构的约束反螺旋系。为了得到机构的自由度性质，还可以进行机构的二次反螺旋计算。所以，反螺旋分析就是我们机构自由度分析的关键特点。

从上述分析和推导可以看到，由运动到约束，又由约束到运动都是经过求逆这样的反螺旋运算，反螺旋的求逆运算又执行得那么简单方便。这些正体现前面所说的在物理性质上螺旋富于表达的特点，而不同物理意义表达之间的转化又十分方便，这些正是本方法的优点。读者如能熟练掌握并运用自如，对机械产品的创新设计将大有裨益。

例 2.7 判定 4-UPU 机构自由度的性质。

在例 2.3 及图 2.9 中，我们分析了 4-UPU 并联机构，知道它具有 4 个自由度，为确定此机构的动平台的 4 个自由度的性质，这里同样可以应用法则 2.3，设法通过求得机构运动螺旋系的二次反螺旋以获得。从前面已经得到的机构运动螺旋系的反螺旋式 (2.30) 看到，它所含的 4 个螺旋的约束螺旋系可以表示为

$$
\begin{aligned}
\$_1^{\mathrm{r}} &= (0 \quad 0 \quad 0; \quad d_1 \quad e_1 \quad 0)\\
\$_2^{\mathrm{r}} &= (0 \quad 0 \quad 0; \quad d_2 \quad e_2 \quad 0)\\
\$_3^{\mathrm{r}} &= (0 \quad 0 \quad 0; \quad d_3 \quad e_3 \quad 0)\\
\$_4^{\mathrm{r}} &= (0 \quad 0 \quad 0; \quad d_4 \quad e_4 \quad 0)
\end{aligned}
\tag{2.41}
$$

由此判断这 4 个螺旋共面, 因而它们线性相关, 只有两个是独立的, 对应地可以只取前两个螺旋, 这两个反螺旋构成了此动平台的约束反螺旋系, 记以 $\widehat{\$}^{\mathrm{pr}}$。再求它们的反螺旋, 就是这里要求得到的二次反螺旋, 就能够确定动平台的运动螺旋系 $\widehat{\$}^{\mathrm{pm}}$。下式就是所得到的二次反螺旋系:

$$
\begin{aligned}
\$_1^{\mathrm{rr}} &= (0 \quad 0 \quad 1; \quad 0 \quad 0 \quad 0)\\
\$_2^{\mathrm{rr}} &= (0 \quad 0 \quad 0; \quad 1 \quad 0 \quad 0)\\
\$_3^{\mathrm{rr}} &= (0 \quad 0 \quad 0; \quad 0 \quad 1 \quad 0)\\
\$_4^{\mathrm{rr}} &= (0 \quad 0 \quad 0; \quad 0 \quad 0 \quad 1)
\end{aligned}
\tag{2.42}
$$

依据动平台的这个运动螺旋系 $\widehat{\$}^{\mathrm{pm}}$, 即式 (2.42), 第 1 个螺旋的节距为零, 即$h = 0$, 它表示 1 个绕 Z 轴的转动运动, 而后 3 个螺旋的节距都是无穷大, 即$h = \infty$, 它们分别表示沿 X、Y、Z 3 个方向的移动。所以, 动平台具有的 4 个自由度性质分别是 1 个绕 Z 轴转动的自由度和 3 个移动自由度。

从这个例子看到, 对于任何机构, 为判断机构是具有转动或移动性质, 都可以采用求二次反螺旋的方法。由于求取二次反螺旋的方法十分方便, 所以这也是一个有效和可以经常采用的方法。

2.5.2 物体的转动轴线

对于自由度少于 6 的多自由度的空间机构在运动时, 其杆件所具有的转动自由度常常并不是完全的自由。换句话说, 具有转动自由度的物体, 其转动轴线位置方向却不能自由地选择。这也是在多自由度机构分析时我们不能不考虑的问题, 而早在 1996 年就研究了这个问题[7,9,20]。这个问题在第 1 章中曾经谈及, 作为机构自由度的一个重要性质, 这里需要再次作一分析。

对于受了一定约束后还能运动的物体, 这个余下的自由度也会受到影响而发生变化。当移动自由度被约束掉, 转动运动可能不再有充分的自由, 不是任何与转动相应的平行直线都能选为转轴, 因而它们就成为 “不完全的转动自由度”。

为说明这概念可举几个例子。比如, 一个在轨道上运转的车轮, 见图 2.13a, 轨道与车轮接触给车轮以约束。在平面图中, 一个车轮不受轨道约束时是个平面自由体, 它有 3 个自由度, 即沿 X、Y 的移动和在平面内的转动。当与轨道接触后, 轨道对物体的约束仅仅限制了物体沿 Y 方向的移动, 它失去了沿 Y 方向的移动自由度。这时物体还保留了两个自由度, 这就是沿 X 方向的移动和在平面内的转动。将这剩下的两个自由度与车轮作为完全自由体时对应的两个自由度作比较, 有没有什么不同呢? 我们知道, 作为完全自由体时, 物体在平面内的转动自由度是这样的, 它可以绕物体中心、物体内任何点甚至物体范围以外的任何点转动, 转动中心的选择完全没有限制。可是当发生接触后, 情况不同了。在物体内、物体外的许多点都不能再选作转动中心了。如图 2.13a 中 B 点, 物体绕 B 做顺时针转动, 就会脱离接触, 破坏约束条件, 绕 B 做反时针转动, 轮子会压入轨道。因此 B 点不再能作为转动中心。这种情况下, 只有在接触点的公法线上的点才可以作为转动中心。而在公法线上的无穷多的点当中, 只有 A 点, 能保持约束不变条件下的连续转动, 其他的点只能有瞬时的转动。又如一个绕固定点转动的轮子, 见图 2.13b, 此轮子同时失去了沿 X 和 Y 方向的两个移动自由度, 保留的一个转动自由度, 其自由的程度就更小了, 它仅可能绕唯一的一个点转动, 但的的确确公认它有一个转动的自由度。再如图 2.13c 所示的平面 4 杆机构, 机构中的连杆也是在约束下失去两个移动自由度, 只有一个转动自由度。在机构的每一个位型处, 只具有绕唯一的一个瞬时转动中心 C 点的瞬时转动自由度。

从以上 3 个例子看到, 物体移动受约束后, 作用于物体的约束反力不仅完全限制了物体的移动自由度, 对于物体的转动自由度也施加了一定程度的影响, 转动自由度在不同程度上受到限制。上述这个概念我们称为 “不完全的转动自由度”。这样, 在不充分自由的情况下, 就要研究物体转动时允许的转轴位置。上述的例子十分简单, 实际上人们也没有必要去深究。可是对于复杂的多自由度空间机构, 特别是像机器人这样的空间多自由度机构, 就很有必要去关注了。

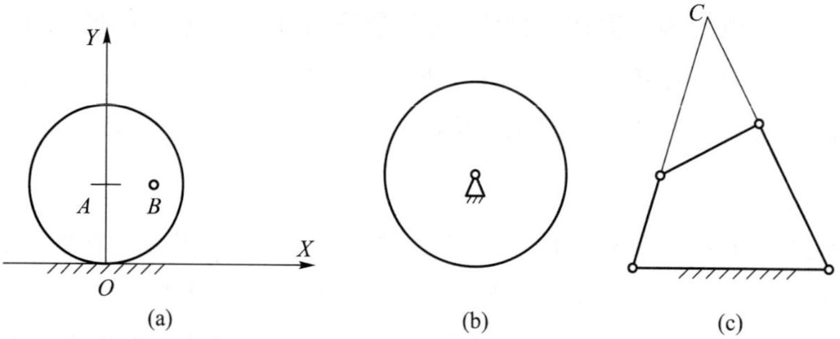

图 2.13 不完全的转动自由度

例 2.8 具有两个转动副的运动链。

前面的例 2.5 (图 2.11) 所表示的具有两个转动副的运动链, 这两个转动副表示了两个运动螺旋 [式 (2.37)], 对于这两个运动螺旋应该有 4 个反螺旋

$$
\begin{aligned}
\boldsymbol{\$}_1^{\mathrm{r}} &= (1 \quad 0 \quad 0; \quad 0 \quad d \quad 0) \\
\boldsymbol{\$}_2^{\mathrm{r}} &= (0 \quad 1 \quad 0; \quad 0 \quad 0 \quad 0) \\
\boldsymbol{\$}_3^{\mathrm{r}} &= (0 \quad 0 \quad 1; \quad 0 \quad 0 \quad 0) \\
\boldsymbol{\$}_4^{\mathrm{r}} &= (0 \quad 0 \quad 0; \quad 0 \quad 0 \quad 1)
\end{aligned} \tag{2.43}
$$

这 4 个螺旋的反螺旋即是运动螺旋的二次反螺旋, 也即是机械结构所允许的运动螺旋, 这里导出如下:

$$
\begin{aligned}
\boldsymbol{\$}_1^{\mathrm{rr}} &= (1 \quad 0 \quad 0; \quad 0 \quad 0 \quad 0) \\
\boldsymbol{\$}_2^{\mathrm{rr}} &= (0 \quad 1 \quad 0; \quad -d \quad 0 \quad 0)
\end{aligned} \tag{2.44}
$$

这两个二次反螺旋都是线矢量, 表示了两个转动运动。式 (2.43) 中有 3 个约束线矢力和 1 个约束力偶, 式 (2.44) 表示的两个允许的转动运动的线矢量则必须与式 (2.43) 的 4 个螺旋相逆。那就是说, 转动轴线必须要能够与 3 个约束力相交, 因为只有相交它们才能相逆, 而允许的转动轴线与约束力偶又必须方向垂直, 只有垂直它们才能相逆。

对于这个例子, 物体 E 经过一个连杆和两个转动副与机架相连, 物体 E 能够实现的运动有无穷多, 此可能的无穷多螺旋轴线分布在一个拟圆柱面上, 见图 2.11b。但是在此无穷多螺旋运动中仅有两个螺旋是节距为零的转动运动。按上述原则看转动轴线只有两条, 也就是两个转动副本身, 构件 E 不可能再绕任何其他轴线做纯转动运动, 虽然 E 有无限种运动可能。

基于上述分析，我们概括出如下定理:

定理 2.8　受约束物体上的转动运动　当物体上作用有约束力和约束力偶，物体又具有转动自由度，则转动轴线必须能够同时与所有约束螺旋线矢力轴线相交，且与约束螺旋力偶相垂直。

基于这个定理我们就可以确定转动自由度的转动轴线的位置了，这个定理的应用非常广泛且十分重要，这也是反螺旋理论独到之处。

2.5.3　瞬时自由度与全周自由度

一个能够正常工作的机构，其自由度必须是稳定的，保持着它的多自由度工作能力不发生变化，即不论机构处于哪个位型下，机构的自由度数目和自由度的性质都能够保持稳定不变，这样的自由度称为全周自由度(full-cycle mobility)[21]。当然，目前也有这样的机构，它的自由度被设计为按一定规律去跳动，用以适应某种特殊要求的工作，特别是将机构设计成自由度能变化的拓扑结构。拓扑结构发生变化，自然其自由度的数目和性质也随之变化，在本书后面的章节中介绍了许多实践中应用得很好的例子，它们不仅十分有趣，更是在应用中产生出特殊的效果，给我们很多启发。注意，这里也要排除机构的奇异位型[15]。

机构的自由度决定于机构受到的约束，包括过约束。机构存在的约束和过约束都是与机构在一定位型下的几何条件有关。这些几何条件，包括特殊的几何条件，在位型不断变化的条件下都需要保持完全的稳定，在运动过程中不发生改变，这样机构才能稳定地做一定范围的运动，自由度才是确定的。下面先给出几个定义。

定义 2.7　瞬时自由度　直接依赖于机构某个具体位型的自由度称瞬时自由度。

对一定位型下的机构，直接从分析其约束螺旋关系而导出的自由度是瞬时自由度。由于这个自由度是在通过分析一定位型下的约束关系而导出的，则此瞬时自由度依赖对应的位型。位型变化，自由度是否变化还尚为未知。

[15] 奇异位型在本书中没有涉及，它是指在一种特殊的位型下，机构的自由度发生瞬时的一次性突然的变化。例如曲柄滑块机构的曲柄和连杆成一条直线时的位型，它表示转动副的 3 个线矢量线性相关，滑块处于 “死点”。

定义 2.8　瞬时自由度机构　当机构的位型发生变化时，只要机构自由度数目或性质中有一个也随之变化，该机构被称为瞬时自由度机构。即自由度是不稳定并随位型而变化的机构。

定义 2.9　全周自由度　不随位型而改变的机构自由度称全周自由度，它包括自由度的数目和自由度的性质都不随位型变化而变化 (full-cycle mobility 或 global mobility)。

这里说的不随位型而变化，是仅考察在一个有限范围内是否发生变化，不是无穷小范围，也不包括奇异位型。从 IFToMM 给出的那个机构自由度的定义，我们理解定义中的自由度应该是全周自由度，应该是不随位型而改变的，这样的自由度才是定义中的机构的自由度。若机构的自由度随位型而发生变化，就不是正常的机构，一般应用的机构都是全周自由度机构 (再次声明，这里 “全周” 并不是要求完成对应曲柄一周的运动，只是借用了这个名词，国际上通常都这么称呼，而且符合 IFToMM 定义的机构自由度)。

定义 2.10　全周自由度机构　在有限运动区间内的全部可能的位型下，机构的自由度数目或性质都不发生变化，这样机构的自由度就称为全周自由度，这样的机构称为全周自由度机构。

由于我们提出的这 3 个通用自由度公式，即式 (2.12) $\sim$ 式 (2.14)，是基于螺旋理论，是与机构该时刻的位型有关的，与该位型下的几何条件有关，因此这 3 个公式得到的自由度都仅仅是瞬时自由度。所以在做机构自由度分析时还应该论证该机构自由度的全周性。这个分析步骤是绝对不可少的，特别是对于多自由度的空间机构、并联机构，否则，不符合 IFToMM 自由度定义。

使用这个基于反螺旋理论的自由度原理来判断全周性有没有问题？有没有难度？完全没有问题，而且也十分简洁和快速。这不难，且完全可以从后面的章节例子的分析中看到。

当由式 (2.12)、式 (2.13) 或式 (2.14) 确立了机构瞬时自由度的数目和性质后，为判别自由度的全周性，需要我们按下述步骤分析：

(1) 按得到的自由度数目和性质，对应每一个自由度的性质依次给出相对起始位型的一个足够大小的有限位移量。如对于具有沿某方向的移动自由度，则给出沿该方向的足够大小的有限线位移。对于具有绕某轴的转动自由度，则给出绕该方向的足够大小的有限转角位移。这里“足够大小的有限位移”是指判断是否能够找到一个足够大小的位移范围, 在此范围内部机构的几何特性不会变化。足够大小的另一层意思是, 不仅不是无限小, 也不要求给定的位移有多么大, 更不是要求对应曲柄转一周的位移。

(2) 在明确了在发生该位移后的机构位型的几何特点下, 再建立对应的分支螺旋系 $\widehat{\$}_i^{\mathrm{bm}}$ 和分支约束反螺旋系 $\widehat{\$}_i^{\mathrm{br}}$, 确定并联机构的公共约束 $\widehat{\$}^{\mathrm{c}}$ 和平台的约束螺旋系, 再利用式 (2.12)、式(2.13) 或式 (2.14) 分析在该新位型下机构的瞬时自由度。

如果此时的结果包括自由度的数目和自由度的性质任何一个发生变化, 机构的自由度不是稳定的, 机构是瞬时自由度机构, 分析结束。如果此时的结果包括自由度的数目和自由度的性质都没有发生变化, 则回到步骤 (1), 给出对应另一个自由度的有限位移, 再分析之。这里要多次分析 3 个螺旋系, 看来似乎很麻烦, 其实在起始位型时已经得到了对应的 3 个螺旋系, 这里就仅仅需要判断新的螺旋系是否发生变化, 这是十分容易的。

(3) 如此反复上述两个步骤, 直到机构的所有的自由度都检查完毕, 自由度的数目和性质都与起始位型分析的结果完全一致, 则机构自由度就是全周的。而只要这个过程中出现任何一次的不一致, 机构都不具有全周自由度。然而, 这个反复分析的次数其实并不多, 不会超过 5 次, 因为少自由度机构的自由度最多就是 5。

上述这个方法是否合理? 是否科学? 其实, 它正是依据数学中的“枚举法”。理论上“枚举法”是一种公认、严格、无可置疑的数学方法。

例 2.9 判定 4-URU 并联机构自由度的瞬时性。

在例 2.3 和例 2.7 中讨论过 4-UPU 并联机构的自由度数目和其性质, 那里得到的结论其实还仅是瞬时自由度

$$\begin{aligned}
\$_1^{\mathrm{rr}} &= (0 \quad 0 \quad 1; \quad 0 \quad 0 \quad 0) \\
\$_2^{\mathrm{rr}} &= (0 \quad 0 \quad 0; \quad 1 \quad 0 \quad 0) \\
\$_3^{\mathrm{rr}} &= (0 \quad 0 \quad 0; \quad 0 \quad 1 \quad 0) \\
\$_4^{\mathrm{rr}} &= (0 \quad 0 \quad 0; \quad 0 \quad 0 \quad 1)
\end{aligned} \tag{2.45}$$

其动平台具有的 4 个自由度性质分别是 1 个绕 Z 轴转动的自由度以及沿 X、Y、

Z 轴的 3 个移动自由度。

现在要判定这 4 个自由度是不是全周自由度。按上述分析和步骤, 需要分别从其 4 个自由度的性质来检查。当上平台沿 X 轴方向发生了一个位移, 见图 2.9a, 此时每个分支固定于动平台上的第 5 个运动副仍是水平方向, 分支运动螺旋系仍旧可以表示为如式 (2.28) 所示, 仍有一个反螺旋如式 (2.29), 整个动平台也还是承受 4 个共面的约束力偶, 则移动后的自由度保持不变; 类似地, 当动平台先后分别沿 Y、Z 两轴移动时也不会改变。至于沿空间任何其他不与坐标轴平行的方向的移动, 也可以得到相同的结论。再看当上平台绕坐标轴 Z 旋转一个角度后自由度会不会发生变化? 当上平台绕 Z 轴旋转后, 分支中的 5 个运动副的相互关系不会改变, 因而 5 个运动螺旋的表达式仍是式 (2.28), 因此这样的结论也不会改变。经过这样的分析可知机构的自由度具有全周性。

例 2.10 判定 5 自由度机器人机构自由度的瞬时性。

再看例 2.6 的 5 自由度机器人 (图 2.12) 的自由度是否为全周性? 在例 2.6 中, 机器人的 5 个转动副的螺旋表达式为式 (2.38), 这里表示如下:

$$
\begin{aligned}
\boldsymbol{\$}_1 &= (0 \quad 0 \quad 1; \quad 0 \quad 0 \quad 0) \\
\boldsymbol{\$}_2 &= (1 \quad 0 \quad 0; \quad 0 \quad 0 \quad 0) \\
\boldsymbol{\$}_3 &= (1 \quad 0 \quad 0; \quad 0 \quad e_3 \quad f_3) \\
\boldsymbol{\$}_4 &= (1 \quad 0 \quad 0; \quad 0 \quad e_4 \quad f_4) \\
\boldsymbol{\$}_5 &= (0 \quad 1 \quad 0; \quad \mathrm{d}_5 \quad 0 \quad 0)
\end{aligned}
\tag{2.46}
$$

其反螺旋为

$$
\boldsymbol{\$}^{\mathrm{r}} = (1 \quad 0 \quad 0; \quad 0 \quad -d_5 \quad 0) \tag{2.47}
$$

它能够实现三维转动, 再加上沿 Y 轴和 Z 轴方向的两个移动。

为判定自由度的全周性, 需按其自由度性质分别给出对应的足够大小的 5 个位移, 再判断自由度的性质, 并加以比较是否变化。由图 2.12 明显看到, 若发生沿 Y 轴或 Z 轴方向的任何位移, 5 个运动副的相对关系不会改变, 其运动螺旋系仍是式 (2.46); 当检查可否发生绕 Y 轴的转动 (在图示位型下, 轴线 E 平行 Y 轴), 若如此, 则在图示之起始位置绕坐标系 Y 轴转动时, E 点的速度将瞬时沿水平的 X 轴方向, 机器人可以实现这个瞬时运动, 即可以绕 Y 轴转动, 但仅是瞬时的, 这相当仅具有绕 Y 轴的瞬时转动的自由度; 但同时却可以从另一方面来看, 末端手部可以绕末端转动副 E 的轴线连续地做任何角度的转动, 即具有此独立的平行 Y 轴的转动自由度; 再看当末端发生绕 Z 轴的旋转, 从图 2.12 看出此种情况下其任何螺旋表达式均不会发生变化; 最后检查末端绕 X 轴旋转, 当发生任何绕 X 轴转动一个角度, 一般情况下运动螺旋式 (2.46) 的第 5 个螺旋表达式可能会有所改变, 但必然也仍是线矢量, 反螺旋式 (2.47) 的性质不会发生变化; 仅当某瞬时若发生第 5 个转动副平行第 1 个转动副时, 此瞬时反螺旋式 (2.47) 将从约束力变成约束力偶, 自由度从 2 移 3 转变成 3 移 2 转。但这个自由度是自由度在时间坐标轴上的一个间断点, 正是机构的特殊位型, 特殊位型的出现并不妨碍机构自由度的全周性。所以, 从上述分析可知这个机器人具有一个稳定的 3R2T 5 自由度机构, 符合 IFToMM 的自由度定义。

我们还要指出的是, 全周自由度是指除了奇异之外, 机构保持相同的自由度。起始时能沿 X 轴移动, 其后仍能沿 X 轴走过一定大小的有限距离, 或绕同一方向的轴线转过一定大小的有限角度。当在各个方向上都有一定的有限位移, 机构就有一定的工作空间, 工作空间有大有小、可大可小, 都是机构, 都有用, 没有一定的工作空间那就不是机构了。同时也不要认为工作空间小机构就没有什么用处。许多运动传感器, 它要感知的几乎是无穷小 (实际并不是无穷小) 的位移, 其工作空间甚至以微米评估, 这么小的工作空间却有非常重要的应用意义。

"瞬时自由度" 是指机构在这个时刻的自由度, 与下个时刻的自由度无关。全周自由度, 是指在机构有限范围的连续的运动过程中, 具有相同的瞬时自由度, 中间的个别间断点则被定义为奇异。

2.5.4 广义运动副

在实际的各式各样的机构类型中, 有这样一类机构, 在它的某个运动链的闭环 ε 中嵌入另一个闭环子链 η, 见图 2.14a。对于这样的含子闭环的机构分析其自由度, 可以把子闭环 η 当做一个运动副, 称为 "广义运动副", 就是把它看成闭环 ε 中含有的一个特殊的多自由度的运动副, 按照处理多自由度的同样方法, 直接以串联链代之即可。在闭环 η 中任何两杆件之间有不同的相对自由度, 例如图 2.14a 中闭环 η 的杆件 A 相对杆件 B 的自由度就是该图所示广义运动副的自由度。若广义运动副具有 n 个自由度, 则以具有 n 个自由度所对应运动副的串联链代替之, 而且对应自由度的性质应保持一致, 这样原来的运动链 ε 则可用单闭环运动链等效代替, 如图 2.14b 所示。这个方法在许多特殊的并联机构中多有应用。

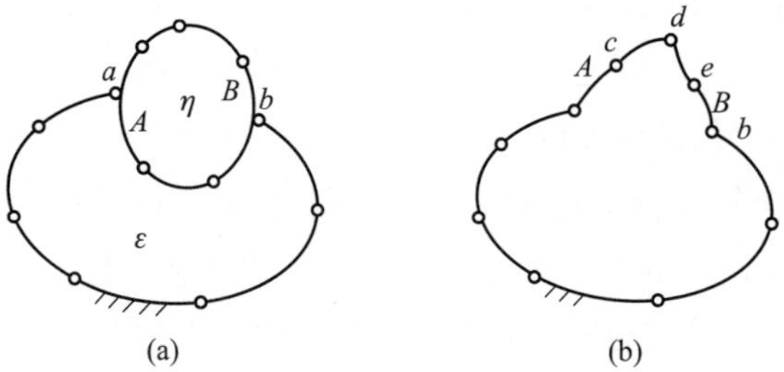

图 2.14 广义运动副

定义 2.11 广义运动副 在复杂运动链中含有的单独闭环链可以看成一个多自由度运动副, 称为广义运动副。对于广义运动副, 可以用具有相同自由度数目和性质的串联链代替之, 在自由度分析时, 以广义运动副代替原闭环将不改变机构的自由度数目和性质。

这个概念对于简化复杂机构的自由度分析是很有价值的。如图 2.14a 的 ε 运动链中包含了闭环 η 子链, 当 ε 运动链包括闭环 η 后就不再是简单的单环链。而图 2.14b 表示的运动链是其经广义运动副替代后变成简单的单环运动链, 便于分析。

2.5.5 正确和简化自由度计算的几条规则

为了便于读者正确且方便地掌握这种自由度的分析方法, 读者应再掌握如下几条规则, 特别是对于分析并联机构十分重要。

这里首先考虑一个重要问题, 说它重要是因为我们发现在实际中出现过许多这样的错误问题, 实际的机械与所描绘的机构简图不一样, 若基于这样的机构简图分析自由度也就必然错误, 所以给出如下法则:

法则 2.4 要正确绘出对应机械的机构运动简图, 以及相反地要将期望的抽象机构运动简图正确地设计成对应的机械结构。

这一点希望每一位工程师切勿把它当成一桩小事, 万万不可大意。作者见到过许多错误的自由度分析, 就是发生在这设计过程的第 1 步, 出现了他们所描述的机构简图与实际机械不相符合的这种情况。这点在第 3 章中还会再次强调。

法则 2.5 应该选择这样的坐标系, 使尽量多的螺旋坐标元素为零。

基于螺旋的相关性和相逆性与坐标系的选择无关的原理, 做自由度分析时, 为建立螺旋系和求螺旋系的反螺旋应该这样选择坐标系: 使其螺旋表达式的 6 个坐标元素尽量简单, 尽可能让螺旋表达式中出现较多的 0 和 1。

如式 (2.28) 及式 (2.36) 那样, 这样下面求反螺旋就容易了。特别是对并联机构, 一般采用适当的分支坐标系就能获得这样的简便效果。在大多数情况下, 依据螺旋系中 “0” 的位置即可以得到对应的反螺旋, 甚至也不需借助计算机的计算。

法则 2.6 在螺旋坐标中除去 0 和 1 外, 还有如 a_i、b_i、$\cdots$、f_i 等许多变量, 在做自由度分析时不必去求解它们。

在螺旋坐标中除去 0 和 1 外, 还有与机构的尺寸、轴线的位置有关的许多变量, 这里表示为 a_i、b_i、$\cdots$、f_i 等。这些变量与自由度的求解无关, 在做自由度分析时不必去解出这些变量具体的数值, 就可以完成我们的自由度分析, 如此则十分方便。何况在此时往往连机构的具体尺寸都为未知, 也就不可能得到其具体数值。

法则 2.7 对于对称的并联机构在分析了第 1 个分支的反螺旋后, 其他分支的反螺旋可以通过简单的逻辑推理直接得到, 不必逐个求解。对于非对称的并联机构, 采取分别建立各分支的坐标系以确定各个分支的螺旋系和对应的反螺旋系[16]。

法则 2.8 对整台机构, 为确定作用于动平台的反螺旋系, 理论上就要将从分支所得反螺旋全部转化到同一坐标系下, 用来确定施加于机构平台上的约束反螺旋系。实践中常常可以通过逻辑推理的方法依据各分支的反螺旋系求得平台的反螺旋系, 这是很聪明和简单的办法。

---

[16] 一般说在做并联机构的自由度分析时不要取全局坐标系, 局部坐标系能够得到简单的螺旋表达式; 然而在某些特殊的机构中, 它的几个分支对同一个全局坐标系也能够得到简单的螺旋表达式。

第 3 章　平 面 机 构

实际中平面机构又有非常广泛的应用, 而且还不断出现新的有创意的设计。所以, 为了避免错误, 为了提高创新的效率, 今后再分析平面机构的自由度时也就不能再直接应用 G-K 公式, 可采用本书提出的普遍适用的 "通用的自由度公式"。

毫无疑问, 确实有些平面机构中存在过约束[17], 直接应用 G-K 公式不能得到正确结果。为找出过约束, 正如第 2 章中指出, 需将机构中的多个闭合逐一地打开, 再逐一地闭合上, 在再闭合的过程中去识别过约束的存在。通常确信大多数平面机构不存在过约束, 可是对大多数不存在过约束的机构也先要进行过约束的判定, 这种判定过程比较麻烦, 为此本章提出一种新方法, 能够简洁地判别平面机构是否存在过约束。当确信不存在过约束时, 就令 $\nu = 0$, 按式 (2.13) 计算自由度即可; 当肯定有过约束时, 这里对应地提出一套办法, 以解决如何简便地将机构中隐藏的过约束识别出来。这些原理的提出极大地方便了平面机构的自由度计算, 并形成了新的平面机构的科学的自由度原理。

3.1　平面机构的自由度计算原理

如前所述, 对任何机构进行自由度计算, 关键的问题是首先判断机构中是否

[17]注意, 本书许多章节中所说的 "过约束" 是对应于式 (2.12) 中的 μ, 而本章中许多地方所说的 "过约束" 就是对应自由度公式 (2.13) 中的 ν, 即闭合冗余约束。从 3 维空间看, 所有平面机构不可避免地都有过约束, 至少是 $\mu = 3$, 它就是公式 (2.13) 中的公共约束。

存在过约束以及有多少过约束？过约束数目确定后，才可以按“通用的自由度原理”或公式 (2.13) 去计算，以获得正确结果。自由度计算公式为

$$M = d(n - g - 1) + \sum_{i=1}^{g} f_i + \nu \tag{3.1}$$

式中，M 表示机构的自由度；d 为机构的阶数，依赖于公共约束，$d = 6 - \lambda$；λ 表示公共约束，对于含铰链的平面机构，$\lambda = 3$ 则 $d = 3$；对于完全由滑动副构成的平面机构，它有 4 个公共约束[18]，$\lambda = 4$ 则 $d = 2$；n 表示包括机架的构件数目；g 表示运动副的数目；f_i 表示第 i 个运动副的自由度；ν 表示“闭合冗余约束”，它等于在去除公共约束的因素后的独立过约束的数目。

若所讨论的平面机构是单环机构，按法则 2.1，在基于反螺旋确定机构的公共约束后，则可以取 $\nu = 0$，并按公式 (2.13) 计算自由度；对具有多环的平面机构，除了公共约束外还需要增加对“闭合冗余约束”的讨论。

获得机构中的“闭合冗余约束”的基本方法，是采用前面指出的将已拆开的运动链再度闭合，检查当再度闭合时是否出现过约束。这个基本方法是普遍适用的。而判断运动链闭合时是否出现过约束的有效方法，要依据螺旋理论。

3.1.1 快速判定平面机构中是否存在过约束的方法

进行机构的自由度分析，首先就要分析有无过约束。但大多数平面机构并没有过约束，明知如此，自由度分析时却又不能不首先检查过约束，尤其是对于一些后来证明没有过约束的复杂平面机构，似乎显得过分麻烦。鉴于此，为了减少麻烦并提高分析的效率，基于长期以来对平面机构的认识，下面将提出一个十分简便的直接判别平面机构有无过约束的方法。通过这种方法许多无过约束的平面机构能够立即从分析过约束的麻烦中解脱出来，极大地简化了识别“过约束”的过程。这个简化过程就是利用了平面机构中熟知的“阿苏尔基本组”的概念或称“基本组”[13-15] 来解决这个问题。

3.1.1.1 阿苏尔基本组

这里直接引用“机械原理”里的基本组概念。

---

[18] 请参看 3.1.5 节。

定义 3.1　阿苏尔杆组　机构中最简单的自由度为零的含铰链的构件组称阿苏尔杆组, 或简称基本组。

阿苏尔杆组依据构件数和运动副数目来确定, 按《机械原理》教材有

$$3n = 2p \tag{3.2}$$

式中, n 是活动构件数; p 是运动副数目。要满足式 (3.2), n 必定为偶数

$$\begin{aligned} n &= 2, 4, 6, 8, \cdots \\ p &= 3, 6, 9, 12, \cdots \end{aligned} \tag{3.3}$$

构成基本组的运动副包括转动副和移动副两类, 但其中必须至少含有一个转动副, 完全由移动副构成的构件组是不符合式 (3.2) 的。

最简单的阿苏尔组有 2 杆组、4 杆悬杆组和 4 杆封闭式, 见图 3.1。基本组与外部相连的铰链称基本组的外铰。其中 2 杆组由两个构件和 3 个运动副构成, 它有两个外铰, 并以此两个外铰与机构其他构件相连。4 杆悬杆组有 4 个构件, 其中有一个是中央构件, 中央构件用 3 个运动副连接 3 个悬杆, 3 个悬杆再用它们的 3 个外铰与机构的其他构件相连。4 杆封闭式中自身的 4 个构件构成一个封闭型, 在它的相对的两个构件上有与外界相连的两个外铰转动副。

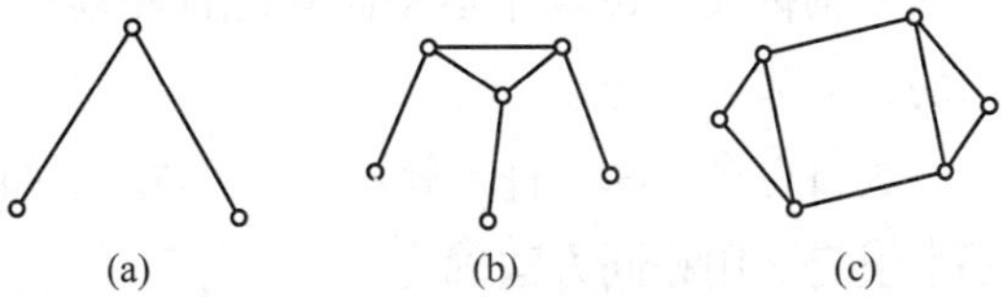

图 **3.1**　2 杆和 4 杆基本组

由 6 个杆件构成的 6 杆组, 按巴兰诺夫给出的 6 杆组有 10 种, 见图 3.2, 它们分别具有不同数目的外铰和悬杆, 由不同数目的三角形和刚性四边形构成。

图 3.2 中表示的是典型的 6 杆基本组图形, 实际上上述基本组图形还可以再有些变化, 比如在保持铰链和杆数不变的情况下, 杆件、铰链在图形中的位置可以发生某些变化, 只要它们满足条件式 (3.2) 保持了其作为基本组的特性不变。

这里就图 3.2a 的基本组构造加以介绍。此基本组有 6 个构件, 其中央的两个构件是 3 副件, 含有 3 个运动副, 两个中央构件以一个转动副互相连接, 这两

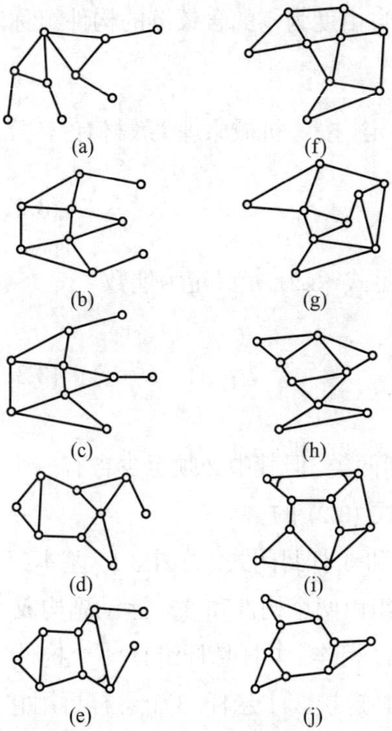

图 3.2 6 杆基本组

个中央构件又各以两个运动副与悬杆相连, 4 个悬杆再用它们的 4 个外铰与机构的其他部分相连。

数目更多的高阶杆组就不一一介绍了, 如出现这种情况, 可以按实际情况依基本组定义用相同方法确定。

3.1.1.2 平面机构无过约束条件

将式 (3.2) 代入式 (3.1), 由基本组的自由度为零而引出下式:

$$M = 0 = 3(n - g - 1) + \sum_{i=1}^{g} f_i + \nu = \nu$$

代入后结果是 ν, 而已知基本组自由度为零, 所以 $\nu = 0$。有如下定理:

定理 3.1 基本组内没有过约束。

不难理解, 机构中的过约束都是在运动链闭合时发生。运动链闭合的方式多种多样, 然而, 最基本的方式是串联链末端与机架经过闭合成为单闭环机构,过约束就在此闭合时发生。

一个或多个构件与机架串联连接构成的运动链称为串联连架杆组。根据定理 2.3, 串联开式链中没有过约束; 再由上述定理 3.1, 基本组内也没有过约束。因此, 当在串联连架杆的基础上加上若干阿苏尔杆组构成机构的过程中, 不仅不会改变机构的自由度, 也不会有过约束发生。也就是说, 这就是一种可以完整拆分的机构。反之, 当不能够把机构拆成串联连架杆组加上若干完整的阿苏尔杆组这样的情况, 则机构中将可能出现过约束。由此可以得到如下平面机构无过约束条件:

定理 3.2　平面机构无过约束的条件　*若含铰链的平面机构能够拆分为完整的若干基本组和与机架相连的串联连架杆组, 机构则无闭合冗余约束, 即自由度公式 (2.13) 中无过约束, $\nu = 0$。*

当机构仅由与机架相连的主动杆件加上若干阿苏尔杆组构成时, 在这个过程中完全不会对机构增加过约束, 机构则不会有过约束。反之, 当不能够把机构拆成主动件加上若干完整的阿苏尔杆组这样的情况, 则机构中将可能出现过约束。这种情况一定要进一步仔细检查。

这里需要特别明确说明, 定理 3.2 中所指出的 "无过约束" 是在认定它是 "平面机构" 的条件下, 且认定采用公式 (2.13), 此时有 $d = 3$, 但 $\nu = 0$, 即无 "闭合冗余约束"。当然, 对于平面机构也可以从三维空间的角度来分析该机构, 即采用公式 (2.12) 分析平面机构自由度, 此时平面机构受到的公共约束就是机构的过约束 $\lambda = \mu$, 即 $\mu = 3$, 机构有 3 个过约束, 如例 2.1 中对平面 4 杆机构所做的分析。

定义 3.2　可完整拆分机构　当机构可以拆分为若干完整的基本组和若干与机架相连的串联链杆组时, 称可完整拆分机构。

根据定理 3.2, 欲判定某机构是否具有过约束, 就应将机构按阿苏尔基本组拆分, 当我们能够判定它属于这种可完整拆分机构, 则此机构中无附加过约束, 即自由度公式 (2.13) 中附加的闭合冗余约束为零, $\nu = 0$。

3.1.2 基于“过约束”的平面机构自由度计算原理

3.1.2.1 两个重要概念

下面将讨论如何经由基本组的拆分来识别机构中的过约束 (即识别闭合冗余约束)。这里有两种情况, 其一是上面提到的机构可以拆分为若干完整的基本组和若干与机架相连的串联链杆组, 即它是可完整拆分机构; 另一种则不能得到完整的基本组和与机架相连的串联链。对于这两种不同的情况, 计算自由度时的方法和处理是不相同的。下面先给出“非可完整拆分机构”的定义。

定义 3.3 非可完整拆分机构 当机构不可能拆分为完整的基本组和与机架相连的串联链时, 便称其为“非可完整拆分机构”。

在非可完整拆分机构中, 还有一种情况应该考虑到, 那就是其中的某一部分运动链可以被拆分为与机架相连的串联开式链和若干个完整的基本组, 这种情况也可以使分析过程得到简化, 这里先给出如下定义:

定义 3.4 可完整拆分运动链 在非可完整拆分机构中, 若能够从此机构中拆下某个 (或某几个) 杆件或拆开某个铰链, 机构剩下的部分变成为“可完整拆分”, 即可得到与机架相连的串联开式链和若干个完整的基本组, 这样的运动链称“可完整拆分运动链”。

上述几个概念对于分析某些复杂机构是很有用的。

注意, 这里拆分基本组的目的完全是为了判别是否存在过约束, 因此拆分的过程从机构的哪一端开始并没有要求, 并不像机构的运动分析那样。为了方便进行运动分析, 在拆下基本组后得到的应该是机构的“原动件和机架”。

3.1.2.2 判断平面机构有无过约束的法则

基于上述对多环机构的分析, 概括提出如下判别有无过约束的法则:

法则 3.1 判断平面机构有无过约束和自由度分析的原理和方法如下:

(1) 可完整拆分机构。如前指出, 当机构是可完整拆分机构, 即机构可以拆分为完整的连架杆组与阿苏尔基本组之和, 则机构中没有过约束, 在用公式 (2.13) 计算机构自由度时, 令 $\nu = 0$ 代入即得。

(2) 非可完整拆分机构。当机构不可完整拆分, 即它不是可完整拆分机构, 则机构中一定存在过约束。此时就要将机构所有的闭环一一打开, 都转化成开式链, 再一一地闭合, 在再闭合的过程中寻找过约束。也就是说, 要逐个检查每一次闭合。在检查每次再闭合的过程中, 注意分析尚未闭合的两个元素之间的相对运动和找出它们已经承受的约束, 再关注这些约束在再闭合过程中是否有重复出现, 重复出现的约束即是过约束, 这个分析过程应用螺旋理论十分方便。当从一个个再闭合中获得了过约束, 经汇总就可得到机构中总的过约束数, 再用通用自由度公式计算机构自由度, 这样就可以获得正确的机构自由度数目。

(3) 复杂的非可完整拆分机构。可以采取如下简化的分析思路和简化的方法: ① 若发现复杂机构含完整的 "子机构", 则将其分离出去, 使机构的结构尽量简单, 即将原机构分为若干机构之串联组合, 单独研究各个机构的自由度。② 在整个非可完整拆分机构中也可能出现自由度为零的基本组, 若出现基本组当即拆除, 这并不影响原机构的自由度分析, 却简化了机构。③ 对非可完整拆分机构, 若能够从此机构中拆下某个杆件或拆开某个铰链后, 剩下的运动链却立即变成 "可完整拆分" 杆组, 这部分就成了 "可完整拆分运动链"。这时为探求机构的过约束, 仅需要在再度闭合所拆下的某个杆件或被拆开的某个铰链来检查过约束之存在, 而不必对该可完整拆分运动链中的所有闭环一一打开并一一检查再闭合。

上述关于可完整拆分机构概念中谈到了机构的自由度数目, 就是在机构拆解后得到的 "连架串联链自由度之和"。怎么理解这句话? 其实, 对于单自由度的平面机构, 在完整地拆分基本组后, 得到的必定是一个单独的连架杆, 它可能就是机构的原动件, 因为单自由度机构只有一个原动件, 而原动件又常常是连架杆。虽然实际中可能并不一定是连架杆, 但仅从分析自由度的角度看, 实际取哪个构件作为原动件是无所谓的。

但是对于多自由度的平面机构来说, 当拆下全部的基本组后, 剩下的可能是分散的一个个独立的连架杆, 也可能是一个多构件连接成的开式串联链, 例如图 3.3 所示的挖掘机。

例 3.1 挖掘机。

图 3.3a 是一台悬臂式挖掘机, 图 3.3b 是其挖掘臂的机构图, AB 是挖掘机的主臂, 它以铰链 A 连接于机架 AD, 并由液压缸 DE 推动它上下摆动; BC 是挖掘机的小臂, 由液压缸 FG 驱动, $GHBC$ 是同一个小臂构件; 挖斗 L 的驱动是液压缸 HI 经由 JIK 2 杆组完成。对挖掘机机构拆分基本组时, 可以先后将 3

个液压缸系统 DE、FG 和 HI 分别当做 3 个基本组拆下, 因为液压缸包括两个构件, 即刚体和活塞杆, 以及 3 个运动副, 即两个转动副和一个移动副, 所以一个液压缸系统就是一个自由度为零的基本组。拆下 3 个液压缸后, 再把 2 杆组 JIK 拆下。这样, 在拆下全部 4 个基本组后, 剩下的是一个从机架 AD 连接到挖斗 L 的开式串联链 $ABCL$。这个挖掘机的机构就是一个 "完整可拆分的机构"。由于这个开式串联链 $ABCL$ 是一个具有 3 个转动副的串联链, 就说明了它有 3 个自由度, 这个数目正是此挖掘机机构的自由度数目。从这个例子可以看到, 在拆分基本组后可能得到的是一个开式的串联链。

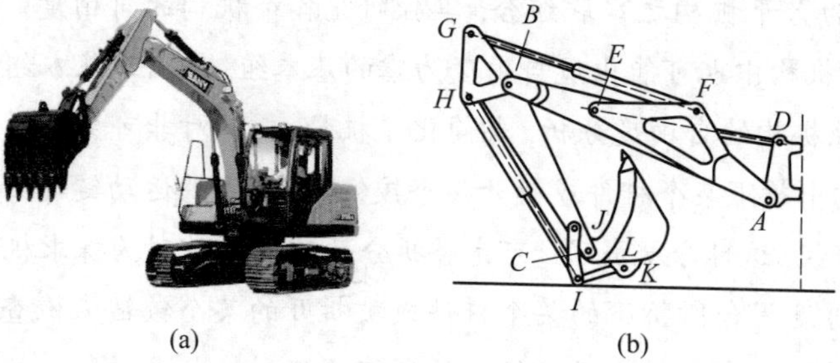

图 3.3 挖掘机

3.1.3 可完整拆分机构的解法

如前所述, 当欲确定一个机构的自由度, 首先要确定其有无过约束, 为判定有无过约束, 按确定机构自由度的法则 3.1, 我们的办法是尽力将机构按阿苏尔基本组来分解, 如果能够把一个运动链分解为若干个阿苏尔基本组和若干连架杆, 机构确定是完整可拆分的机构, 则机构无过约束; 开式连架杆自由度的数目就是机构的自由度。或按自由度公式 (2.13) 计算并令 $\nu = 0$。

例 3.2 平面 4 杆机构。

对此 4 杆机构计算自由度首先要判断过约束, 应用法则 3.1, 4 杆机构可以拆分为一个 2 杆组和一个连架杆, 见图 3.4b。它就是一个可完整拆分机构。也就是说, 原来 4 杆机构的自由度应该等于拿掉 2 杆组所余下的 AB 连架杆的自由度。此时显然不用计算, 所留下的 AB 连架杆的自由度是 1, 机构的自由度就是这个 1。从另一个角度看, 上述拆分过程得知此 4 杆机构是一个可完整拆分机构, 这样机构则没有闭合冗余约束, 机构没有过约束, $\nu = 0$, 并以通用自由度

公式 (2.13) 计算, 有

$$M = 3(n-g-1) + \sum_{i=1}^{g} f_i + \nu = 3 \times (4-4-1) + 4 + 0 = 1 \tag{3.4}$$

两种方法互相验证了正确性。

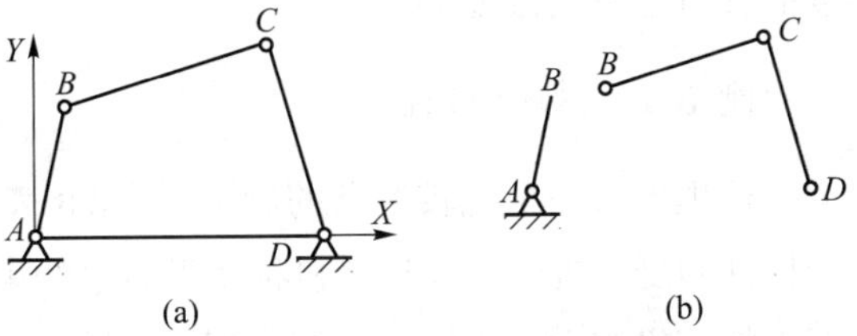

图 3.4 平面 4 杆机构

例 3.3 平面 5 杆机构。

对于 5 杆机构, 见图 3.5a, 在拆分基本组时, 可能有两种不同的拆分法, 见图 3.5b 和图 3.5c。当拆下 BCD 基本组时, 留下的是两个分离的连架杆 AB 和 DE, 它们保持了原来机构的自由度数目, 机构是完整可拆分机构, 无过约束, 由此得知原来 5 杆机构自由度为 2; 如果按照图 3.5c 进行拆分, 此时在拆下 2 杆组 CDE 后, 留下的是具有两个杆件的连架串联链 ABC, 机构也是完整可拆分机构。当然, 此时的串联链 ABC 就反映了原来机构的自由度, 而按法则 2.1, 串联链的自由度就是组成串联链的运动副自由度之和。这样, 这个 5 杆机构的自由度也被判定为 2。

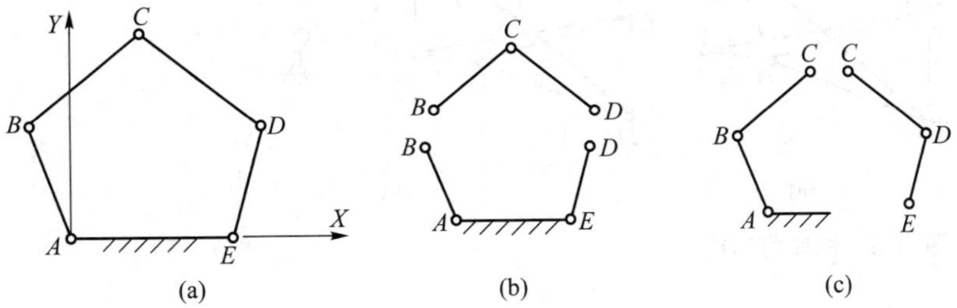

图 3.5 5 杆机构的拆分

从另一个角度, 以通用的自由度公式计算, 考虑到机构是可以完整拆分的,

所以 $\nu=0$, 有

$$M=3(n-g-1)+\sum_{i=1}^{g}f_i+\nu=3\times(5-5-1)+5+0=2$$

对比两种方法, 一方面是它们互相验证证明方法的正确性。但也从这个例子看到, 对于一个复杂机构, 不同的人拆分机构可以得到不同的基本组, 但自由度的数目是不会改变的。

例 3.4 钢坯剪切机。

这里再看一个比较复杂的例子, 图 3.6 表示了轧钢生产线上的一个具有 11 个杆件的复杂机构[22]。这个机构有没有过约束呢? 按法则 3.1 分析, 我们先尝试能否将该机构拆分为完整的基本组? 由图 3.6b 看到, 它确实可以完整地拆分为两个基本组, 它是一个可完整拆分机构。它的两个基本组一个是如图 3.2b 的 6 杆组 $EFGHIJD$, 另一个是 2 杆组 BED, 外加两个连架杆 AB 和 CD, 按阿苏尔组拆分原理, 有这两个连架杆就说明机构具有 2 个自由度, 而且机构不会有虚约束, $\nu=0$。这里再拿适用于平面机构的通用自由度公式 (2.13) 以验证, 此时机构构件数是 11, 包括复铰的运动副数是 14, 则

$$M=3(n-g-1)+\sum_{i=1}^{g}f_i+\nu=3\times(11-14-1)+14+0=2 \tag{3.5}$$

确实, 分析和计算的结果一致, 机构具有两个自由度。

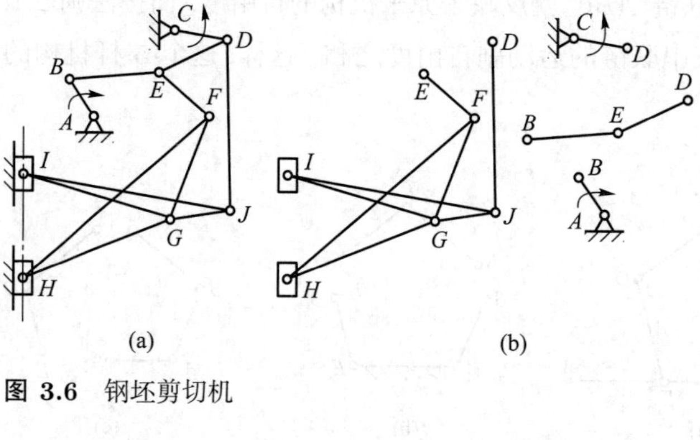

图 3.6 钢坯剪切机

可见当机构可以拆分为若干完整的阿苏尔组加若干单独的作为原动件的连架杆, 机构就没有虚约束。这时取 $\nu=0$, 按式 (2.13) 就可以计算平面机构的自由度。

3.1.4 非完整可拆机构的过约束

对于许多不能被完整拆分为基本组和连架杆的机构, 就必然出现附加的过约束, 而且这类机构多属于多环多次闭合类型。这里先用螺旋理论方法以解释为什么会出现过约束以及怎样分析“多环多次闭合机构”发生的过约束。这里以大家比较熟悉的 5 杆铰链双滑块机构 (也称为椭圆仪) 为例说明, 介绍的求解思路有典型性, 也适合后面第 5 章的一般空间机构。

例 3.5 5 杆铰链卡当机构。

图 3.7 所示为一个 5 杆双滑块机构, 具有两个闭环, 是一个多环机构。在几何条件上机构保持 $OA = AB = AC$, 及相互垂直的两个滑道。当曲柄 OA 旋转, 滑块 B 水平移动, 而滑块 C 上下沿垂直方向移动。

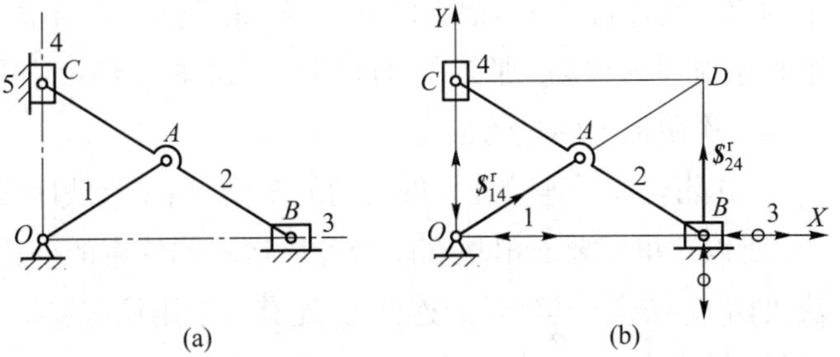

图 3.7 5 杆铰链双滑块机构

(1) 尝试拆分基本组。对一般机构, 当尝试将机构按基本组拆开, 可以先从 2 杆组开始试验, 当不可能完整拆下 2 杆组时, 再逐个试验杆数多的各种基本组, 看看是否能完全按基本组拆开? 对本例经试验, 这个 5 杆双滑块机构不可能完整拆下任何单独的 2 杆组, 也不可能有任何 4 杆组或其他更高阶的基本组。经过这样的试验就可以断定这个机构是“非可完整拆分机构”, 它一定具有附加的过约束。

(2) 决定运动链的拆分。对于具有附加过约束的机构, 我们在计算自由度时就先要求出附加过约束的数目。如前所述, 附加过约束都是在运动链闭合的时候发生, 为此我们选定并拆开某个运动副, 再试着将此运动副再闭合, 看看当它再闭合时会发生怎样的约束和其中多少是过约束。

为分析此非可完整拆分机构, 我们拆下滑块 C (包括滑块和与它相关的两个运动副) 后, 发现剩下的运动链却是熟知的曲柄滑块机构, 这个运动链就是“完整可拆分运动链", 这种情况显然就不必再分析曲柄滑块机构内部的过约束, 其中必无附加过约束 (指闭合冗余约束), 这符合法则 3.1 的指示。而检查过约束就要关注在以转动副 C 连接滑块后, 当将此滑块以移动副与机架连接再度发生闭合时, 是否有附加过约束发生。

从另一方面说, 此机构是一个双环机构, 第 1 环是 $OABO$, 第 2 环是 $OACO$。其第 1 环是曲柄滑块机构, 自由度为 1, 它是由一个基本组 AB 和一个连架杆 OA 构成, 此平面曲柄滑块机构除了以公共约束表示的 3 个过约束外没有其他的过约束。下面就转而去分析第 2 环。我们可以拆开 C 处的移动副, 当拆开此移动副后, 滑块 C 就自由地悬挂于 AB 杆的左端。我们知道当滑块 C 再度与机架闭合时再次形成那个移动副, 此移动副会给机构中的滑块 C 带来 5 个约束 (这是从空间机构的角度分析的, 若从平面机构的角度看滑块的滑动副闭合, 仅带来 2 个约束), 具体说此滑动副闭合时它限制了滑块 C 不能有 3 个转动和 2 个侧向垂直于滑道的移动; 那么在再度闭合时这 5 个约束中有几个是实在的约束, 几个是再次附加上的过约束呢?

(3) 闭合前后连接处构件运动的变化。由于滑块闭合时约束是作用在滑块 C 上, 所以这里就要看滑块在闭合前后运动和约束的变化。在图 3.7b 中, 曲柄滑块机构 OAB, 在其延长的连杆 C 处有一个用铰链连接允许它转动的滑块, 这里就要确定悬挂在 C 点的滑块在此拆开了的机构中能够做什么运动? 要准确地描绘滑块在此位型下的空间运动, 简便的方法就是应用螺旋理论 (对于这种较简单的情况, 也可以看做相应于平面机构的瞬心法), 通过 OAB 机构用螺旋理论确定悬点 C 的运动。

这里首先要分析 AB 杆上 C 点的运动。要从应用确定构件自由度的公式 (2.14) 出发, 以求构件 AB 的自由度, 建立如图 3.7b 所示坐标系, 将单环 OAB 机构视为一个并联机构, AB 是并联机构的平台, 它具有两个分支, 一个是具有两个转动副的 OA 杆, 另一个是具有一个滑动副和一个转动副的滑块 B; 第 1 分支的螺旋系和它的反螺旋分别是

$$\begin{aligned} \$_{11} &= (0 \quad 0 \quad 1; \quad 0 \quad 0 \quad 0) \\ \$_{12} &= (0 \quad 0 \quad 1; \quad d_A \quad e_A \quad 0) \end{aligned} \tag{3.6}$$

和

$$\$^{\mathrm{r}}_{11} = (0 \quad 0 \quad 0; \quad 1 \quad 0 \quad 0)$$

$$
\begin{aligned}
\$^{\mathrm{r}}_{12} &= (0 \quad 0 \quad 0; \quad 0 \quad 1 \quad 0)\\
\$^{\mathrm{r}}_{13} &= (0 \quad 0 \quad 1; \quad 0 \quad 0 \quad 0)\\
\$^{\mathrm{r}}_{14} &= (e_A \quad -d_A \quad 0; \quad 0 \quad 0 \quad 0)
\end{aligned} \tag{3.7}
$$

第 2 分支的运动螺旋系和约束螺旋系分别是

$$
\begin{aligned}
\$_{21} &= (0 \quad 0 \quad 0; \quad 1 \quad 0 \quad 0)\\
\$_{22} &= (0 \quad 0 \quad 1; \quad 0 \quad e_B \quad 0)
\end{aligned} \tag{3.8}
$$

和

$$
\begin{aligned}
\$^{\mathrm{r}}_{21} &= (0 \quad 0 \quad 0; \quad 1 \quad 0 \quad 0)\\
\$^{\mathrm{r}}_{22} &= (0 \quad 0 \quad 0; \quad 0 \quad 1 \quad 0)\\
\$^{\mathrm{r}}_{23} &= (0 \quad 0 \quad 1; \quad 0 \quad 0 \quad 0)\\
\$^{\mathrm{r}}_{24} &= (0 \quad 1 \quad 0; \quad 0 \quad 0 \quad -e_B)
\end{aligned} \tag{3.9}
$$

在连杆 AB 上共承受了 8 个约束, 包括 4 个约束力偶和 4 个约束力, 它们已分别绘于图 3.7b 上 (注: 沿 Z 轴线的约束力在图中没有标记)。其中 4 个约束力偶两两平行, 它们线性相关, 只有两个是独立的; 两个沿 Z 轴方向的约束力, 再加上与其相垂直的约束力偶, 这 3 个约束也是线性相关的, 见表 1.2, 只有其中 2 个约束是独立的。这样 8 个约束中独立的共有 5 个, 不独立的有 3 个 (图中画以圆圈为不独立的)。这 5 个约束作用于连杆上, 将约束连杆的 5 个运动, 或说将约束连杆的 5 个自由度, 首先包括约束了沿 Z 轴方向的移动和绕 X 轴、Y 轴的两个转动; 还包括沿 Y 轴和 OA 杆方向的两个移动运动。这样连杆只剩下一个转动自由度。那么, 这个转动自由度的允许转轴在哪里? 按螺旋理论, 可能的转轴是要与所有约束力相交且垂直所有的约束力偶, 见定理 2.8, 这就是轴线通过 OA 和 BD 的交点 D, 方向平行 Z 轴的转动运动。考虑到已知的几何条件 $OA = AB = AC$, $OCBD$ 必定构成一个矩形, 基于上述分析, 点 D 将是连杆 AB 杆的转动中心, 这样就明确了 C 点移动的速度方向是沿着 CO 方向。上述分析从 "机械原理" 看, D 点就是 AB 连杆的瞬时速度中心。读者或许认为用瞬心分析简单, 何必要用螺旋理论? 其实这个题目是简单, 但是对于复杂的机构, 特别是空间机构则只有应用螺旋理论了。

(4) 滑块 C 再闭合时发生的过约束。当分析过约束时，前面定理 2.3 提到过约束都是发生在运动链闭合之时，按 3.1.2 节，这里整个机构的形成经历了两次运动链闭合，得到两个闭环。因此就要从这两次闭合中寻找过约束。由于第 1 次闭合形成曲柄滑块机构，已确定其内部无过约束。

所以仅讨论滑块 C 闭合时发生的过约束，此时将滑块 C 以移动副与机架上的滑道相闭合，那么，这个连接会给滑块带来什么附加的约束呢？理论上说，一个移动副会带来 5 个约束，它只允许滑块沿滑道的方向移动；已如前面分析，这个曲柄滑块机构在 C 点处悬挂的滑块在闭合前仅具有两个自由度，一个是随 AC 杆上点 C 之移动，移动方向正是沿着滑道方向，另一个是绕 C 点之转动。显然，前者没有受到约束，这个移动运动正是滑道所允许的，这样滑动副在闭合时所唯一受到限制的是滑块的转动。滑块带来的 5 个约束只有其中的这个限制转动的约束是实约束，其余 4 个都是虚约束，包括对绕 X 轴和 Y 轴的两个转动自由度的约束和对于沿与滑道方向相垂直的 Z 轴和 X 轴两个方向的移动自由度的约束。这样闭合运动副 C 时机构共增加了 4 个附加的过约束。此 4 个过约束中，绕 X 轴和 Y 轴的两个转动，以及沿 Z 轴方向的移动都是包括在平面机构的“公共约束”中，所以此处移动副的在闭合仅给此机构带来 1 个闭环冗余约束，$\nu = 1$。

这里看到，当确定了机构中存在“可完整拆分运动链”时，并不需要将其后所有闭合都拆开再重新一一闭合，这样将极大地减少了工作量。

这里按平面机构自由度公式计算，第 1 次闭合的虚约束即是它的公共约束，并没有增加额外的虚约束，第 2 次闭合却增加了一个虚约束，所以两次闭合共有闭合冗余约束 1 个，$\nu = 1$

$$M = 3(n-g-1) + \sum_{i=1}^{g} f_i + \nu = 3 \times (5-6-1) + 6 + 1 = 1 \tag{3.10}$$

上述分析过程看起来似乎比《机械原理》教材中的方法麻烦许多，但这里主要是介绍用螺旋理论分析过约束出现的原因，为确定过约束，要知道约束闭合前后的运动状态，要做运动分析，通常做运动分析都需要已知机构的尺寸参数，而螺旋理论却常可以在未知机构具体尺寸下确定任何复杂机构的某些运动的性能 (对于这一点在后面的复杂机构或空间机构分析中表现的更加突出)，这正是螺旋理论独到之处。而且这里过约束的分析方法具有普遍性，适应各种各样的平面和空间条件。确实, 在平面机构过约束的分析中, 人们百多年来的研究已经积累了许多分析平面过约束机构的经验, 这些经验都是十分宝贵和至今仍是有用的, 如处理多个相互平行的杆件, 或拆开一根连杆检查两点间的距离, 或检查轨迹是否重合等, 这些都方便了我们对过约束的判定。

3.1.5 纯滑块机构的分析

例 3.6 平面双滑块机构。

图 3.8a 是 Hervé双滑块机构[23], 图 3.8b 则是我们 "机械原理" 上表示的双滑块机构, 从机构学上看, 两者相同, 都是包括 3 个构件和 3 个滑动副的机构。这种机构是一种完全由滑动副构成的运动链, 是纯滑块机构。纯滑块机构与一般的既含有滑动副又含有转动副的运动链在有关机构分类性质上有所不同, 因为它们在机构学上的 "阶" 是不同的。

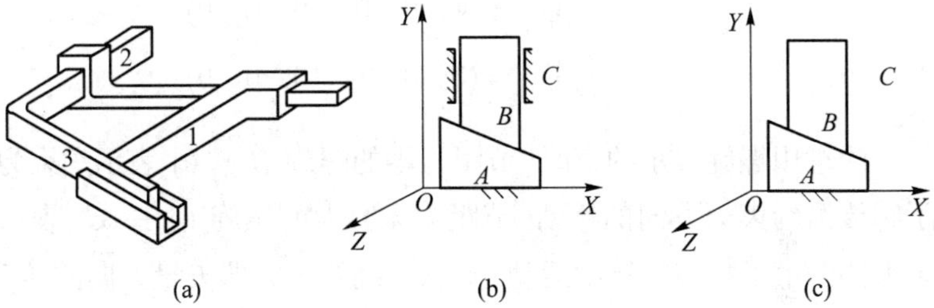

图 3.8 平面双滑块机构

为分析机构是否有过约束以及具体分析约束的性质, 可以先把移动副 C 拆开, 机架和两个滑块构成一个开式链 AB, 见图 3.8c。注意, 这里的各个滑槽都附有侧向的挡槽, 都能够约束滑块不能 Z 向移动。这里先分析此开链末端的运动, 它可以用两个表示偶量的螺旋表示[19]

$$\begin{aligned} \$_A &= (0 \quad 0 \quad 0; \quad 1 \quad 0 \quad 0) \\ \$_B &= (0 \quad 0 \quad 0; \quad d \quad e \quad 0) \end{aligned} \tag{3.11}$$

这两个螺旋有 4 个反螺旋

$$\$_1^{\mathrm{r}} = (0 \quad 0 \quad 1; \quad 0 \quad 0 \quad 0)$$

[19]注意: 螺旋理论是基于三维空间。

$$
\begin{aligned}
\$_2^{\mathrm{r}} &= (0\quad 0\quad 0;\quad 1\quad 0\quad 0) \\
\$_3^{\mathrm{r}} &= (0\quad 0\quad 0;\quad 0\quad 1\quad 0) \\
\$_4^{\mathrm{r}} &= (0\quad 0\quad 0;\quad 0\quad 0\quad 1)
\end{aligned}
\tag{3.12}
$$

从式 (3.11) 看, 其中第 1 个螺旋表示滑块 A 可以沿 X 轴方向移动, 第 2 个螺旋表示滑块 B 可以沿滑道斜面方向移动。从反螺旋表达式 (3.12) 可以看出, 第 1 个螺旋是约束力, 表示沿 Z 轴的移动受到约束, 后 3 个螺旋表示 3 个方向的转动都被约束。所以闭合前滑块 B 受到 4 个约束, 有 2 个自由度。当要将滑块 B 再以移动副 C 闭合到机架上时, 移动副 C 本身将会带来如下 5 个约束:

$$
\begin{aligned}
\$_{C1}^{\mathrm{r}} &= (0\quad 0\quad 0;\quad 1\quad 0\quad 0) \\
\$_{C2}^{\mathrm{r}} &= (0\quad 0\quad 0;\quad 0\quad 1\quad 0) \\
\$_{C3}^{\mathrm{r}} &= (0\quad 0\quad 0;\quad 0\quad 0\quad 1) \\
\$_{C4}^{\mathrm{r}} &= (1\quad 0\quad 0;\quad 0\quad 0\quad 0) \\
\$_{C5}^{\mathrm{r}} &= (0\quad 0\quad 1;\quad 0\quad 0\quad 0)
\end{aligned}
\tag{3.13}
$$

注意用螺旋表示约束时, 节距为零的螺旋 ($h=0$) 表示约束力, 约束力约束了物体沿约束力方向的移动; 节距为无穷大的螺旋 ($h=\infty$) 表示约束力偶, 约束力偶约束了物体的转动运动, 限制了绕约束力偶矢量方向的转动。

式 (3.13) 中前 3 个反螺旋的节距都为无穷大, 它们将分别限制滑块 B 绕 X 轴、Y 轴和 Z 轴的转动, 后 2 个反螺旋的节距都为零, 它们限制其沿 X 轴和 Z 轴移动。对比式 (3.12) 和式 (3.13), 由于滑块 B 本身已经不可能绕 3 个轴线转动, 可见这 3 个限制转动的约束都是过约束; 而第 4 个反螺旋会对沿 X 方向的移动施加限制, 这是一个实约束; 第 5 个反螺旋是限制滑块 B 沿 Z 方向移动, 这个约束却是虚的。所以这里共有 4 个过约束, $\mu=4$, 若用自由度公式 (2.12), 并当做空间机构考虑, 则有

$$
M = 6(n-g-1)+\sum_{i=1}^{g} f_i+\mu = 6\times(3-3-1)+3+4=1 \tag{3.14}
$$

其实这个双滑块机构显然是平面机构, 按平面机构应具有 3 个公共约束, 因为它与所有平面机构一样, 每个构件都不允许沿 Z 向移动, 不允许绕两个轴线 X、Y 转动。若基于此按平面机构计算时, 限制绕 X、Y 轴线的转动和沿 Z

轴的移动的约束都计算在公共约束内, 过约束就只有绕 Z 轴线的转动, 所以此时的过约束只有 1 个, $\nu=1$, 这样还可以按如下公式计算:

$$M=3(n-g-1)+\sum_{i=1}^{g}f_i+\nu=3\times(3-3-1)+3+1=1 \tag{3.15}$$

这个双滑块的例子告诉我们, 双滑块机构若按平面机构自由度公式计算, 它含有一个过约束。这个结论在后面将会用到。

再进一步考虑, 我们看看这个双滑块机构, 其实它的每一个滑块构件都只有两个可能的运动, 都只可能在平面中移动, 其他任何运动的可能性都没有, 这就是说, 它们都受到 4 个公共约束; 另一方面从数学上看, 平面双滑块机构也是一个单环机构, 单环机构只要对它的运动螺旋系求出反螺旋, 这个反螺旋的数目就是机构的公共约束, 这样此双滑块机构有 3 个滑动副, 表示为螺旋

$$\begin{aligned}\boldsymbol{\$}_A&=(0\quad 0\quad 0;\quad 1\quad 0\quad 0)\\ \boldsymbol{\$}_B&=(0\quad 0\quad 0;\quad d\quad e\quad 0)\\ \boldsymbol{\$}_C&=(0\quad 0\quad 0;\quad 0\quad 1\quad 0)\end{aligned} \tag{3.16}$$

3 个平面移动副对应螺旋线性相关, 按上式, 机构的反螺旋系包括 4 个螺旋

$$\begin{aligned}\boldsymbol{\$}_1^{\mathrm{r}}&=(0\quad 0\quad 1;\quad 0\quad 0\quad 0)\\ \boldsymbol{\$}_2^{\mathrm{r}}&=(0\quad 0\quad 0;\quad 1\quad 0\quad 0)\\ \boldsymbol{\$}_3^{\mathrm{r}}&=(0\quad 0\quad 0;\quad 0\quad 1\quad 0)\\ \boldsymbol{\$}_4^{\mathrm{r}}&=(0\quad 0\quad 0;\quad 0\quad 0\quad 1)\end{aligned} \tag{3.17}$$

从这点也说明机构的公共约束是 4。按 4 个公共约束计算的话, $\nu=0$

$$M=2(n-g-1)+\sum_{i=1}^{g}f_i+\nu=2\times(3-3-1)+3+0=1 \tag{3.18}$$

归纳起来有如下定理:

定理 3.3 平面滑块机构的过约束 分析平面纯滑块机构的自由度时, 若按空间机构 (6 阶机构, $d=6$) 考虑, 它应具有 4 个闭合冗余约束; 若把它当做平面机构 (3 阶机构, $d=3$) 考虑, 它应具有 1 个闭合冗余约束; 若按 4 阶机构 ($d=4$) 分析, 则滑块机构没有闭合冗余约束。

上述分析是基于螺旋理论以及平面机构基本组而提出的, 包括可完整拆分机构和非可完整拆分机构求过约束的原理和方法, 构成了我们的平面机构自由度分析的通用理论。

3.2 一般平面机构计算

3.2.1 直线导路机构

图 3.9a 表示的是李浦金直线导路机构[24], 如此之名称是因为其上的 C 点的运动轨迹能够准确地沿铅垂线移动。为分析其自由度, 我们首先尝试去拆分基本组, 这个机构中 A、B、D 和 E 4 个铰链都是复铰, 首先可以从机构上拆下 2 杆组 BCD, 然后可以依次拆下 ABE 和 ADE, 最后剩下一个连架杆 EF, 见图 3.9b, 由此可知自由度为 1。这样看来, 机构是完整可拆分机构, 没有附加过约束。

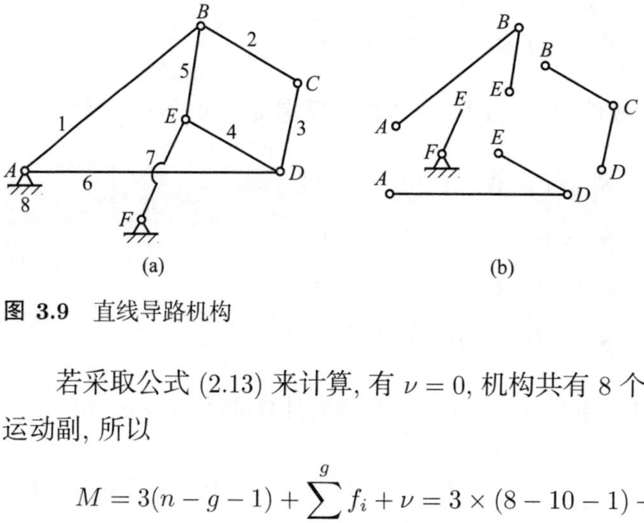

图 3.9 直线导路机构

若采取公式 (2.13) 来计算, 有 $\nu = 0$, 机构共有 8 个构件, 包括复铰共 10 个运动副, 所以

$$M = 3(n - g - 1) + \sum_{i=1}^{g} f_i + \nu = 3 \times (8 - 10 - 1) + 10 + 0 = 1 \tag{3.19}$$

试问读者, 当对此机构拆基本组时, 可否在拆下 2 杆组 BCD 后, 接着拆下 BED 呢? 为什么?

3.2.2 矿石破碎机

图 3.10a 所示为一台矿石破碎机[13], 机构左部是破碎机上具有高硬度的破

碎颚板, 用以破碎矿石, 曲柄 AB 旋转推动颚板挤压矿石; 右部是调节装置, J 处螺旋可以上下移动调节滑块 E 的位置, 从而推动滑块 D 左右移动, 用以调节两个颚板间的缝隙, 调节完成后用螺栓 J 加以锁定, 使滑块 D 保持位置不变。

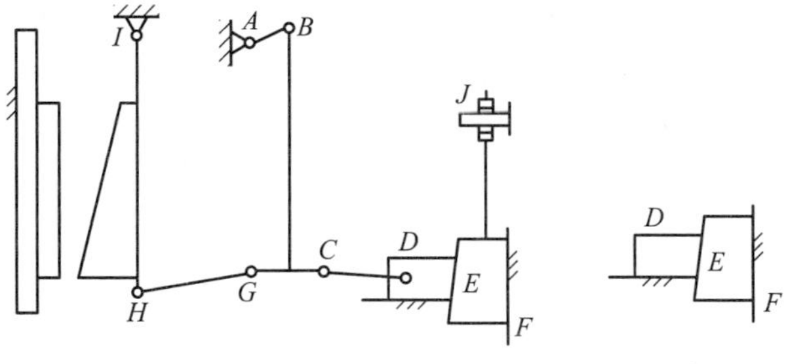

图 3.10　矿石破碎机

为分析其自由度仍需先判别机构有无过约束, 为此先要拆基本组, 看看整个机构是否是可完整拆分机构。这里先考虑滑块没有被锁紧在可运动情况下分析, 即两个滑块也属于整个机构的一部分。首先可以拆下 2 杆组 GHI, 再考虑拆下 BCD; 这样拆的结果最后剩下一个连架杆 AB 和一个单独的双滑块 DEF 机构, 图 3.10b, 而双滑块机构的自由度已知是 1。这样看, 机构是可以拆分为一个已知自由度的双滑块机构和正确的完整基本组, 同时看到机构有两个自由度。

我们再以公式来验证, 考虑到这里的机构构件系列中含有双滑块运动链, 已如前述, 当整个机构按平面机构计算, $d = 3$, 在双滑块机构中则认为存在 1 个虚约束, 见定理 3.3, 其余部分不再出现虚约束, 所以 $\nu = 1$

$$M = 3(n-g-1) + \sum_{i=1}^{g} f_i + \nu = 3 \times (8-10-1) + 10 + 1 = 2 \tag{3.20}$$

上述机构中的颚板间隙被调整合适后, 滑块机构将被锁紧不动, 此时那个活动的机构部分就不再包括滑块, 机构的拓扑结构发生改变。所以, 这个机构是变拓扑机构。不同的工作需要应用的机构的拓扑结构不同。

此外右部的滑块调节装置也可以设计为不自锁的安全装置, 当负载过大时允许滑块做反行程运动而缓解压力, 它也是变拓扑 2 自由度机构。

3.2.3　包装机送纸机构

图 3.11a 表示一个包装机的送纸机构[13], 机构含有齿轮、凸轮及连杆, 是比

较复杂的具有 10 个杆件的综合机构。小齿轮 1 带动大齿轮 2, 又有两个外凸轮固定于大齿轮 2 上, 它们和齿轮 2 是同一构件, 两个凸轮分别推动两个带滚子的摆杆 CD 和 HD, 最后经过 3 个平行杆带动输出杆 EG, 使其末端点实现一定轨迹的运动用以完成要求的工作。在机构的连杆部分, 3 个杆件 DE、IF 和 JG 之间平行相等, 形成两个平行四边形。可以发现连杆部分不可能直接拆分为完整的基本组, 这说明机构中可能出现虚约束。

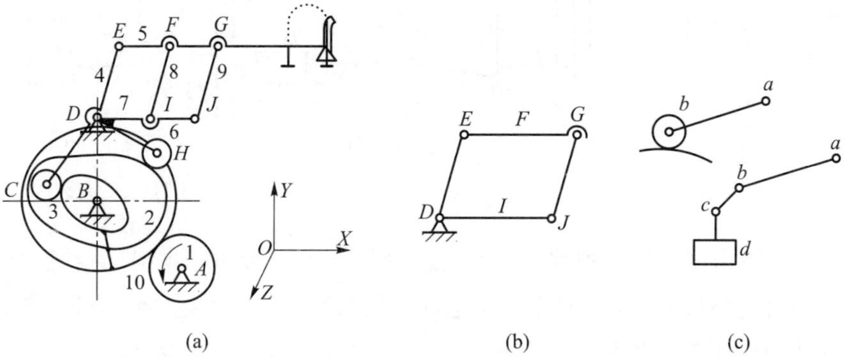

图 3.11 包装机送纸机构

为了深入分析到底有没有虚约束和有多少虚约束, 我们可先按 3.1.2 节所介绍的简便方法, 若发现复杂机构含完整的子机构, 则将其分离出去。首先这里的那对齿轮机构就是一个自由度为 1 的独立完整的子机构, 可以先分离出去; 剩下的两对凸轮机构也是两个完整的自由度为 1 的独立机构, 也可以分离出来。最后剩下的部分就只是杆组运动链了。那我们就来看看能否在这些连杆中部分地取出某个杆件后, 剩下的连杆部分变成可拆基本组的运动链? 如果是这样, 那么我们就先拆下这个杆件, 再考虑将它再次闭合于机构中, 看看会带来几个虚约束。

按这个思路, 就可以先拆下平行四边形中间的 IF 杆件, 见图 3.11b。拆下 IF 杆后, 发现剩下的杆系中 EGJ 就是一个 2 杆组, 再将它拆下, 剩下的是由两个凸轮分别带动的主动件 DE 和 DJ。可见这是一个 "可完整拆分运动链" 。

这时就只要看看当加上 IF 杆使运动副闭合会带来什么约束, 有多少过约束? 分析过程进行到这里就好办了, 先以运动副 I 将 IF 杆连于机构 I 点, 再考虑闭合 F 点。在闭合 F 点时, 一般说转动副 F 会带来 5 个约束 (从空间的角度说), 它将限制 EG 杆沿 X 轴、Y 轴、Z 轴 3 个方向的移动运动, 还限制于它

绕 X 轴和 Y 轴的 2 个转动。而此时明显地在机构 $EDJG$ 中的 EG 杆已经受到约束, 首先它已构成平行四边形, 不可能再绕 X 轴和 Y 轴转动, 也不可能沿 Z 轴方向移动; 再看图 3.11b 中的 $DEGJ$ 平行四边形, 显然, 不论 G 点如何运动, 该 4 点必然保持平行四边形, 而 EF 两点之间的距离也保持不变。这样当 F 点闭合时, 在被限制的 X 轴和 Y 轴的两个移动之间必有一个是虚约束, $\nu = 1$。

机构中的两个滚子是两个局部自由度, 不影响机构的输出自由度。机构具有包括齿轮、凸轮等 10 个构件, 具有转动副 11 个, 凸轮、齿轮等高副 3 个, 每个高副具有 2 个自由度。按考虑公共约束的式 (2.13) 计算, 有

$$M = 3(n - g - 1) + \sum_{i=1}^{g} f_i + \nu = 3 \times (10 - 14 - 1) + 17 + 1 = 3 \tag{3.21}$$

考虑到机构有两个局部自由度, 上述结果应该去掉局部自由度, 这样机构最后的工作自由度应该是 1。

从本例可以再次看到, 那就是应用了 3.1.2 节的方法: 对于不能够完整拆解基本组的复杂机构, 如果可以在这些连杆部分取出某个杆件, 剩下的连杆部分变成可拆基本组的杆组, 那么我们就先拆下这个杆件, 再考虑将它再次闭合于机构中, 看看将带来几个虚约束。这将使得分析过程简化, 不需要将所有闭环都拆开及再度闭合。

在进行基本组分析时, 需要将高副代以低副, 只有全低副运动链才能拆分基本组。这里有滚子的高副低代的问题, 就还需要再深入做一个补充, 如图 3.11c。滚子的高副接触, 按高副低代原理, 高副被低代后需要增加一个构件 CD 和两个转动副 C 和 D, 这两个转动副应该分别置于两个高副接触面的两个曲率中心, 如果与滚子高副接触面的曲率半径为无限大, 则以移动副代之。再者, 原机构的滚子中心 b 点又与滚子曲率中心重合, 此时 c、b 两点重合。这两个转动副重合, 按螺旋理论的观点, 就是两个螺旋线矢量共轴, 又说明这里的两个螺旋线性相关。机构中部分螺旋线性相关时, 发生局部自由度, 这里就解释了滚子发生局部自由度的原因。

3.2.4 钢坯传送机构

图 3.12a 所示为一个轧钢车间的钢坯传送机构, 机构由曲柄 AB 的转动, 经连杆机构使机构的推杆做如图所示的往复性封闭形轨迹运动, 这种运动不断推

动滑道上的钢坯间歇地向前运动。机构有 8 个构件、10 个转动副。该机构可以拆分基本组，构件 4、5、6、7 构成一个具有 3 个支杆的 3 级组，将它拆掉后，再拆下 BCD 2 杆组，就只剩下一个原动件 AB，见图 3.12b。这是一个 "可完整拆分机构"，按法则 3.1，机构没有附加过约束，$\nu = 0$，一个原动件也就说明机构的自由度是 1。若采用公式计算，有

$$M = 3(n - g - 1) + \sum_{i=1}^{g} f_i + \nu = 3 \times (8 - 10 - 1) + 10 + 0 = 1 \tag{3.22}$$

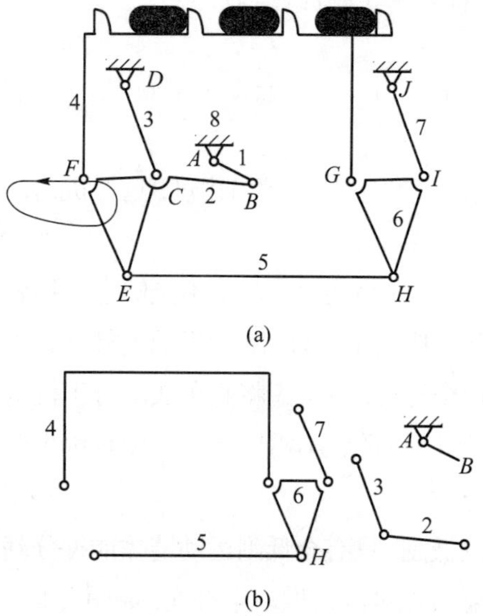

图 3.12 钢坯传送机构

3.2.5 巨型压力机

图 3.13a 表示一台巨型压力机的机构结构[22]，它是复杂的 7 环机构。它的压力头经由 4 组平行的支杆组协同工作。在机构尺寸上的特点是它具有上下 6 个平行四边形。为分析其自由度，按前述分析平面复杂机构的特点，即按是否能够拆解完整基本组以判定。从这个机构的结构看是无法直接拆解基本组的，不是可完整拆分机构，因此机构可能有过约束。这样就可依据法则 3.1 的第 3 条，再检查是否为 "可完整拆分运动链"，为此可尝试拆分某些运动副或某些构件。如果确实如此，把它们再度连接闭合，直接检查是否发生虚约束以及确定虚约束的数目。

为此这里可以从机构中拆下 KH、HE、EB 3 个杆件, 见图 3.13b, 当拆下了这 3 个杆件, 立即可见, MKL、JHI、GEF、BDN 和 ABC 5 个 2 杆组都可以依次拆下, 最后就剩下连架杆 OA。所以, 它是一个可完整拆分运动链。这时就再考虑逐个加上刚才所拆下的杆件, 并逐个闭合, 以检查是否出现过约束。这里类似前面包装机送纸机构的分析, 每闭合一个杆件将带来一个虚约束, 这里共发生 3 次闭合, 有 3 个闭合冗余约束, $\nu = 3$。回过头来再看, 拆下上述那 3 个杆件后的机构仍很复杂, 仍是具有 4 个闭环的多环机构。但由于它经检查确定是“可完整拆分运动链”, 这样就不必再拆分其余每个闭环, 也就简化了分析过程。

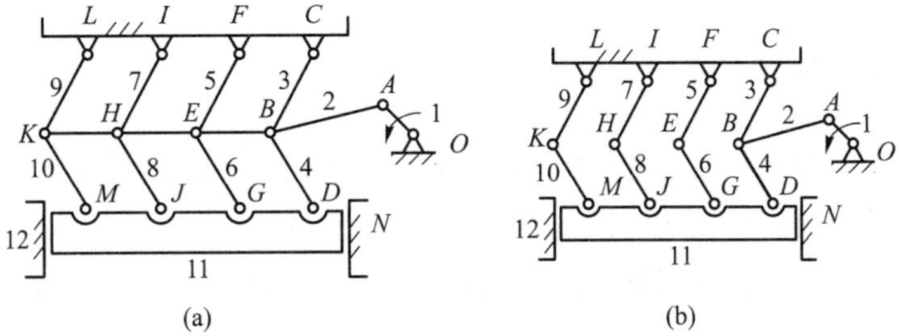

图 3.13 巨型压力机

机构共有 15 个杆件, 计及复铰在内共有转动副 22 个, 闭合冗余约束, $\nu = 3$。这样

$$M = 3(n - g - 1) + \sum_{i=1}^{g} f_i + \nu = 3 \times (15 - 22 - 1) + 22 + 3 = 1 \tag{3.23}$$

3.2.6 8 杆机构

图 3.14a 绘出一个 8 杆缝纫机送布机构[22], 为判断是否有虚约束, 按法则 3.1 尝试拆分机构。可以拆下一个包括构件 2、3、4 和 5、6、7 的含 6 个杆件的基本组, 见图 3.14b。它是图 3.2 中的 a 型 6 杆基本组, 其中构件 3 和 5 是该 6 杆组的两个中心三运动副构件, 它们分别用各自的两个运动副连接悬杆 ED 和滑块 B, 以及滑块 F 和悬杆 GH; 当分离此基本组后剩下的是两个连架杆 AB 和 AF。因此, 机构是完整可拆分机构, 机构有 9 个构件、11 个运动副, 无闭合

冗余约束, $\nu = 0$。并有

$$M = 3(n-g-1) + \sum_{i=1}^{g} f_i + \nu = 3 \times (9-11-1) + 11 + 0 = 2 \tag{3.24}$$

机构的自由度为 2, 因此两个连架杆都是原动件。

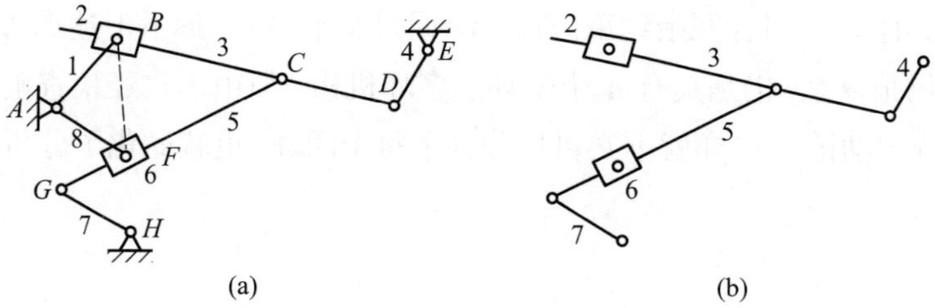

图 3.14 8 杆机构

如果将上述机构的 BF 两点以杆件相连接, 杆件 1 和 8 成了同一杆件, 若此时再拆解机构, 除能够得到一个 a 型 6 杆组外, 只能得到一个连架杆, 杆组仍是可完整拆分机构。此时仍有 $\nu = 0$, 但杆件少了一个, 运动副也少了一个。机构自由度为 1

$$M = 3(n-g-1) + \sum_{i=1}^{g} f_i + \nu = 3 \times (8-10-1) + 10 + 0 = 1 \tag{3.25}$$

3.2.7 钢坯翻钢机

图 3.15a 绘制的是一个钢坯翻钢机, 它曾用于鞍钢初轧厂, 当钢坯进入到翻钢机的四方孔中, 启动机器, 机构运转并在弧形滑道的逼迫下实现方孔绕轴线回转 90°, 带动钢坯也翻转 90°。机构中 $CDFG$ 为平行四边形, 弧形滑道的曲率中心与 E 点重合。

当分解基本组时, 可以先拿下 2 杆组 CDF, 当滚子上的高副转化为低副对应替代后, 它和 FG 杆也构成一个 2 级组, 然后再拆下二级组 HCB, 最后只剩下原动件 AB, 见图 3.15b。所以此机构自由度为 1。也没有过约束, $\nu = 0$, 机构有 8 个构件、9 个转动副和 1 个高副, 滚子高副可以经高副低代, 见图 3.15c。

$$M = 3(n-g-1) + \sum_{i=1}^{g} f_i + \nu = 3 \times (8-10-1) + 11 + 0 = 2 \tag{3.26}$$

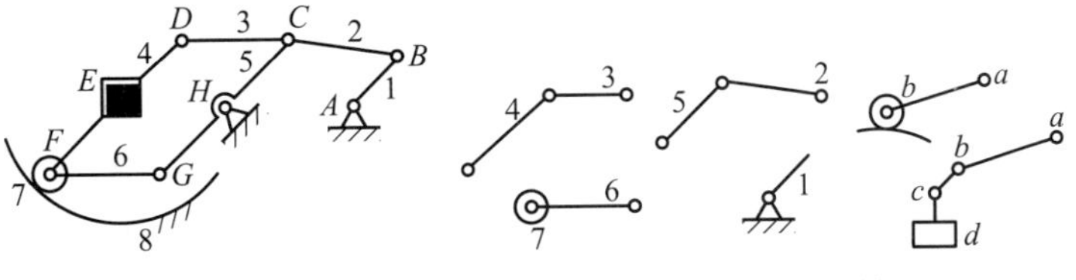

图 3.15 钢坯翻钢机

在结果的两个自由度中包括了一个滚子的局部自由度。

从这个例子还看到, 虽然机构中也有平行四边形, 但并没有因此带来过约束, 所以具有平行四边形并非有过约束的充分条件。

3.2.8 钢条飞剪机

对于较细的或很薄而又非常长的轧件, 在出厂前需要剪断成一定长度的成品, 可采用高效的飞剪来完成这项工作。图 3.16 绘制了轧钢车间的飞剪机的机构图, 钢材在不停止的高速运动过程中实现切断, 在剪切瞬间要保持剪刃与钢材运行速度的同步 (精确地说, 剪刃速度要略略高于钢条), 图中的点画线为上下剪刃的交叉轨迹。机构上下两个部分是对称的, 我们仅需分析其上部即可。机构拆解时可以先拆下 2 杆组 ABC, 再拆下 2 杆组 FHI, 剩下的 $JDEF$ 为具有 3 个自由度的连架串联链, 因此, 机构无虚约束, 是完整可拆分机构, $\nu=0$。上半部机构有 8 个构件、9 个转动副, 有

$$M=3(n-g-1)+\sum_{i=1}^{g}f_i+\nu=3\times(8-9-1)+9+0=3 \tag{3.27}$$

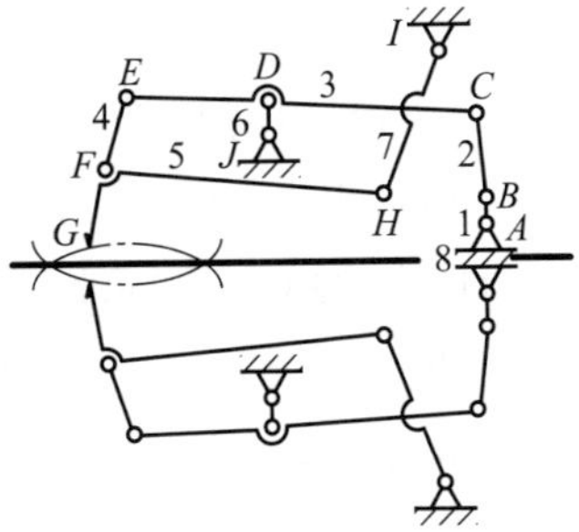

图 3.16 轧钢飞剪

机构的 3 个自由度包括: ① 作为主动剪切力驱动的原动件。② 包括调空切

的驱动: 在剪切机的概念中, “空切” 常常是为了获得加长的钢材尺寸, 上下剪刃做一定数目的空转, 它们因为剪刃没有重合而没有发生剪切, 称为空切; 数个周期空转之后上下剪刃突然拉近距离重叠而实现剪切。③ 第 3 个主动件是为了调节上下剪刃之间的侧隙, 两个剪刃之间合适的侧隙大小可以提高剪切的质量, 在需要调节剪刃侧隙时才启动这个主动件, 当调整好之后就固定不动。所以这也是一个变拓扑的 3 自由度机构。

3.2.9　2 自由度钢坯定尺机

图 3.17 绘制了大型轧钢车间的定尺机[22]。对于大型钢坯, 剪切时需要的力和能量都特别巨大, 这只能在钢坯静止状态下剪切。为了在静止状态下剪切大型钢坯, 同时为了获得不同长度的钢坯, 在生产线上安装有拦阻钢坯的 “定尺机”。剪切机在生产线上的位置是固定的, 定尺机本身在悬挂的上梁上可以前后移动以调节达到所需要的钢材长度尺寸。如图 3.17, 钢坯从左边辊道上传送过来, 定尺机的挡头 H 从空中放下, 挡住钢坯让它停下并保证需要的长度, 左边的大型剪切机 (图中未画) 按确定的长度进行剪切。完成剪切后, 定尺机的挡头再抬起来让剪切完的钢坯向前传送过去。

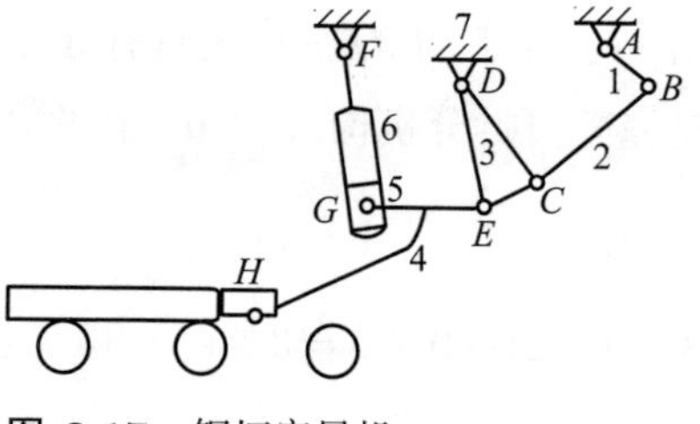

图 3.17　钢坯定尺机

分析自由度时要考虑机构能否完整拆分为基本组, 这里可以先拆下 2 杆组 ABC, 再拆 DEG, 剩下是两个自由度的串联链 FG (含滑块)。由此看, 机构具有两个自由度。也可以这样来拆分, 先拆下 2 杆组滑块 G 和杆 4, 左边剩下一个连架杆 6, 再拆分 2 杆组 DCB, 右边又剩下一个连架杆 1。可见它是一个可完整拆分机构。剩下的两个分离的连架杆说明机构有两个自由度。

若从公式计算, 此时机构没有过约束, $\nu = 0$, 机构有 7 个构件、7 个转动副、1 个移动副

$$M = 3(n-g-1)+\sum_{i=1}^{g} f_i + \nu = 3\times(7-8-1)+8+0=2 \tag{3.28}$$

机构具有 2 个自由度, 不难想象该机构设计得很是巧妙, 为什么它要有 2 个自由度呢? 在正常工作时 1 个自由度就可以了, 但若发生操作错误就需要另一个自由度。在调整好要求的尺寸长度后定尺机的前后位置是不动的, 钢坯是沿传送辊道运动前来, 若钢坯已经跑过了头, 跑到定尺机挡头的下面, 而定尺机的挡头又正在下落, 此时若无法立即停止挡头的下落, 马上就可能损坏机械。为了避免发生此种事故, 机构采取了 2 个自由度, 当要卡住时, 机构 G 处滑块被下面的钢坯抬起, 从而避免事故。

正常工作时, 滑块 G 依靠重力稳定地位于滑道 FG 的下端, 不发生相对运动, 机构以一个自由度运转。当突发偶然事故时, 第 2 个自由度立即启动, 抬起挡头, 保护设备。这个机构正是一个变拓扑结构、变自由度的机构, 它早在 20 世纪 50 年代就已经应用于苏联援助的鞍钢轧钢生产线上。其实在轧钢自动生产线以及其他许多自动化生产线上都有类似的变拓扑结构、变自由度的机构。现在这种变拓扑结构、变自由度的机构又称为“变胞机构”。这种变拓扑结构、变自由度机构在实际工程中具有重要的应用价值, 如果能开发出更多的这样的应用将是非常有意义的工作。

从这个例子还可以看到存在一个机构学的理论问题。对于多自由度机构, 为了保证机构具有确定运动条件, 机构的主动件的数目要等于机构的自由度的数目, 这是总的普遍原则。而这个机构显然只有一个主动件 AB, 那么它是怎样保证实现确定运动的呢? 这里的稳定运转条件是构件 4 和滑块本身的综合的重量, 若这个重量足够大, 将滑块始终压在滑槽的底端, 也不至于因机构运转时构件 4 产生的惯性力让它跳起, 以保证正常工作时自由度为 1。这种约束称为动力约束, 具有稳定的动力约束也能够保证机构实现稳定的运动。类似这样的动力约束的类型还有许多, 如各种弹簧, 机构中附加的对重 (配重) 等, 在多自由度机构设计中经常用到动力约束这个概念。

图 3.18 是另一种定尺机结构, 它也有 2 个自由度。这种结构除了具有与上述相同的保护作用外, 其后部安装的弹簧又有缓冲的作用, 效果更好。

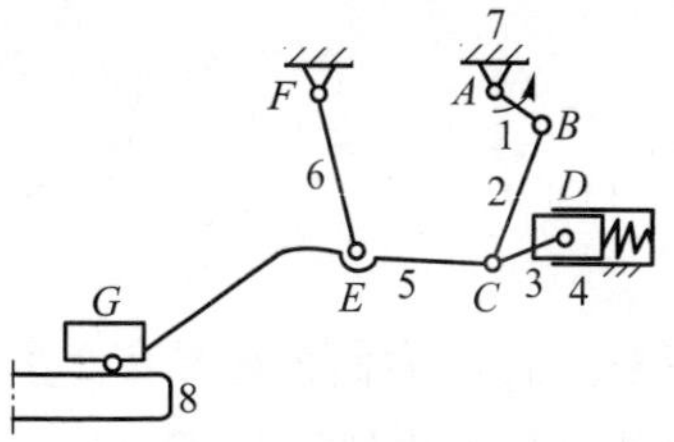

图 3.18 具有弹簧缓冲的钢坯定尺机

3.2.10 切纸机

图 3.19 中绘出的是切纸机的机构, 大切刀在曲柄的拉动下由两个滑块引导而切下, 将已经被夹住的一打纸整齐地切开。为判定机构的自由度, 首先需要判断机构是否存在过约束。按照判断过约束的原理, 就要看看机构能否完整地拆为基本组。

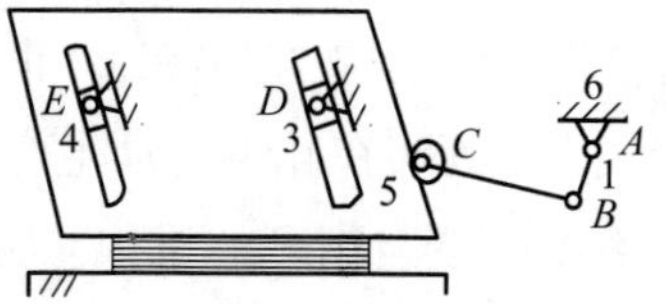

图 3.19 切纸机

这个机构并不复杂, 它有一个 4 杆悬杆基本组, 构件大切刀 DEC 就是 4 杆悬杆组的中心三角杆构件, 3 个悬杆分别是 BC 以及两个滑块 D 和 E; 拆下 4 杆悬杆组后剩下的就是一个连架杆 AB。所以这个机构是一个可完整拆分机构, 机构没有过约束, $\nu = 0$, 机构只有一个自由度。这也可以用公式验证, 机构有 6 个构件、7 个运动副

$$M = 3(n - g - 1) + \sum_{i=1}^{g} f_i + \nu = 3 \times (6 - 7 - 1) + 7 + 0 = 1 \tag{3.29}$$

3.2.11 液压压力机

图 3.20 所示是可以实现两次增力的大型压力机[22], 液压缸的压力方向向下, 作用于 CBG 2 杆组上。由于角度的关系, 压力第一次被放大, 力又经分解沿着 BC 和 BG 两杆方向作用于另两个 2 杆组 DCE 和 HGI 上; 也是因为角度的原因, 力量再次被放大, 最后作用于压力机的滑块压头上。机构具有对称性,

且 $BC = BG, CD = CE = GH = GI$。

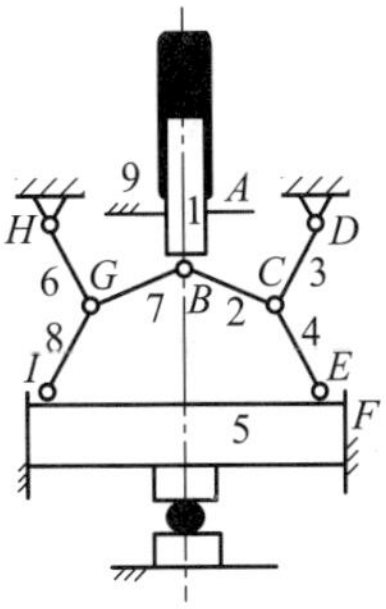

图 3.20 液压压力机

为分析机构的自由度, 先要判断机构有无过约束, 显然, 此机构是不可能直接拆分为完整的基本组, 是非可完整拆分机构, 机构可能有过约束。这样我们就再试图看看其是否为比较简单的可完整拆分运动链? 于是采取先拆下一个构件, 考查剩下的杆组。确实如此, 这里先拆下杆件 BG, 剩下的杆组由 2 杆组 HGI、FEC 和 DCB 3 个 2 杆基本组再加上原动件液压缸的主动滑块构成。由于机构的对称性和上述尺寸特点, 拆下 BG 杆后的 BG 两点的距离运动中始终不变, 不难确定, 将拆下的 BG 杆重新闭合上时会出现一个过约束, $\nu = 1$。若按公式计算, 机构有 9 个构件、12 个运动副, 有一个过约束。有

$$M = 3(n - g - 1) + \sum_{i=1}^{g} f_i + \nu = 3 \times (9 - 12 - 1) + 12 + 1 = 1 \tag{3.30}$$

因而机构的自由度为 1。

3.2.12 绘图仪

图 3.21 所示的绘图仪是过去手工绘图的一个辅助工具[22]。它是一个 2 自由度机构, 由平行布置的两个连架杆连接一个中心构件, 此构件上再连接平行的两个连杆, 再连接末端竖杆, 其上固定 L 形绘图角尺, 角尺可以在图板上做两维平行运动, 协助绘出两个方向的平行线。该机构有 7 个构件、8 个转动副。

为分析此机构的自由度, 首先要判别有无虚约束。这里我们不采取先拆杆以判别是否为完整基本组的做法, 而是按法则 3.1 的第 3 条, 先将此机构视为两个完整机构 $ABCD$ 和 $EFGH$ 的串联。这样就很容易判别, 每一个机构都是一

个单自由度的平行四边形机构, 于是就知道了机构有 2 个自由度。机构也无过约束, $\nu=0$。用公式计算也得到了相同的结果

$$M=3(n-g-1)+\sum_{i=1}^{g}f_i+\nu=3\times(7-8-1)+8+0=2 \tag{3.31}$$

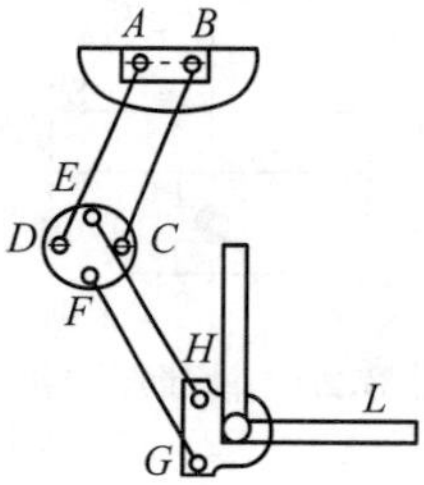

图 3.21 绘图机构

3.2.13 连杆传动机构

图 3.22a 是用作平行轴 A 和 J 之间的传动机构[22], 一般平行轴之间的传动是经由齿轮转换, 这里却是用连杆机构实现的。为研究机构的自由度, 也得先检查过约束, 它似乎具有类似于图 3.21 结构的机构, 然而应用法则 3.1, 发现它由原动件加上一个复杂的 6 杆基本组 e 构成, 见图 3.2e, 它和图 3.21 绘图机构在基本组的结构上是完全不相同的。这个基本组的 3 个外铰, 一个在 3 副杆上, 另两个在 2 副杆上, 这里 3 副杆上的外铰就是图中的转动副 J, 而另外两个 2 副杆上的外铰就是连接到原动件上的 BC 两个转动副, 机构也是一个可完整拆分机构。无过约束, $\nu=0$, 机构有 8 个构件 (按图所示, $DFEG$ 四边形是一个构件)、10 个运动副, 机构自由度按公式计算为

$$M=3(n-g-1)+\sum_{i=1}^{g}f_i+\nu=3\times(8-10-1)+10+0=1 \tag{3.32}$$

对比上述两个例子, 初看起来两者结构似乎相似, 经过分析发现, 它们的构成基本组却相距甚远, 这是很有意思的两个例子。

3.2.14 卧式锻造机

图 3.23 所示为两种具有保险机构的卧式锻造机[22]。这里先分析第 1 种机构, 见图 3.23a。主动曲柄 AB 旋转, 驱动右侧锤头往复运动完成锻造工作。在

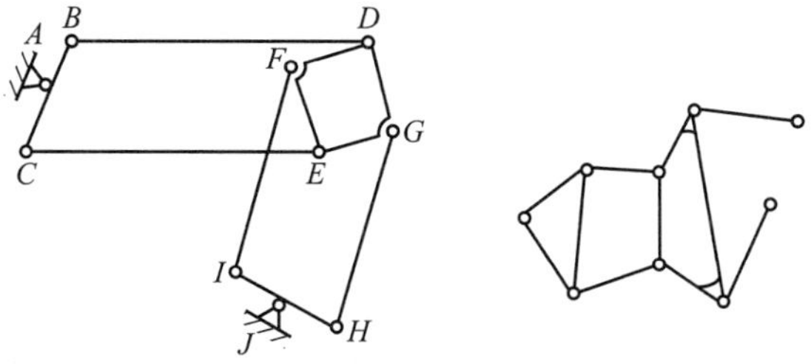

(a) (b)

图 3.22 连杆传动机构

连杆 EF 中间的点 H 处有一个安全螺栓, 当锻压力过载时, 过载螺栓会被拉断, 机构就如此多了一个自由度, 保护了机械系统。类似的安全保护装置在机械设计中经常用到。

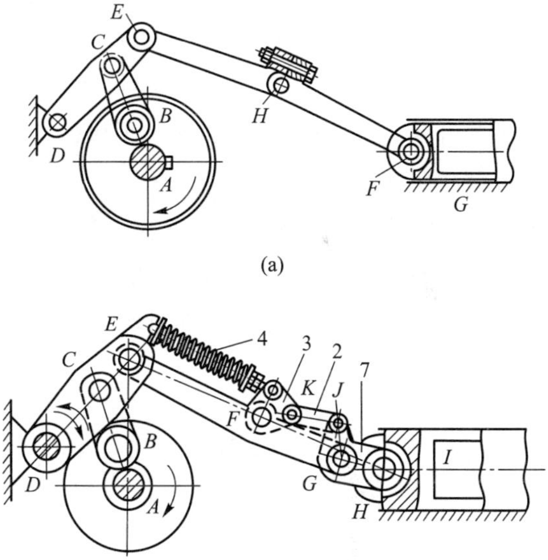

(b)

图 3.23 卧式锻造机

为分析其自由度, 对两种工作状态分别讨论。

(1) 正常工作时, 安全螺栓拉紧, EHF 没有相对运动成了一个构件。此时为判别是否有过约束, 经过拆分机构, 可以看到该机构可以分解为完整的基本组, 即 2 杆组 EFG、DCB 和一个连架杆 AB。因此, 机构无过约束, $\nu = 0$, 且这

是 1 个自由度的机构。按自由度公式计算会得到相同的结果

$$M=3(n-g-1)+\sum_{i=1}^{g}f_i+\nu=3\times(6-7-1)+7+0=1 \qquad (3.33)$$

(2) 过载时, 安全螺栓被拉断, EHF 成了两个杆件。为判断有无过约束, 也要检查是否可能拆分为完整的基本组。此时可以先拆除 2 杆组 EHF, 右边剩下连接机架的滑块 G, 左部再继续拆下 2 杆组 DCB, 剩下的也是一个连架的 AB 杆。这时也拆出了完整的基本组, 证明机构无过约束, $\nu=0$, 有

$$M=3(n-g-1)+\sum_{i=1}^{g}f_i+\nu=3\times(7-8-1)+8+0=2 \qquad (3.34)$$

对于图 3.23b 的第 2 种安全方案, 正常工作时在弹簧力作用下, EG 和 GH 两个构件保持刚性连接, 它们之间不发生相对转动, 机构处于正常的工作状态, 这种情况下的自由度分析与图 3.23a 一样, 不再重复。当负荷超载时, 来自右面的外力转动曲杆 HGJ, 经连杆 JK 传达到 KF 杆并压缩弹簧, 此时 EG 和 GH 两杆之间发生相对转动, 从而保护了机械的安全。变化前后两种状态机构结构不同, 自由度也不同。

为分析后种情况下是否具有过约束, 我们来拆分机构, 从机构末端开始, 首先拿下 2 杆组 FKJ。当拿掉 FKJ 后, 可以看到此时剩下的机构正是上面的第 2 种情况, 也就是说是不存在过约束, $\nu=0$。机构有 9 个构件、11 个运动副。按公式有

$$M=3(n-g-1)+\sum_{i=1}^{g}f_i+\nu=3\times(9-11-1)+11+0=2 \qquad (3.35)$$

3.2.15 具有弹簧保险的加压机

图 3.24 也表示一个具有弹簧保险的压力机[22], 压头在正常负荷和弹簧的共同作用下杆件 2 只做微小的转动。若发生压头过载, 杆件 2 转动使弹簧大幅度压缩, 保护了机械, 对机构起到安全防护作用。为分析是否有过约束, 进行机构拆分, 这里从远端开始。首先拆下基本组滑块 I 和杆件 IG, 接着是 2 杆组 HGD、LKJ 和 FEC, 剩下是与机架相连的具有两个自由度的串联链 ABC, 这是可完整拆分机构, 剩下的 ABC 串联链表示了机构具有 2 个自由度。机构

没有过约束, $\nu=0$。按公式计算, 有

$$M=3(n-g-1)+\sum_{i=1}^{g}f_i+\nu=3\times(11-14-1)+14+0=2 \tag{3.36}$$

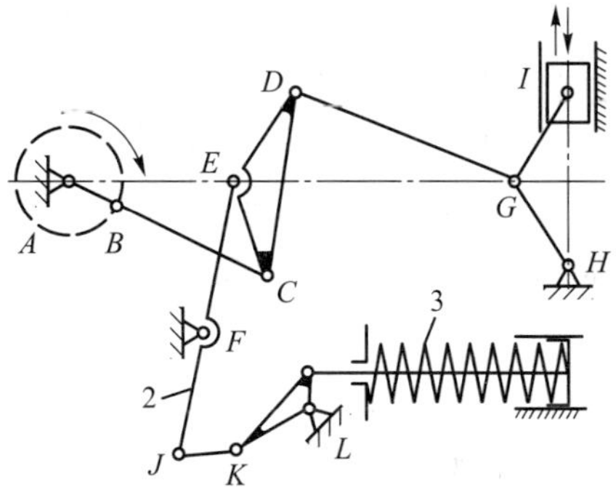

图 3.24　具有弹簧保险的加压机

3.2.16　行程倍增曲柄机构

图 3.25 显示一个行程倍增的曲柄机构, 它用作空气压缩机[22], 其活塞的行程是曲柄长度的 4 倍, 放大了行程。这个机构明显是可完整拆分的, 它可拆分为 2 杆组滑块 F 和连杆 EF, 2 杆组 DCB, 再加上一个与机架连接的原动件曲柄 AB。因此机构具有一个自由度, 且机构没有过约束, $\nu=0$, 有

$$M=3(n-g-1)+\sum_{i=1}^{g}f_i+\nu=3\times(6-7-1)+7+0=1 \tag{3.37}$$

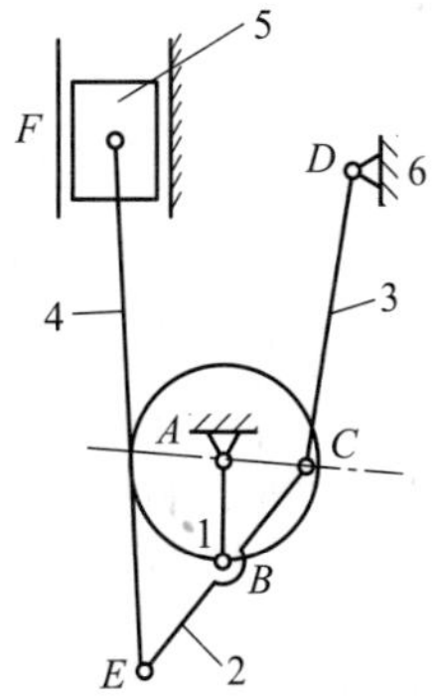

图 3.25　行程倍增曲柄机构

3.2.17 锯石机平动机构

图 3.26a 所示为一台锯石机的平面连杆机构[25], 其锯条连杆 CHL 可以做平动运动。此机构尺寸上的特点是, $DEGH$ 和 $IJKL$ 为两个呈反向平行的四边形, 其对边长度相等。为分析自由度同样要确定是否有过约束。按照一般规则要先检查能否拆出完整基本组, 是否为完整可拆分机构。经过检查, 虽然不可能从此机构中拆出 2 杆基本组、4 杆基本组和 6 杆基本组, 但确实机构除了原动件 AB 外, 所有杆组和运动副构成了一个 8 杆 12 副基本组, 为了验证其是否为基本组, 按式 (3.2) 检查

$$3n - 2p = 8 \times 3 - 12 \times 2 = 0$$

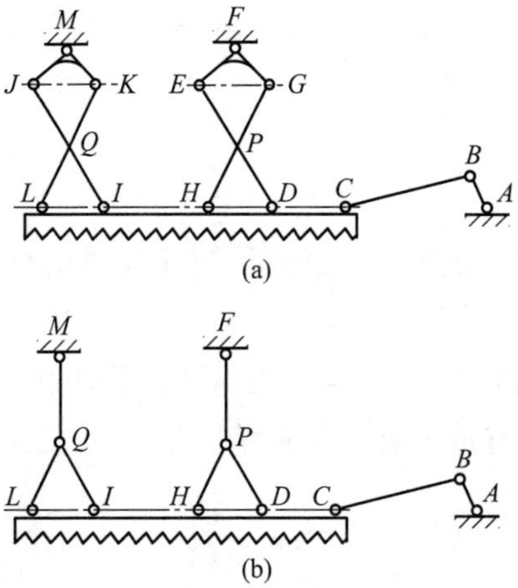

图 3.26 锯石机平动机构

这确实是在本书 3.1.1 节中所没有介绍过的一种基本组类型[20], 因此说它是可完整拆分机构。由此可以确定, 机构中不含附加的过约束, 没有闭合冗余约束。

[20]作者分析这个题目时, 在检查中依次确定了这个机构不能拆出 2 杆基本组、四杆和任何一种六杆基本组后, 就认为此机构是一个非完整可拆分机构, 于是曾经尝试从反平行四边形杆组中拆下杆件 ED 和 IJ 两个杆件, 拆下这两个杆件后, 运动链确实变成了完整可拆分运动链。可是此时得到的连架串联链却是 3 自由度链。反过来想, 若再加上拆下的杆却不像是增加过约束, 倒是给定了实约束。这就不对了。联想第 2 章的例 2.4 平面三平行杆五杆 Norton 机构, 当拆下 EF 问题就清楚了, 若再过多地拆下 BC 杆, 问题的性质就要变化, 就不对了。所以从此例可以看到对非完整可拆分机构分析时, 当每拆下一个杆件就要立即进行检查, 不然反而会导致错误的结果。

那么此 3 阶平面机构, $d=3-\lambda=3, \nu=0$。机构有 10 个构件、13 个运动副, 有

$$M=3(n-g-1)+\sum_{i=1}^{g} f_i+\nu=3\times(10-13-1)+13+0=1 \tag{3.38}$$

这里再来讨论为什么说锯条的运动为平面运动。机构中锯条的运动可以看成一个平面并联机构的输出平台的运动, 连接这个平台有 3 个分支, ABC 分支是个 2 杆基本组, 对平台不产生约束, 也就可以将它拿掉; 另两个分支是两个 3 杆混联组, 即 $DEFGH$ 和 $IJMKL$, 这两个分支是怎样约束锯条的运动呢? 这里先分析 $DEFGH$ 混联组, 3 铰杆 EFG 以铰链 F 连于机架, 又用两个杆件 DE、GH 以反平行四边形连接锯条。锯条相对 EFG 杆是一个 4 连杆机构。我们知道, 4 连杆机构的两个连架杆对应的两条直线之交点就是连杆的瞬时转动中心, 那么, 这里 P 点即是对应两个连架杆之交点, 因此 HD 相对 EG 的运动就可以看做锯条相对两个连架杆之交点 P 的瞬时转动运动 (P 点是该位型下锯条的相对瞬时转动中心)。从这个观点分析, 这个分支就转化为一个具有两个转动副的串联链 FP; 对应的另一个分支 $IJMKL$ 则也可以转化为具有两个转动副的串联链 MQ; 而 MQ 平行于 FP, 在这个位型下, 锯条这部分机构就相当一个"平行四边形"这样的 4 连杆机构, 锯条受约束而做平动运动, 见图 3.26b。读者还可以讨论, 如果处于另一种位型下是否也能够保证锯条做平动?

本例之运动也可以用螺旋理论严格来证实, 这里请读者自证。

3.3 复杂平面机构的自由度分析

3.3.1 三分角度仪

图 3.27a 是一个"三分角度仪"机构[26], 其形状像个扇子。过去在手工绘图的情况下, 要准确绘出一个角度的 1/3 是很困难的, 于是就发明了这么一个三等分角度绘图仪。现在虽然不需要再应用这个机构去绘图, 但就机构学的历史观点看, 它是有意义的, 设计也很巧妙。这里我们仅仅分析其自由度。机构在几何上有对称性, 且对应杆件尺寸相同。可以看到机构是由汇交于一个中心点 O 的一组呈扇形分布的杆件构成, 其上连接了许多交叉分布的杆件和滑块。这里如何依据本文中介绍的基于"基本组"的方法分析其自由度?

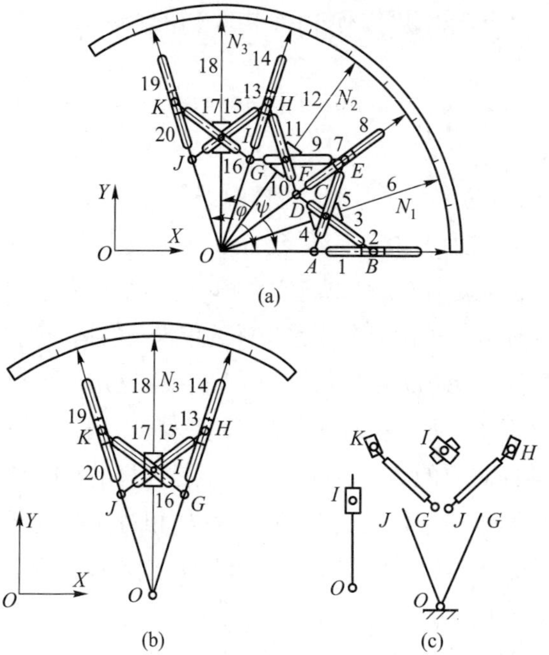

图 3.27 三分角度仪

这个机构比较复杂, 如何找到藏匿其间的过约束是一个比较困难的问题。为使其简化, 借助本文提出的简化理论, 首先要判断它是否是完整可拆分机构, 如其不然, 则要深入发掘存在机构中的过约束。依此机构结构上的对称性, 可以先单独取出其 1/3 结构的子扇来讨论, 见图 3.27b。当考虑欲将其中独立的基本组拆出时, 首先分析位于点 I 处的滑块 17 和竖杆 18, 它是一个 2 杆基本组, 可以拆出; 接着再次考虑点 I 的连接结构, 这里应该有一个圆柱销子, 此销子不仅向下以转动副连接滑块 17, 而且在上端先后用两个圆形高副在两个槽中与杆 15 和 17 相连。对这两个高副都采取高副低代, 转化为两个滑块, 并分别在杆 15 和 17 的两个槽中滑动, 两个滑块之间又以转动副相连。此两个滑块和其间的转动副共同构成一个基本组, 如图 3.27c 所示。当再将这个基本组拆下后, 剩下的就很容易进一步完整地分解。由此分析过程可见这个机构是一个可完整拆分机构, 机构中没有过约束, $\nu=0$。

这个机构有 23 个杆, 其中 20 个杆已标注于图 3.27 中, 还有位于点 C、F、I 3 处没有标注的 3 个销子; 此外机构还有 6 个高副、7 个移动副和 21 个转动副, 机构没有过约束, $\nu=0$, 所以

$$M = 3(n-g-1)+\sum_{i=1}^{g} f_i+\nu = 3\times(23-34-1)+40+0 = -36+40+0 = 4 \quad (3.39)$$

在这 4 个自由度中包括有 3 个局部自由度, 就是那 3 个销子, 它们可以在销孔中自由地转动, 不影响机构的输出自由度。

对于这个机构的自由度分析, 由于我们已经校验过它没有过约束, 所以可以放心地说, 结果是可靠的。另外可以看到, 虽然机构是对称的, 且有许多明显的几何特点, 但机构并没因此而有过约束。

3.3.2 4 缸活塞空气压缩机

图 3.28 表示一个 4 缸活塞空气压缩机[13], 其主动件是一个安装于中心的具有复杂轮廓曲线的对称凸轮, 它旋转时推动 4 个方向的 4 个滚子, 4 个滚子以转动副带动 4 个滑块, AB、CD、EF 和 GH 做各自方向的往复运动, 4 个滑块以不同的相位压缩 4 个气缸里的空气。4 个滚子用 4 个连杆连成菱形。4 个连

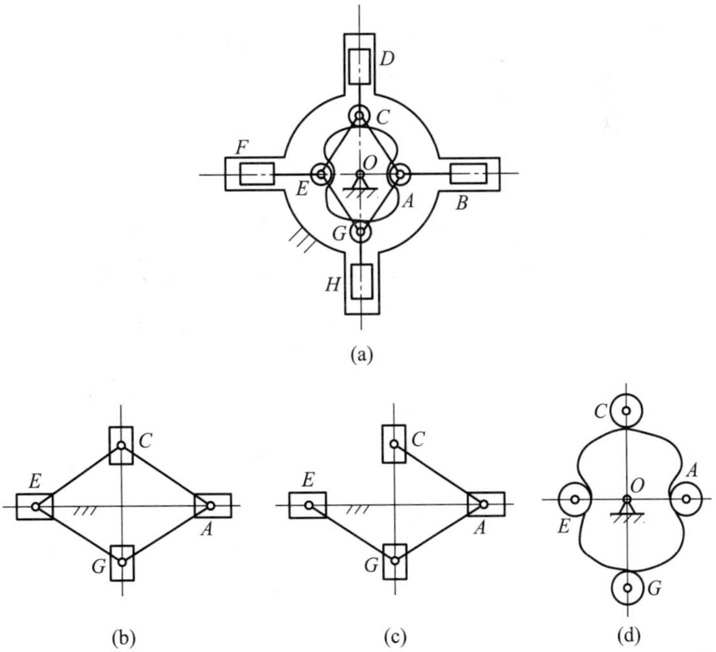

图 3.28 4 缸活塞空气压缩机

杆的长度相等, $AC = CE = EG = GA$。

(1) 先分析图 3.28b 的滑块连杆机构, 它包含 4 个连杆和 4 个滑块, 显然它也不可能完整拆分为基本组。于是, 这里就首先尝试拆下 EC 杆, 当拆下 EC 杆后, 如果其余部分就是可完整拆分的运动链, 那么就可以通过检查 EC 再闭合时是否带来过约束来发现这部分运动链中存在的过约束。为此, 可以看到当拆下 EC 后, 见图 3.28c, 就可以继续再拆下 2 杆组, 包括滑块 E 和 EG 杆, 然后拆下包括滑块 G 的 GA 2 杆组, 以及包括滑块 A 的 AC 2 杆组, 最后剩下一个与机架相连的滑块 C。也就是说, 当拆下 EC 杆后, 剩下的部分可以完整地拆分为基本组。

这样, 当再将 EC 杆闭合到此机构中时, 检查其带来过约束, 这个过约束就是这个子机构存在的过约束。由于机构的几何对称性和 4 杆的 4 个长度相等, EC 杆的再度闭合将只能给图 3.28b 的封闭 4 滑块机构带来 1 个虚约束 (保持长度相等), $\nu_1 = 1$。按公式分析, 有

$$M = 3(n - g - 1) + \sum_{i=1}^{g} f_i + \nu = 3 \times (9 - 12 - 1) + 12 + 1 = 1 \tag{3.40}$$

所以这个封闭 4 滑块机构 (图 3.28b) 的自由度为 1。机构中含一个虚约束。

(2) 为了完成整个 4 缸活塞空气压缩机的机构自由度分析, 这里就要将中央凸轮系统 (图 3.28d) 再度加入到封闭的 4 滑块机构之中。这里考虑先分别将 4 个滚子连接到封闭 4 滑块机构对应的 4 个铰链的点位上, 其后再将凸轮放入。当凸轮放入并先仅和其中一个滚子 A 接触, 因为上面已经证实封闭 4 滑块机构是单自由度机构, 以一个凸轮副去推动封闭 4 滑块机构的一个滑块是没有问题的, 凸轮轮廓的向径是变化的, 总可以找到合适的接触点, 不改变机构自由度, 也不会带来虚约束。

这时, 欲再使凸轮正确地接触第 2 个滚子 C。这个闭合能够发生就要求凸轮在该点有足够的向径长度, 凸轮才能接触到滚子, 这样就对凸轮轮廓设计有一定要求。这里考虑到凸轮有标准的对称外形和规范的尺寸要求。这个问题从另一面看, AC 的长度也是一个问题, 只有长度合适才能够使凸轮与滚子接触。这里因凸轮要能够接触滚子而有对其向径长度的要求 (这是一个约束), 以及为了能够接触对 AC 杆长度也有要求 (约束), 若这两个要求使尺度达到一致, 就能够成功地连接, 即此成功连接必有一个是虚约束。同样, 另两个凸轮滚子要能够

连接上也会带来虚约束, 这样看来, 将 4 个凸轮系统放到封闭 4 滑块机构中会带来 3 个虚约束, $\nu_2 = 3$。

从整个机构来看, 有 14 个构件, 在 $ACEG$ 这 4 个点上, 每个点处有 3 个转动副, 机构共有 13 个转动副、4 个移动副, 还有 4 个高副。运动副的自由度为 25, 机构共有 4 个虚约束, $\nu = \nu_1 + \nu_2 = 4$。所以机构的自由度按公式有

$$M = 3(n - g - 1) + \sum_{i=1}^{g} f_i + \nu = 3 \times (14 - 21 - 1) + (17 + 8) + 4 = 5 \qquad (3.41)$$

整个机构有 5 个自由度。考虑到它有 4 个圆形滚子, 是 4 个局部自由度, 机构实际的输出自由度还是 1。

分析到这里, 还可以发现一种更加简单的方法, 那就是将机构的 4 个拉杆 AC、CE、EG 和 GA 先一起拆下, 当拆下这 4 个构件后, 剩下的凸轮推杆机构是一个完整的单自由度机构, 凸轮分别推动 4 个推杆, 这中间不会有任何过约束。过约束一定会发生在当 4 个拉杆 AC、CE、EG 和 GA 再度闭合时。如同前面的分析, 每加上一杆闭合之, 必发生一个过约束, 4 个杆的闭合过程就带来了 4 个过约束。上述两种思路也就可以这样互相验证。上述加上 4 个连杆的目的是使滑块能够主动收回, 便于工作, 巧妙在此, 但带来的过约束却使精度要求提高。特别是, 上述分析仅仅是针对一个位型, 当要连续转动, 每个位型都要保持正确接触, 凸轮的轮廓曲线的设计和加工的精度则要求非常高。

3.3.3 复杂连杆滑块机构

图 3.29a 为一个比较复杂的连杆滑块机构, 几何上看很有特点, 这个机构是否有过约束很难直接判断, 机构也不容易分解。

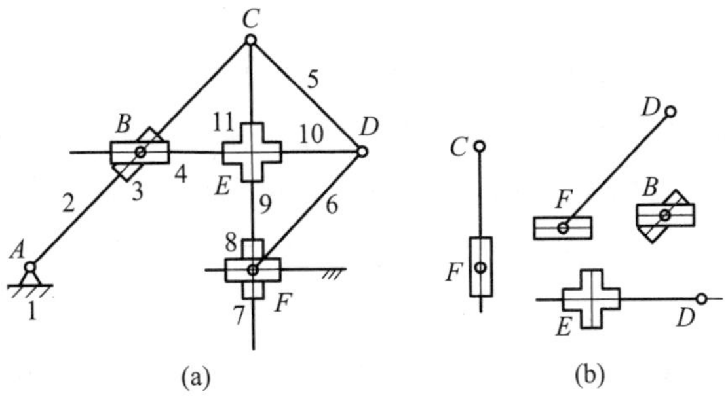

图 3.29 复杂连杆滑块机构

这个机构结构上比较复杂, B 点处有两个滑块, 其间还有一个转动副, 在 F 点处有 5 个构件汇聚, 对应有 4 个运动副。分析机构的自由度先要判断机构中有无过约束, 这就要尝试拆分基本组。

对于这个复杂机构, 应该从何处开始拆呢? 这里我们应先拆下 B 处的 2 杆组, 包括 B 处的两个滑块 3 和 4, 以及对应两个滑动副之间的转动副; 接着拆下 DE 处的 2 杆组, 包括杆 10 和具有两个滑动副的杆 11 和转动副 D; 此时考虑再拆下 2 杆组 CF, 包括杆 CF 杆和滑块 8 以及两个滑块之间的转动副; 最后再拆下连接机架的滑块 7 和杆 6。这样看, 剩下的就是一个包含连于机架的两个杆件 AC 和 CD 的串联链, 见图 3.29b。由此看到它是一个可完整拆分机构, $\nu = 0$, 因此机构中必无过约束。机构共有 11 个构件、14 个运动副 (B 处 3 个, F 处 4 个), 自由度按式 (2.13) 有

$$M = 3(n-g-1) + \sum_{i=1}^{g} f_i + \nu = 3 \times (11-14-1) + 14 + 0 = 2 \tag{3.42}$$

这个机构几何上很特殊, 似乎存在过约束, 经分析后确定并没有过约束, 此外分解基本组也是很有意思的。

3.3.4 初轧翻钢机

图 3.30a 所示为一台翻钢机, 用在钢锭初轧机旁。它也是一台设计十分巧妙的变拓扑机构。在钢锭初轧的轧钢生产线上, 钢锭要被轧成长条的钢坯。轧制中在初轧机前要左右移动钢坯, 以对准不同的轧制孔型。此外, 还要求不断地将钢坯翻转 90°, 那是要求钢坯上下左右 4 面都要经受压下的轧制, 这不仅是为了延伸轧件, 也是为了提高压缩比, 以提高轧件的质量, 因此轧制过程中经常要把钢锭移动和翻转。图 3.30a 就是初轧生产线上的翻钢装置[22], 翻钢机是一台复杂的机械装置。正常轧制时期, 翻钢机要退出辊道宽度之外, 当需要翻钢时, 它才进入辊道的缝隙中, 翻钢钩在上抬的过程中翻转钢锭。

电动机带动第一个主动的曲柄 1, 拉动连杆 2, 带动主梁 3, 主梁在滚子 H 的支持下可以前后移动; 主梁的移动又使 ED 杆摆动, 3 个齿轮构成的差速器也左右摆动, 这时齿轮 4 随着绕固定轴齿轮 5 滚动, 齿轮 4 的转动能驱动推杆齿条 8 相对移动, 推杆齿条的移动经 9、10、11 和 12 这 4 个杆件带动翻钢钩上下移动, 当翻钢钩插到辊道下面再提起时, 就钩起大钢坯并翻转钢坯; 同时第 2 个

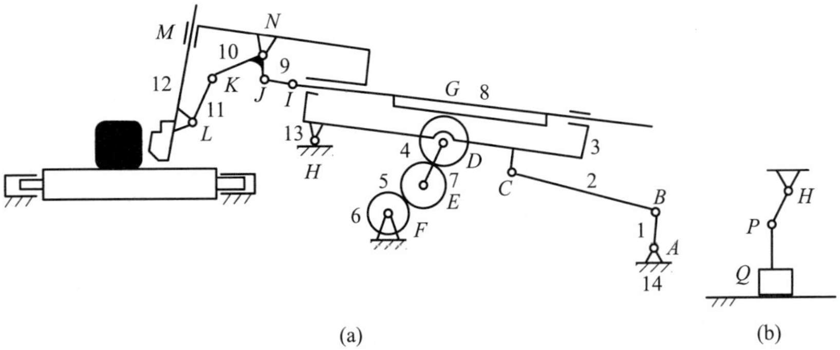

图 3.30 翻钢机

主动的齿轮 6 的旋转用来驱动差速器齿轮 5, 以改变齿轮 4 的相对转速, 达到移动翻钢机和翻钢两个运动的协调。

由于这个机构比较复杂, 为判断机构有无过约束, 这里先把它分为两个部分。可以先固定曲柄 AB, 由此包括构件 1、2、3、7 也都被锁住了, 这里构件 3 是一个大横梁, 不仅齿条固定其上, 推杆 8 横穿其中, 还包括结构上延伸到前端的辅梁 NM。此时, 当主齿轮 6 旋转时, 带动齿轮 5 和 4 旋转, 经与齿条啮合推动齿条 8 移动, 而带动钩子运动。分析这部分机构, 可以从其上完整地拆下两个 2 杆基本组 MLK 和 NJI, 剩下的滑块齿条和 3 个串联齿轮是传动系统主动件, 这个部分是一个可完整拆分的部分, 具有 1 个自由度。所以这部分机构没有过约束, $\nu_1 = 0$。

这时再看另一部分机构 $ABCDEH$, 这里的 H 指安装于构件 3 上的滚子 H, 分析这部分子机构中有无过约束。考虑到滚子是高副接触, 分析时, 以高副低代变换, 如图 3.30b, 增加构件 PQ 和两个运动副: 转动副 P 和移动副 Q。明显地, 这部分机构也是可以完整地拆分, 可拆分成一个具有 3 个悬杆的 "四杆悬杆组" $BCDEHP$, 其中 CDH 是此 4 杆悬杆组的具有 3 个铰链的中心构件, 3 个悬杆分别是 BC、DE 和 HP。剩下了两个分离的连架杆 AB 和 PQ, 具有两个自由度。所以, 经过高副低代后, 可以判断这部分杆组也是可完整拆分机构, 也没有过约束, $\nu_2 = 0$。

整个机构应用通用自由度公式计算自由度, 包括机架共有连杆 9 个、齿轮 3 个和一个滚子 H; 由于滚子 H 处有轴线重合的两个转动副 P 和 H, 按螺旋理论, 两个轴线表示的螺旋是线性相关, 这里就有一个局部自由度。

包括机架机构共有 14 个构件、14 个转动副 (D 和 E 是复铰)、2 个移动副、4 个高副 (3 个齿轮啮合副和 1 个滚子高副)。机构没有过约束, $\nu = \nu_1 + \nu_2 = 0$。按公式计算有

$$M = 3(n-g-1) + \sum_{i=1}^{g} f_i + \nu = 3 \times (14-20-1) + 24 + 0 = 3 \tag{3.43}$$

其中包括了滚子的局部自由度, 去掉局部自由度, 机构的工作自由度有两个, 这两个自由度的配合运转使机构完成推钢机的移动和翻钢两个动作, 并充分地协调, 这是一个十分聪明的设计。

由该翻钢机机构自由度的分析可以看到, 把整个机构如上分成两个部分来讨论十分方便。所以, 在进行任何问题分析时要注重: 具体问题具体分析。

3.3.5 13 杆变拓扑 2 自由度大剪

图 3.31a 所示是一个轧钢生产线上的钢坯大剪[27], 它也是一个设计很巧妙的变拓扑结构的 2 自由度的剪切机构, 采取两个自由度的目的是为了避免剪切时不直接将巨大的剪切力施加于钢坯的输送辊道上。

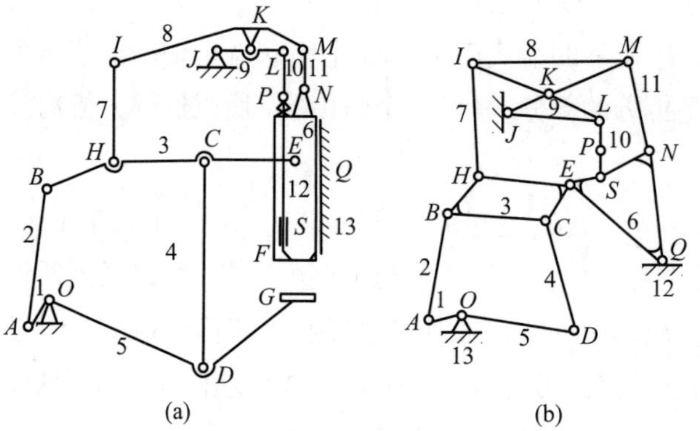

图 3.31 2 自由度变结构 13 杆大剪

工作开始时, 见图 3.31a, 曲柄 OA 转动, 开始是空行程, 下剪刃 G 从辊道下向上抬起 (图中未画出辊道), 上剪刃 F 同时下降, 上压板 S 受弹簧作用随上剪刃在滑道中同步地下降。在滑道中下降的压板 S 与上升的下剪刃 G 夹住静止在辊道上的钢坯这个瞬间, 空程结束。压板随下剪刃夹着钢坯快速向上运动, 而上剪刃 F 却慢速向上运动, 这时上下剪刃之速度差开启了剪切阶段, 在曲柄

继续回转下实现对钢坯的完全切断。剪断钢坯后, 曲柄继续回转, 大剪回复到起始位置。

由于此机构是变拓扑变自由度的, 要分别从不同工作状态来讨论其自由度:

(1) 原始状态。静止时是机构的原始状态, 为了判断此时机构有无过约束, 我们尝试拆其基本组。在分析基本组时往往为了方便, 将机构转变为全铰链机构, 也就是将所有滑动副代之以转动副, 见图 3.31b, 这样并不会改变自由度的数目。先考虑拆下 2 杆组。第 1 个拆下的是 CDO 2 杆组, 接着是 OAB, 其后是 EHI、SPL 和 QNM 等 5 个 2 杆组, 最后剩下的是连架杆 JK 和与其相连的 KM 串联链。这样这个平面机构是可完整拆分机构, 除了公共约束外没有其他的虚约束, $\nu=0$, 有

$$M=3(n-g-1)+\sum_{i=1}^{g} f_i+\nu=3\times(13-17-1)+17+0=2 \tag{3.44}$$

可见机构被设计成为具有两个自由度的机构。下面再看看其空程和剪切阶段的自由度变化。

(2) 空程运转阶段。这时曲柄转动, 上压板在弹簧作用下与上剪刃同步下降, 这样两者之间没有相对运动, 可以视为一个构件, 见图 3.32a。图 3.32b 是其转化等效的全铰链机构, 在自由度计算时, 这里也将移动副 Q 转化为转动副, 看起来更方便一点。此时机构由 CDO、OAB、EHI、NMK 和 QPL 5 个 2 杆组加上连架杆 JK 组成。所以这个结构也是无虚约束的, $\nu=0$, 有

$$M=3(n-g-1)+\sum_{i=1}^{g} f_i+\nu=3\times(12-16-1)+16+0=1 \tag{3.45}$$

可见大剪在空切阶段是按一个自由度运动, 它的两个自由度怎样成了一个自由度, 这就是前面所说的弹簧起到的动力约束的作用。

(3) 剪切阶段。在这个剪切过程中压板 S 和下剪刃始终夹住钢坯, 见图 3.33a, 它们之间保持一个恒定的距离, 这个距离在剪切过程中并不改变。若忽略运动过程中钢坯的微小横向移动, 就可以把具有固定高度的钢坯看成它们之间的一个连接构件, 可以以一个双铰链杆 TG 表示杆 14。同时, 上剪刃 6 与下剪刃 5 做相对运动实现剪切。机构的全铰链结构如图 3.33b 所示。机构有 14 个杆、19 个运动副。这个机构十分复杂, 由主动件 OA 加上一个不可再拆分的由 12 个杆构成的基本组形成, 它确实是各种文献中所没有介绍过的一种十分复杂的基本

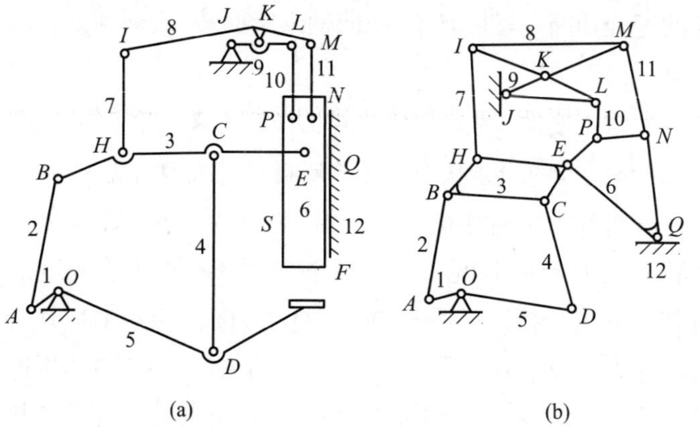

图 3.32 大剪空程的等效机构

组。由确定基本组条件的式 (3.2) 有: $12\times3-2\times18=0$。机构是可完整拆分机构, $\nu=0$。这样自由度可以直接计算, 有

$$M=3(n-g-1)+\sum_{i=1}^{g}f_i+\nu=3\times(14-19-1)+19+0=1 \qquad (3.46)$$

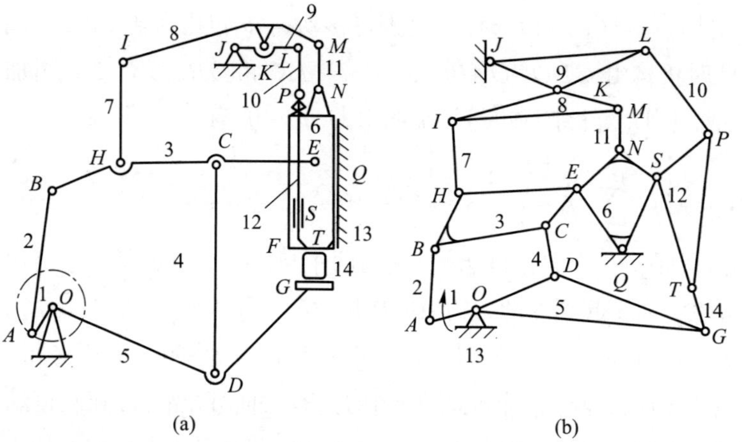

图 3.33 剪切阶段机构的等效机构

看来这个机构在原始状态下是一个 2 自由度机构, 开始工作的空行程及剪切行程都是不同拓扑结构的单自由度机构。机构以巧妙的变结构, 变自由度实现复杂的剪切过程。

3.4 正确地建立机构的实际结构与机构的运动简图的对应关系

实际机构为了能够完成预定工作, 需要保持正确的运动关系, 承受载荷, 及传递功率, 并具有较高的精度等要求, 就需要有对应的复杂外形及适当的机械结构, 有足够的断面大小和必要的刚度。机构的运动学是复杂的数学问题, 机构要能够正确工作, 就需要深入了解机构的运动学问题。可是若从运动学观点来看, 机构的运动学仅与组成机构的构件和运动副的数目、种类以及它们之间的相互几何位置有关, 而与构件的复杂外形、断面大小和形状、运动副的具体构造无关。为了集中地表示一个机构的运动属性, 就必须对具体的机械给以抽象化, 把与其运动学无关的因素统统去掉 (机构外形, 断面尺寸, 运动副的结构), 而要按照统一的国家标准用一些简单的线条和所规定的符号表示构件和运动副, 并适当地按一定的比例表示各运动副的相对位置, 以表明机构的运动特性, 这就得到符合标准的机构运动简图, 这个过程就是对实际机构按运动学要求所做的科学抽象。有了这个经过抽象化的机构图就可以方便、深入地讨论机构运动学问题。

科学的抽象在人类认识世界的科学研究中始终有非常重要的地位。无论研究任何问题, 甚至不论是多么实际具体的问题, 都必须做出按实际情况的科学的抽象。没有科学的抽象, 就没有经过思考的升华, 就抓不住问题的实质, 也就不可能正确解决问题。科学的抽象恰恰是人类特有的高级思维活动, 我们要学会并运用。

在作机构自由度分析时, 机构图的正确性必须是无可置疑的, 机构图不正确, 不能正确反映实际的机械, 计算出的自由度也就毫无意义。可是本书作者注意到, 实际中不少分析自由度的作者或工程师们依据的机构图就不正确, 甚至有的人对机构简图是否正确都认为是无所谓的, 这就是对待科学的态度问题。从实际机械画出机构简图在大学的 "机械原理" 课程中都有专门的教学。

反过来说, 在机械创新设计时, 当有了机构简图后, 如何以此设计出合理的机械装配和机械零件图, 也是一个需要重视的能力, 它是抽象化的反面问题, 将抽象的机构图转化为实际, 具体的结构图。

本节将以如下几个平面机构例子分析如何将实际机械抽象成机构简图。

例 3.7 液压泵。

图 3.34 中先给出了 3 个液压泵的结构图。从图 3.34a 中表示的结构看, 它

是在机壳中于固定点 O 用转动副支撑一个能够回转的圆环, O 是圆环的中心, 圆环的上下各有一个圆柱形槽, 其中各置一圆柱体, 它们相互之间能够转动形成一个转动副; 而固定于机壳中心 A 点的 AB 杆能够从转动副圆柱体中心穿过, 它与圆柱体形成一个移动副; 机构上下有对称的两支, 共同完成工作。这样的结构要经过抽象化以绘出机构简图就一定要摒弃结构的具体外形, 要抓住实质, 从实质中体现出机构简图。

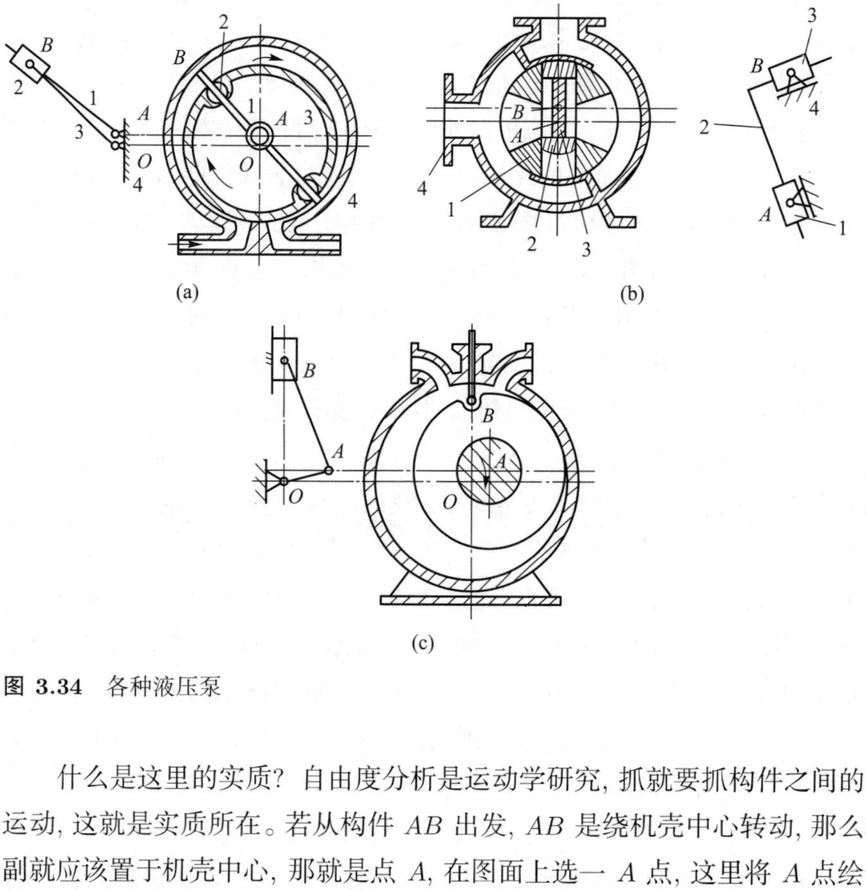

图 3.34 各种液压泵

什么是这里的实质? 自由度分析是运动学研究, 抓就要抓构件之间的相对运动, 这就是实质所在。若从构件 AB 出发, AB 是绕机壳中心转动, 那么转动副就应该置于机壳中心, 那就是点 A, 在图面上选一 A 点, 这里将 A 点绘于该图左边, 并向其斜上方绘出 AB 杆; 再从结构图上看到 AB 杆穿过小圆柱中心并在其间保持相对滑动, 那么它们之间的相对滑动就是移动副关系, 基于此, 就在左图的 AB 杆上绘出作为移动副的滑块, 此滑块套在 AB 杆上 (当然也可以将 AB 杆画成中间开槽, 滑块置于其间); 再看小圆柱与大圆环的关系, 它们之间是做相对转动的关系, 相对转动对应有个转动副, 就可以用一个小圆来表示转动副, 并将转动副的中心就置于做相对转动运动小圆柱的中心 B。而大圆环又是绕机壳 O 点转动, 将大圆环抽象成杆件 BO, 其中心在 O 点。这样就获得了对应此机械结构图正确的机构简图。这里我们把小圆柱和大圆环都做了抽象的处理, 抽象成我们便于研究的机构简图。这就是科学的抽象。

图 3.34b 所示为另一种液压泵结构, 左边是其结构图, 图中 4 是机壳, 1 是转子, 在机壳的约束下转子可以在其内转动, 转子中间有一个长条形的槽, 构件 2 可以在其中滑动, 构件 2 上还开了一个横槽, 滑块 3 夹在其间, 而且构件 3 以一轴支撑于机壳上 B 点, 可以绕 B 点转动 (结构上此支撑可能在图的背后, 图中没有表示)。

对于这样的机械结构, 要将它经抽象表示为机构简图, 同样关键的就是要分析各个活动件之间的相对运动关系。由于机壳 4 以一个大圆约束构件 1, 使它只能在此大圆内转动, 大圆中心 A 点就是转动的中心, 这样在其右边的机构图上, 经过摒弃具体构件的实际形状以抽象化, 画出一个表示转动副的小圆, 置于所选定的连架点 A, 构件 1 就绕机架的 A 点转动 (右图已将图的比例放大); 与构件 1 进一步发生相对运动的是构件 2, 它们之间是相对滑动运动, 这就可以用一个移动副表示, 此时构件 1 一面以转动副与机架连接, 另一面又以移动副与构件 2 相连, 这样构件 1 就可以画成图示之连于机架的方形滑块; 构件 2 一方面与构件 1 以滑动副相连, 另一方面还以移动副与构件 3 相连, 注意到两个滑动方向不同, 互成直角。同一个杆件仅与两个构件以两个移动副连接, 这个构件可以画成如图所示的 L 形杆件, 可以从右图看到构件 2 确实以两个移动副与相邻的两个构件连接, 表示的相对运动关系是正确的; 而构件 3 又是以转动副 B 与机壳相连, 同样构件 3 一方面以移动副与构件 2 连接, 另一方面却以转动副与机架相连, 它也可以画成一个与机架连接的方形滑块 B。这样就得到了经过抽象化对应的机构简图。

至于图 3.34c 所示的第 3 种结构的液压泵, 相对比较简单, 容易从结构图抽象出机构的运动简图, 不再赘述。

当把它们从实际结构图转化为机构运动简图后, 都是四杆机构, 第 1 个是曲柄导杆机构, 第 2 个是双滑块转动机构, 第 3 个是曲柄滑块机构, 都是由一个 2 杆组加一个原动件构成的, 是完整可拆分机构, 自由度都是 1。从这几个例子可以看到什么是机械结构图, 什么是关于运动学的科学抽象。

第 4 章 并联机构

第二次世界大战后出现的空间多自由度并联机构是机械工程和机构学发展中突出的事件, 由于其所具有的特殊的重要应用, 成为机构和机器人发展的新方向。然而其自由度分析却是 21 世纪开始前后公认最困难的研究热点问题之一[10], 传统公式对许多现代并联机构得不出正确的结果, 这就给机构的创新设计造成了极大的困难, 成了并联机构发展的瓶颈。问题的实质一方面是机构中出现了过约束, 分析自由度不考虑过约束自然得不出正确结果; 另一方面必须明确多自由度的自由度性质, 一些方法不能判别性质, 也就失去意义。对这个问题, 在 1997 年基于螺旋理论的通用自由度原理和公式研究[7] 的基础上, 取得了可喜的理论和实践上的突破, 其后逐渐发展成完整实用的理论体系[8]。本章将介绍如何应用反螺旋理论分析并联机构的自由度。

虽然一个时期以来并联机构的自由度分析曾被认为是十分困难的问题, 现在看在各种空间多环机构中, 并联机构的自由度分析却是基本的、典型的且是比较简单的一种。由于空间多环机构的多环闭合可以看成同时发生, 属于较简单的一次闭合这种类型, 而过约束就是在这一次闭合时发生。为求其过约束, 只需在此一次再闭合中去识别。所以这里将并联机构的分析作为典型, 以此总结出分析的方法, 并将其应用于其他更一般的空间多环机构上。

在本章列举出的各种并联机构中, 其中有许多有意思的问题, 包括介绍了国际上发明的第 1 个 3 自由度、4 自由度和 5 自由度的并联机构, 也让我们看到同一机构仅因分支的不同装配而导致自由度性质的变化, 还让我们看到为什么有些机构自由度会不稳定，以及自由度怎样发生变化，还有在并联机构的分支中又出现闭环等更复杂的情况。

医生手里的解剖刀能够清除人体中的病灶，反螺旋方法就是研究机构的读者手中的解剖刀，能够理清机构中引起麻烦的“过约束”，能够让读者深入到机构的内部观察自由度变化的每个细节，读者需细细体会反螺旋方法的独特魅力。

4.1 对称的并联机构

如果并联机构作为机器人应用，它应能适应各种不同的工作，因此要求各向同性，即机构应采用对称结构，称为对称的并联机构。为分析其自由度，一般来说，先要分别建立各个分支的运动螺旋系，然后求出对应的各个分支的约束反螺旋，再综合作用于动平台上的各分支的反螺旋，从而获得其上的约束螺旋系，并进一步判断机构的公共约束和闭合冗余约束等机构的过约束，最后由通用的自由度公式 (2.12) 或者式 (2.13) 获得机构的自由度。得到自由度的数目后，还要分析自由度的性质，这可以通过求解二次反螺旋得到，最后还要判别自由度的全周性。如果只计算平台或机构中某个构件的自由度，则可采用式 (2.14) 计算。

4.1.1 实现 3T 的 3-CRR 机构

图 4.1a 所示为孔宪文等提出的 3-CRR 机构[28]，此机构具有三维移动自由度，表示为 3T(此后对多自由度机构在区分自由度性质时，采用简化的表示符号: T 表示具有移动自由度，R 表示具有转动自由度)。机构由对称的 3 个相同的 CRR 分支构成，每个分支都包括 1 个圆柱副和 2 个转动副，而且这 3 个运动

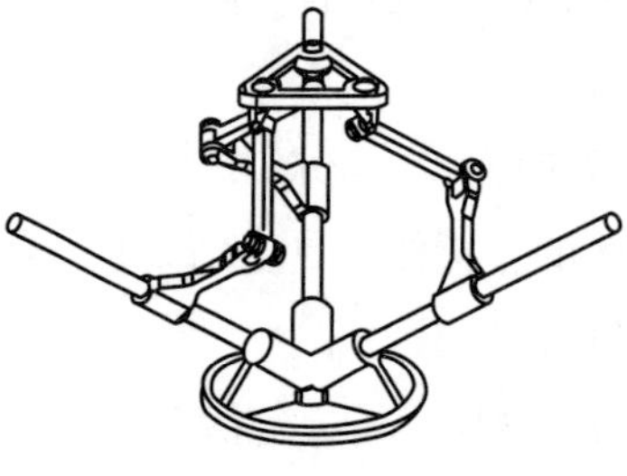

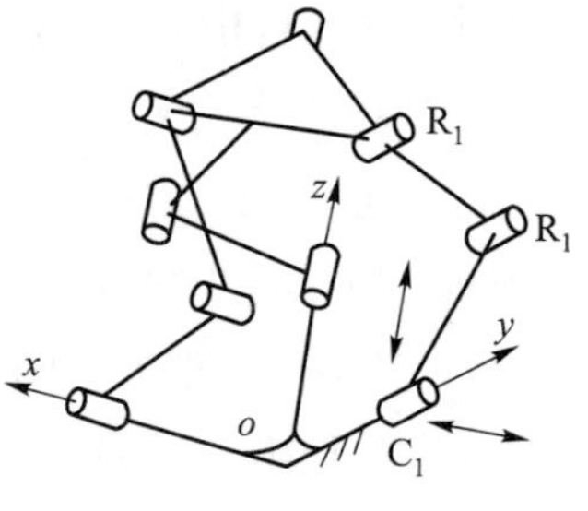

图 4.1 CRR 机构

副的轴线互相平行。此外, 在机架上的 3 个圆柱副和动平台上的 3 个转动副的轴线还分别对应地互相垂直, 图 4.1b 为其机构运动简图。对这个特殊机构的 3 个分支, 这里用如图所示的一个坐标系 $o-xyz$。在自由度分析时, 多自由度的运动副都要以单自由度的运动副加以替代, 这里圆柱副 C 要代以一个移动副 P 和一个转动副 R。这样 CRR 分支运动链就相当于有 4 个单自由度的运动副 PRRR。

下面首先来分析第一个 CRR 分支, 这个分支包含 1 个移动副和 3 个转动副 4 个单自由度的运动副, 它们的轴线都平行于 y 轴。分支的运动螺旋系可以表示为

$$\begin{aligned} \boldsymbol{\$}_1^1 &= (0 \quad 0 \quad 0; \quad 0 \quad 1 \quad 0) \\ \boldsymbol{\$}_2^1 &= (0 \quad 1 \quad 0; \quad 0 \quad 0 \quad 0) \\ \boldsymbol{\$}_3^1 &= (0 \quad 1 \quad 0; \quad d_3 \quad 0 \quad f_3) \\ \boldsymbol{\$}_4^1 &= (0 \quad 1 \quad 0; \quad d_4 \quad 0 \quad f_4) \end{aligned} \tag{4.1}$$

式中的字母 d_i、f_i 表示螺旋的 Plücker 坐标的元素。螺旋表达式中的 6 个元素 a_i、b_i、$\cdots$、f_i 都与机构的几何参数和运动参数有关, 在机构位型变化时, 它们也会随之改变, 求出其数值过程还是十分复杂的。幸好在自由度分析时, 我们仅仅需要经由该式求出对应的反螺旋, 做这个分析时不需要关于这些系数的具体数值, 这就极大地简化了自由度分析, 以后都以这种方式处理。式 (4.1) 中第 1 个节距为无穷大的螺旋, 表示的是沿 y 轴的移动副; 后 3 个节距为零的螺旋表示平行于 y 轴的 3 个转动副。这个螺旋系中的 4 个螺旋是线性无关的, 参看表 1.2, 它们对应地有 2 个反螺旋, 参考定理 1.6。为求反螺旋, 可以应用螺旋的互易积为零的公式 (1.43) 建立代数方程组, 以代数方法求解

$$\boldsymbol{\$}^{\mathrm{r}} \circ \boldsymbol{\$}_i = 0, \quad i = 1, 2, 3, 4 \tag{4.2}$$

由上面的含 4 个齐次线性方程的联立可以用代数法计算出未知的两个线性无关的反螺旋。然而在上述选取的坐标系下, 容易看到诸螺旋的 Plücker 表达式中的第 1 和第 3 个元素都为零。这种情况下第 1 个分支的 4 个螺旋的反螺旋立即可以写出

$$\begin{aligned} \boldsymbol{\$}_{11}^{\mathrm{r}} &= (0 \quad 0 \quad 0; \quad 1 \quad 0 \quad 0) \\ \boldsymbol{\$}_{12}^{\mathrm{r}} &= (0 \quad 0 \quad 0; \quad 0 \quad 0 \quad 1) \end{aligned} \tag{4.3}$$

由于式 (4.3) 中约束螺旋的前 3 个元素都是零, 则此两螺旋都是约束力偶 (图中用两个双向箭头表示), 它们分别限制了绕垂直于圆柱副轴线的两个方向的转动。这个结果也可以用表 1.5 来证实, 仅当偶量能够与螺旋系中所有的线矢量轴线相垂直, 才能与该螺旋系中所有线矢量相逆, 是它们的反螺旋[21]。这样看来, 与它们轴线相垂直的两个力偶必定与 4 个螺旋相逆。

对整个 3-CRR 机构, 考虑到机构的对称性, 其 3 个分支的运动螺旋系则应相同, 因而每个分支都能提供 2 个约束力偶, 它们的方向对应着各自圆柱副轴线的两个垂直方向, 如图 4.1b 中过 y 轴的分支的两个约束力偶都将与 y 轴相垂直。因此, 并联机构此次闭合时共有 6 个约束力偶作用于动平台上。由于这个机构有一定的特殊性, 3 个分支的 3 个螺旋系写在同一个坐标系上并没有困难, 机构平台上承受 6 个约束力偶, 在该坐标系下可以表示为[22]

$$
\begin{aligned}
\boldsymbol{\$}_{11}^{\mathrm{r}} &= (0 \quad 0 \quad 0; \quad 1 \quad 0 \quad 0) \\
\boldsymbol{\$}_{12}^{\mathrm{r}} &= (0 \quad 0 \quad 0; \quad 0 \quad 0 \quad 1) \\
\boldsymbol{\$}_{21}^{\mathrm{r}} &= (0 \quad 0 \quad 0; \quad 0 \quad 1 \quad 0) \\
\boldsymbol{\$}_{22}^{\mathrm{r}} &= (0 \quad 0 \quad 0; \quad 0 \quad 0 \quad 1) \\
\boldsymbol{\$}_{31}^{\mathrm{r}} &= (0 \quad 0 \quad 0; \quad 1 \quad 0 \quad 0) \\
\boldsymbol{\$}_{32}^{\mathrm{r}} &= (0 \quad 0 \quad 0; \quad 0 \quad 1 \quad 0)
\end{aligned}
\tag{4.4}
$$

按定理 2.6, 这 6 个力偶不满足同向的条件, 不能形成任何公共约束, $\lambda = 0$。由式 (4.4) 可以看出, 在每个方向上有两个约束力偶, 两个相同的力偶中必有一个是冗余的。3 个方向共有 3 个冗余约束力偶, 整体看独立的仅 3 个。或由式 (2.25) 也可以算出此机构存在 3 个闭合冗余约束, $\nu = 3$。从上述的约束分析可以看到, 动平台上作用了 3 个独立的约束力偶, 直接约束了 3 个转动自由度, 所以机构动平台只能做剩下的三维移动, 即它可以分别沿 x、y、z 或它们的任何线性组合的方向移动, 也就是动平台可以做任何方向的平动。可以看到, 在这里的螺旋分析不仅得到自由度的数目, 还可以给出自由度的运动性质。当得知

---

[21]本书一再强调并重复这样的规律性的叙述, 仅仅是为了读者及早熟悉并掌握这个重要的原理。

[22]这里为了读者清楚, 才以统一坐标系表示出 3 个分支的 6 个约束力偶, 其实, 不必如此建立统一坐标系, 即可以通过逻辑推理获得相同的结果, 这样更简单些。许多情况下由统一坐标系倒是难以获得结果。

机构的公共约束和闭合冗余约束后, 也可以用通用的自由度公式 (2.13) 来求解

$$M = d(n-g-1) + \sum_{i=1}^{g} f_i + \nu = 6 \times (8-9-1) + 12 + 3 = 3 \qquad (4.5)$$

按第 1 章的介绍, 为分析动平台的 3 个自由度的性质, 也可以对平台的约束螺旋系 [式 (4.4)] 求取二次反螺旋

$$\begin{aligned} \boldsymbol{\$}_1^{\mathrm{rr}} &= (0 \quad 0 \quad 0; \quad 1 \quad 0 \quad 0) \\ \boldsymbol{\$}_2^{\mathrm{rr}} &= (0 \quad 0 \quad 0; \quad 0 \quad 1 \quad 0) \\ \boldsymbol{\$}_3^{\mathrm{rr}} &= (0 \quad 0 \quad 0; \quad 0 \quad 0 \quad 1) \end{aligned} \qquad (4.6)$$

此式表明, 这里的 3 个自由度的性质都是移动运动。

对于多自由度机构, 在求解得自由度数目后, 还应该进行自由度全周性的判断。对于这个机构, 因为考虑到在机构任何可能的运动过程中, 即沿任何可能方向的移动过程中, 各个分支的运动副因结构的限制总保持平行不变, 且位于定平台上的 3 个圆柱副的轴线又总是互相垂直不变, 所以不仅可以建立如图 4.1b 所示的坐标系, 而且得到的式 (4.1) 和式 (4.3) 也总保持不变。那么公共约束和闭合冗余约束也不变, 因此自由度是全周的。从这个分析过程中可以看出, 自由度的全周性判别也是非常简单的。

4.1.2 实现 3T 的 3-RRC 机构

1997 年 Tsai 提出了 3-RRC 结构的并联机构[29], 它也是一个完全对称的 3 自由度移动并联机构, 见图 4.2。这个机构的运动副类别与 4.1.1 节的 3-CRR 相同, 但在与上下平台连接的布置上有所不同。这里分析为什么这个 3-RRC 并联机构也具有 3 个自由度, 并分析这 3 个自由度为什么也具有移动性质。这个机构也是由 3 个相同的 RRC 分支同时连接上下平台构成。每个分支由 3 个轴线相互平行的 R、R 和 C 运动副构成, 其中 R 是转动副, C 是圆柱副, 且各个分支轴线对称地固定于基平面上。在自由度分析时, 同样也需要把 C 副拆分为两个单自由度运动副。这样, 这个包含 3 个运动副的 RRC 分支就相当于 4 个单自由度的运动副。在分析机构的自由度时, 取出其中一个分支, 见图 4.2。选择分支坐标系 $o-xyz$, 其 x 轴沿第 1 个转动副的轴线, z 轴向上。

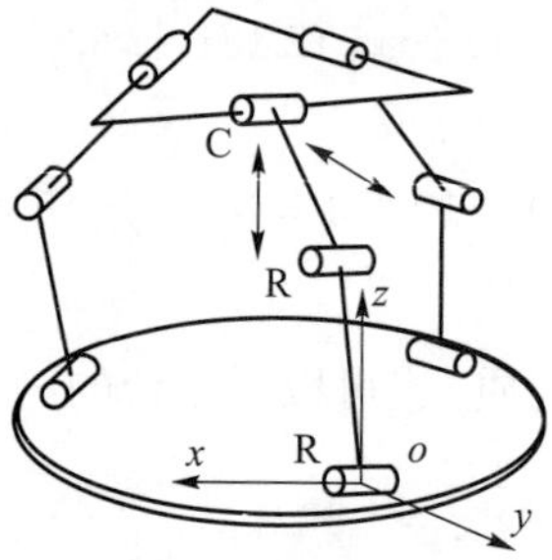

图 4.2 3-RRC 机构

这个含有 4 个螺旋的分支螺旋系就可以表示如下:

$$\begin{aligned} \$_1 &= (1 \quad 0 \quad 0; \quad 0 \quad 0 \quad 0) \\ \$_2 &= (1 \quad 0 \quad 0; \quad 0 \quad e_2 \quad f_2) \\ \$_3 &= (1 \quad 0 \quad 0; \quad 0 \quad e_3 \quad f_3) \\ \$_4 &= (0 \quad 0 \quad 0; \quad 1 \quad 0 \quad 0) \end{aligned} \tag{4.7}$$

类似地, 上述公式中的未知系数对自由度分析并无影响, 我们仍旧不予求出。采取如同前面机构的分析, 这 4 个线性无关的螺旋有 2 个反螺旋, 即

$$\begin{aligned} \$_1^{\mathrm{r}} &= (0 \quad 0 \quad 0; \quad 0 \quad 1 \quad 0) \\ \$_2^{\mathrm{r}} &= (0 \quad 0 \quad 0; \quad 0 \quad 0 \quad 1) \end{aligned} \tag{4.8}$$

它们也是两个约束力偶, 可以看出这两个约束力偶分别沿 y 轴和 z 轴方向, 也就是垂直转动副的轴线方向。这个结果也完全可以用表 1.5 来证实, 仅当偶量能够与螺旋系中所有的线矢量轴线相垂直, 才能与该螺旋系中所有线矢量相逆, 是它们的反螺旋。这样看来, 几何上与它们轴线相垂直的力偶必定与这 4 个螺旋相逆, 如图 4.2 中的两个双向箭头。

考虑到机构的 3 个分支都具有相同的结构, 从逻辑上说, 每个分支的那两个约束力偶都与对应的运动副轴线相垂直。这样从整个机构看, 每个分支有两个约束力偶, 机构的 3 个分支同时闭合时, 动平台上共作用 6 个约束力偶 (注意: 这样的分析并不需要去建立统一坐标系进行螺旋的代数分析, 这就大为简化了求解过程)。这 6 个力偶分别两两垂直于对应的轴线, 由于每个分支都能够分解出一个平行于 Z 轴的约束力偶, 它们线性相关, 秩为 1, 按定理 2.6, 机构有一个公共约束, $\lambda = 1$; 作用于动平台上的另 3 个约束力偶都平行于基面, 并垂直于对应转动副的轴线, 这样的 3 个约束力偶共面, 秩为 2, 见表 1.2, 存在一个闭合冗余约束, $\nu = 1$。整体看来, 6 个约束中独立的只有 3 个, 是沿 3 个不同方向的约束力偶, 它们限制了平台的 3 个转动自由度, 机构仅仅能够做空间 3 个方向的三维移动运动。

从另一个角度说, 若按通用的自由度公式计算也能够得到相同的结果, 由于 $d = 5, \nu = 1$, 机构的自由度为

$$M = d(n - g - 1) + \sum_{i=1}^{g} f_i + \nu = 5 \times (8 - 9 - 1) + 12 + 1 = 3 \tag{4.9}$$

从上述分析可以看到, 两种方法分析结果相同。

对于多自由度机构, 需要判断全周性。因为在机构任何可能的运动过程中, 即沿任何可能方向的移动过程中, 各个分支的运动副因结构的限制总保持原有的平行关系, 且位于定平台上的 3 个转动副的轴线又总是保持相互的方位不变, 在相同的坐标系下求解这个分支的运动螺旋系和约束螺旋系, 得到的式 (4.7) 和式 (4.8) 总保持不变。公共约束和闭合冗余约束不变, 式 (4.9) 不变, 因此自由度是全周的。

从上述两个例子可以看到, 为实现平台的 3 个移动运动, 可以由许多不同的机构来实现。这样, 在实际工作中就可以先综合出许多具有相同自由度性质的不同机构, 再从这些不同机构中优选出适合要求的、性能更好的机构。

4.1.3 Hunt 实现 1T2R 的 3-RPS 机构

这个机构是空间对称两转一移 3 自由度并联机构, 它是早在 1983 年由 Hunt 提出的[30]。这个机构是用 3 个结构相同的 RPS 分支连接上下平台, 每个分支中的 R 副与基面平行, 3 个分支的 3 个 R 副的方向矢量构成一个正三角形。

为分析机构的自由度, 取出一个 RPS 分支, 坐标系如图 4.3b 所示, 原点在分支的第 1 个运动副上, x 轴沿该转动副轴线, z 轴垂直于基面, 分支螺旋系有 5 个螺旋

$$\$_1 = (1 \quad 0 \quad 0; \quad 0 \quad 0 \quad 0)$$
$$\$_2 = (0 \quad 0 \quad 0; \quad 0 \quad -e_2 \quad f_2)$$

$$\begin{aligned}\$_3 &= (1 \quad 0 \quad 0; \quad 0 \quad f_2 \quad e_2) \\ \$_4 &= (0 \quad 1 \quad 0; \quad -f_2 \quad 0 \quad 0) \\ \$_5 &= (0 \quad 0 \quad 1; \quad -e_2 \quad 0 \quad 0)\end{aligned} \tag{4.10}$$

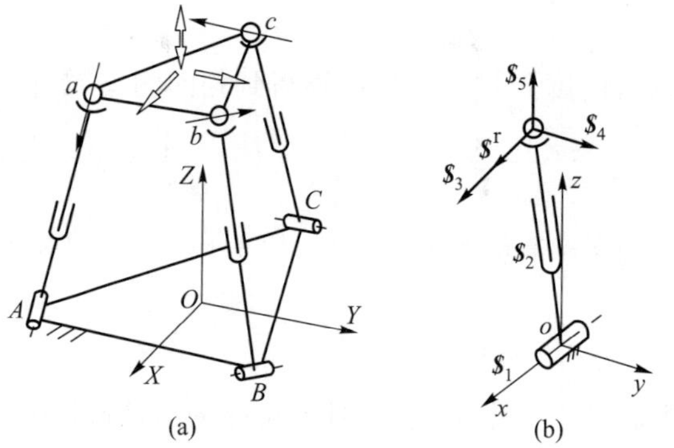

图 4.3 3 自由度 Hunt 机构

用上述相同代数原理和方法可以得到这 5 个螺旋的反螺旋

$$\$^{\mathrm{r}} = (1 \quad 0 \quad 0; \quad 0 \quad f_2 \quad e_2) \tag{4.11}$$

由于 $\boldsymbol{S}^{\mathrm{r}} \cdot \boldsymbol{S}_0^{\mathrm{r}} = 0$, 这个螺旋表示一个约束力, 沿 x 方向, 即平行分支的第 1 个转动副 R 的轴线, 作用点过球副中心点。这个结果也完全可以用表 1.5 来验证, 仅能够与螺旋系中所有的线矢量轴线相交且与螺旋系中所有偶量相垂直的线矢量, 才能与该螺旋系中所有螺旋相逆, 是它们的反螺旋。这样看来, 几何上与移动副相垂直且过球心, 平行第 1 个转动副的直线即是与该 5 个螺旋相逆的力线矢, 见图 4.3b。

对于整个 3-RPS 机构, 当 3 个分支同时闭合时, 3 个相同分支有 3 个类似的约束力, 都过各自分支球副中心并与其中第 1 个转动副轴线平行, 作用于上平台上。3 个约束力线性无关, 见表 1.2, 它们约束了平台的 3 个自由度, 从约束的性质可以判定, 限制了包括动平面内的两个移动和绕动平面法向的相对转动, 机构具有 3 个自由度, 包括 1 个移动和 2 个转动, 记为 1T2R, 这里 T 表示移动, R 表示转动。

机构的自由度还可以按照通用的自由度公式计算, $d = 6, \nu = 0$, 有

$$M = d(n - g - 1) + \sum_{i=1}^{g} f_i + \nu = 6 \times (8 - 9 - 1) + 15 + 0 = 3 \tag{4.12}$$

从上述的约束分析可以看到, 动平台受到 3 个独立的约束力, 机构动平台只能做动平台平面内的二维转动 (如图 4.3 中的两个单向空心箭头所示) 和沿 Z 方向的移动 (如图中的一个双向空心箭头)。

基于定理 2.8, 动平台具有两个转动自由度, 而转动的轴线必须能够同时与所有约束力相交, 与所有约束力偶相垂直。这里有 3 个约束力。就是说, 任何转动轴线必须能够同时与 3 个分支的 3 个约束力相交, 而其他的任何直线不能作为转动轴线。考虑到约束力均过相应球心且平行对应的转动副, 在这个起始位型上下平台平行, 这 3 个约束力都位于上平台平面内。这样, 能够与 3 条反螺旋轴线同时相交的作为转动运动的轴线直线必然位于该动平台平面内, 平面内任何直线可以作为转轴, 平面外的任何直线不能作为转轴。

在分析这个机构的全周性时, 考虑到机构任何可能的运动过程中, 包括上述的两个转动和一个移动, 各个分支的运动副因结构的限制总保持原有的几何关系不变, 所以都可以建立如图 4.3b 所示的坐标系, 这样得到的式 (4.10) 和式 (4.11) 总保持不变, 即使在平台发生转动的情况下 3 个反螺旋仍旧平行基面, 它们保持线性无关。那么公共约束和冗余约束也不变, 式 (4.12) 不变, 因此自由度是全周的。

上述分析说明了自由度的全周性, 不过这里还可以进一步从另一个角度细致地分析。此 3-RPS 机构在初始时刻有两个转动自由度和一个移动自由度, 在检查机构自由度数值和性质是否稳定、是否随位型而变化时, 要针对自由度的 3 种情况分别检查。也就是要分别检查机构做移动运动、两个转动运动后其自由度是否改变。

这里先检查机构发生移动后移动自由度性质是否会改变, 这是 3 种情况中最简单的。发生这种沿 Z 轴的移动是仅当 3 个杆长伸长相同时, 也就是平台平行上升或下降。显然, 这种情况下分析自由度的过程与前面的分析没有任何区别, 自由度不会发生变化。

当 3 个杆长伸长不同时, 上下平台不再平行, 平台姿态发生转动。不失一般性, 假设仅当第 3 个杆长伸长, 见图 4.4。

分支的结构决定此时 3 个反螺旋仍分别过对应球心并仍平行相应的转动副, 但此时它们却不再共面。然而它们都平行基面, 仍然限制平行基面的两个移动, 并允许沿基面法线方向的移动; 同时 3 个线矢力的线性组合又可以唯一地构成

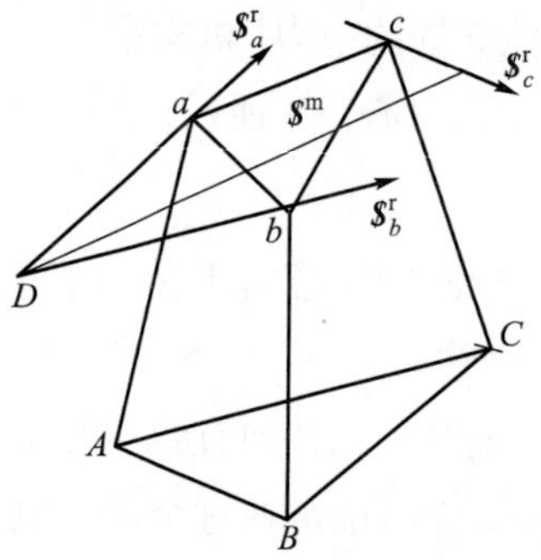

图 4.4 平台的姿态发生了变化

一个力偶, 它也约束了一个转动。可以看到, 在这样的位型变化下, 机构允许的运动仍然是两个转动和一个移动。至于所允许的转动运动的转轴则仍必须能够同时与 3 个约束力的作用线相交。例如, 在图 4.4 中, 这条直线可以从前两个分支的两个反螺旋的交点 D 引出, 与第 3 分支的反螺旋相交, 它即是一个允许的转轴轴线, 显然这样的直线有无穷多条。

至于 3 个杆长都不相同的更一般位型情况的自由度也有这样类似的结果。

4.1.4 实现 2T1R 的 3-RRR(RR) 机构

图 4.5 是一个 3-RRR(RR) 机构, 它也有 3 个自由度, 包括两个移动和一个转动。每个 RRR(RR) 分支的前 3 个转动副相互平行且垂直基面, 后两个转动副的轴线交于一个中心点, 括号中的两个 R 表示它们轴线相交。3 个分支结构完全相同, 都有一个对应的中心点, 然而, 3 个分支的 3 个中心点并不重合, 构成了一个三角形, 如图 4.5 所示。

为分析此机构, 我们同样地取出其中一个分支, 见图 4.5b, 坐标系 $o-xyz$ 表示于图上, 并取分支的中心点 o 为坐标系的原点。这样分支的螺旋系为

$$\begin{aligned}
\$_1 &= (0 \quad 0 \quad 1; \quad d_1 \quad e_1 \quad 0)\\
\$_2 &= (0 \quad 0 \quad 1; \quad d_2 \quad e_2 \quad 0)\\
\$_3 &= (0 \quad 0 \quad 1; \quad d_3 \quad e_3 \quad 0)\\
\$_4 &= (a_4 \quad b_4 \quad c_4; \quad 0 \quad 0 \quad 0)\\
\$_5 &= (a_5 \quad b_5 \quad c_5; \quad 0 \quad 0 \quad 0)
\end{aligned} \tag{4.13}$$

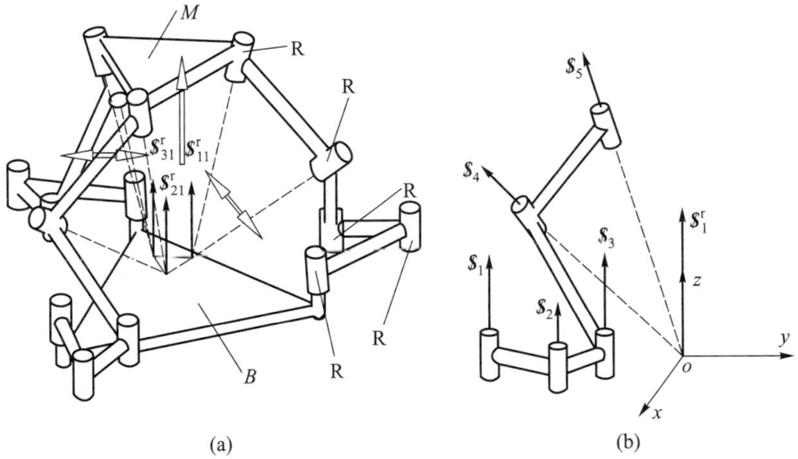

图 4.5 2 移 1 转 3 自由度 3-RRR(RR) 机构

这 5 个螺旋的反螺旋可以用代数法求得, 也可以直接通过观察和分析式 (4.13) 得到, 当发现上述的 5 个螺旋对应的第 6 个元素均为零, 那么很容易确定反螺旋为

$$\boldsymbol{\$}^{\mathrm{r}} = (0 \quad 0 \quad 1; \quad 0 \quad 0 \quad 0) \tag{4.14}$$

因为这样的螺旋元素必定满足式 (1.43)。由表达式 (4.14) 可以确定这个螺旋的节距为零, 它是一个约束力, 方向沿基面法向, 作用点位于分支的中心点。这个结果也完全可以用表 1.5 用几何原理来证实, 仅当能够与螺旋系中所有的线矢量轴线相交且与螺旋系中所有偶量相垂直的线矢量, 才能与该螺旋系中所有螺旋相逆, 是它们的反螺旋。这样看来, 几何上过分支中心点与前 3 个转动副相平行的力线矢, 就是与该 5 个螺旋相逆的分支反螺旋, 见图 4.5b。

整个机构的 3 个相同分支有类似的 3 个约束力, 都过对应的中心点并都垂直于基面。因为 3 个中心点不重合, 3 个约束力也不重合, 这样呈空间平行的 3 个约束力是线性无关的, 见表 1.2, 约束了 3 个自由度, 包括动平面内绕 x 和 y 方向的两个转动和沿动平面法向的相对移动, 动平台只有 3 个自由度, 包括沿 x 和 y 方向的两个移动和一个绕 z 轴的转动, 简写为 2T1R。这个结果也可以通过求 3 个反螺旋的二次反螺旋得到。由于这 3 个约束不满足共轴条件, 是独立的, 没有公共约束和闭合冗余约束, $\lambda = 0$, $\nu = 0$, 所以机构的自由度为

$$M = d(n - g - 1) + \sum_{i=1}^{g} f_i + \nu = 6 \times (14 - 15 - 1) + 15 + 0 = 3 \tag{4.15}$$

可以看到, 动平台受到 3 个独立的约束力, 它们约束了 3 个自由度, 包括绕该平面内的两个转动和沿平面法线的移动。动平台只能做绕 z 轴的转动和沿 x、y 两个方向的移动, 为 2T1R 机构。为确定允许的转动运动的轴线位置, 按定理 2.8, 转动自由度的转轴必须能够同时与所有约束力相交。这里的 3 个约束力保持空间平行, 那么, 转轴的唯一可能方向就是它们的平行线, 它们的任何平行线都可以看成与 3 条约束力轴线在无穷远处相交。这样上平台的转动只能是绕 z 轴或与 z 相平行的直线作为转动轴线。

因为在机构任何可能的运动过程中, 包括上述的两个移动和一个转动, 各个分支的运动副因结构的限制总保持原有的几何关系, 所以都可以建立如图 4.5b 所示的坐标系, 这样得到的式 (4.13) ~ 式 (4.15) 都保持不变, 因此自由度是全周的。同上节的分析相类似, 自由度的性质也不会发生变化。

4.1.5 Zlatanov 和 Gosselin 的 1T3R 3-(RRR) RR 机构

Zlatanov 和 Gosselin 提出了一个 4 自由度对称的并联机构[31], 见图 4.6。这个机构为 3-(RRR)RR 型。机构的 3 个 (RRR)RR 分支连接上下平台, 分支中前 3 个转动副交于一点, 而最后两个转动副轴线相平行且平行于动平台。分支的第 1 个和最后的第 5 个转动副轴线分别水平地固定于机构的定平台和动平台上。3 个分支对称地分布在基面上, 有共同的中心点。

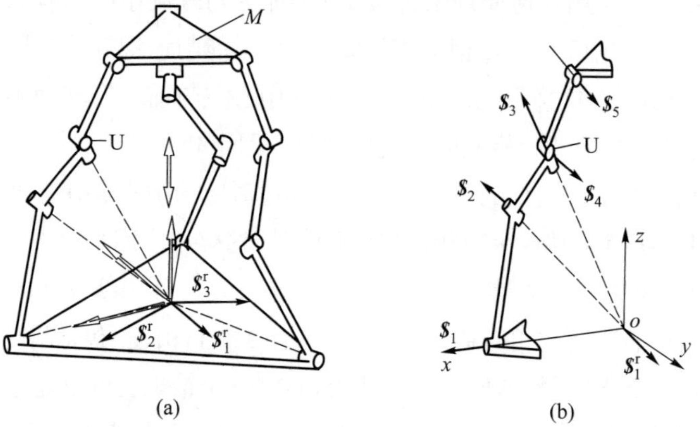

图 4.6 Zlatanov 和 Gosselin 的机构

在分析自由度时, 取出一个分支, 建立分支坐标系 $o-xyz$, 见图 4.6b。以此坐标系建立的该分支的 5 个螺旋的表达式如下:

$$
\begin{aligned}
\$_1 &= (1 \quad 0 \quad 0; \quad 0 \quad 0 \quad 0) \\
\$_2 &= (a_2 \quad b_2 \quad c_2; \quad 0 \quad 0 \quad 0) \\
\$_3 &= (a_3 \quad b_3 \quad c_3; \quad 0 \quad 0 \quad 0) \\
\$_4 &= (a_4 \quad b_4 \quad 0; \quad d_4 \quad e_4 \quad f_4) \\
\$_5 &= (a_4 \quad b_4 \quad 0; \quad d_5 \quad e_5 \quad f_5)
\end{aligned}
\tag{4.16}
$$

由于第 4 和第 5 轴线平行, 它们的螺旋参数应有一定关系。当取第 4 个轴上某一点的坐标为 (x_4, y_4, z_4), 第 5 个轴上另一点的坐标为 (x_5, y_5, z_5) 时, 为保持满足第 4 和第 5 转动副都是线矢量的关系, 对应地应有 $\boldsymbol{S} \cdot \boldsymbol{S}_0 = 0$, 可以导出

$$
\begin{aligned}
d_4 = -b_4 z_4, \quad e_4 = a_4 z_4 \\
d_5 = -b_4 z_5, \quad e_5 = a_4 z_5
\end{aligned}
$$

同样, 为求此五系螺旋的反螺旋, 可以应用螺旋的互易积为零的原理建立代数方程组, 进行代数求解

$$
\$^{\mathrm{r}} \circ \$_i = 0, \quad i = 1, 2, \cdots, 5
$$

从上面的 5 个联立的齐次线性方程我们以代数法计算出未知的 $\$_1^{\mathrm{r}}$。这样上述 5 个螺旋的反螺旋为

$$
\$^{\mathrm{r}} = (a_4 \quad b_4 \quad 0; \quad 0 \quad 0 \quad 0) \tag{4.17}
$$

由式 (4.17) 可以看到, 这个分支作用到动平台上的反螺旋是一个约束力, 这个力过原点在 xy 平面上且平行第 5 个转动副轴线方向。这就是说, 这个分支产生一个位于基面上的约束力却作用于动平台上。

当然, 上述结果也是很容易由几何法证实。当我们如上述选取的坐标系下, 这里容易看到要求的反螺旋必须与 5 个螺旋轴线同时相交。对于如图所示这样几何情况下, 欲求该 5 个螺旋的反螺旋, 立即可以发现, 它是一条过坐标系原点平行于第 5 个转动副轴线的线矢量, 只有这样, 这个反螺旋力才能与 5 个转动副轴线同时相交。这个结果就符合表 1.5 的几何原理。

从整个机构看, 3 个完全相同的 (RRR)RR 分支同时再闭合时将会产生 3 个约束力, 它们都作用到动平台上, 这 3 个力都过机构的中心点并平行相应的转动副, 这 3 条直线交于一点且共面。这样看来按照前面的螺旋理论, 这个 3-(RRR)RR 机构没有公共约束, 又由于共面共点的 3 个线矢量是线性相关的, 见表 1.2, 存在一个闭合冗余约束, 即 $\lambda = 0, \nu = 1$。按通用的自由度公式, 3-(RRR)RR 机构的自由度为

$$M = d(n - g - 1) + \sum_{i=1}^{g} f_i + \nu = 6 \times (14 - 15 - 1) + 15 + 1 = 4 \tag{4.18}$$

由此看到这个 3-(RRR) RR 机构的自由度为 4。依据逻辑推理, 3 个分支作用 3 个约束力于动平台, 这 3 个力共点又共面, 变成线性相关, 只相当作用两个约束力于动平台, 也就约束了动平台由两个约束力决定的平面内两个方向的两个移动。机构的动平台则还有包括沿该平面法线方向的移动和分别绕 x、y 和 z 3 个轴线的转动 4 个自由度, 这个分析也符合式 (2.14)。

注意到, 对于具有 1T3R 4 个自由度的 3-(RRR)RR 机构, 无论其发生绕任何方向的转动, 或沿 z 轴的任何移动, 上述由式 (4.16) 决定的分支的 5 个运动螺旋不会改变, 相应的反螺旋式 (4.17) 不会改变, 3 个分支作用到动平台上的 3 个约束力共点共面 (此时 3 个约束力决定之平面不再与定平台平行) 的相关性不会改变, 那么机构自由度的数目与性质也不会改变。这样看来, 机构自由度的全周性无疑了。

4.1.6 实现 2T2R 的 4-R (CRR) 机构

这个机构具有 4-R (CRR) 的对称结构形式, 见图 4.7。它是一个具有两个转动两个移动的 4 自由度机构。机构的 4 个 R (CRR) 分支共同连接上下平台, R (CRR) 运动链相当于具有 5 个单自由度运动副的分支。分支中第 1 个转动副与基面相垂直, 第 2 个是圆柱副, 包括圆柱副的后 3 个运动副的轴线交于同一个中心点, 最后的转动副与动平台为斜交。4 个分支对称地分布在基面上, 每两个分支有一个共同的中心点, 机构的两个中心点相分离。

在分析自由度时, 取出一个分支, 建立分支坐标系 $o - xyz$。以此坐标系建立的该分支的 5 个螺旋的表达式如下:

$$
\begin{aligned}
\boldsymbol{\$}_1 &= (0 \quad 0 \quad 1; \quad d_1 \quad e_1 \quad 0) \\
\boldsymbol{\$}_2 &= (0 \quad 0 \quad 0; \quad 0 \quad 1 \quad 0) \\
\boldsymbol{\$}_3 &= (0 \quad 1 \quad 0; \quad 0 \quad 0 \quad 0) \\
\boldsymbol{\$}_4 &= (a_4 \quad b_4 \quad c_4; \quad 0 \quad 0 \quad 0) \\
\boldsymbol{\$}_5 &= (a_5 \quad b_5 \quad c_5; \quad 0 \quad 0 \quad 0)
\end{aligned} \tag{4.19}
$$

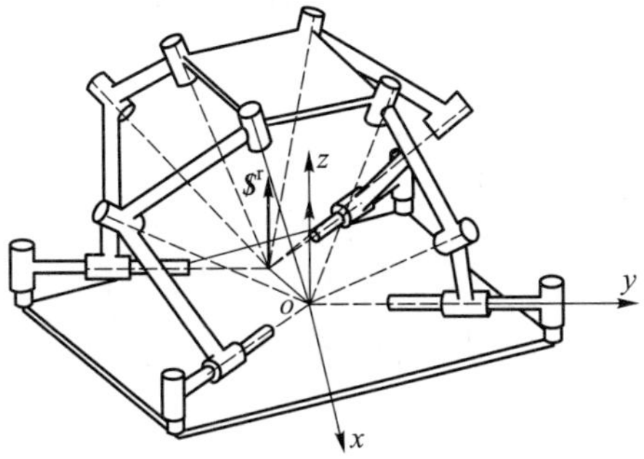

图 4.7 4 自由度 4-R (CRR) 机构

为求反螺旋, 可以用螺旋互易积为零的原理建立代数方程组, 以代数法求解。然而在上述选取的坐标系下看到, 诸螺旋的第 6 个元素都为零。这样反螺旋立即可以写出

$$
\boldsymbol{\$}^{\mathrm{r}} = (0 \quad 0 \quad 1; \quad 0 \quad 0 \quad 0) \tag{4.20}
$$

式 (4.20) 表明, 这个反螺旋是一个作用到动平台上过分支的中心点的约束力, 这个力沿 z 轴方向。这就是说, 这个分支产生一个与基面相垂直的约束力。

这个结果也完全可以基于表 1.5 用几何原理来证实, 能同时与分支的 4 个转动副轴线相交且与分支中的移动副相垂直的直线只有过中心点且平行第 1 个转动副轴线的线矢量。

从整个机构看, 按逻辑推理, 4 个完全相同的 R(CRR) 分支将会产生 4 个约束力, 都作用到动平台上, 这 4 个力都分别过分支相应的中心点并垂直于基面。然而, 这 4 条直线重合于两点。这样看来按照定理 2.6, 该 4-R(CRR) 机构没有公共约束, 又由于 4 条直线重合成为 2 条直线, 这 4 个线矢量相关, 存在 2 个闭合冗余约束, 即 $\lambda = 0, \nu = 2$。独立的约束仅有 2 个, 这样动平台的自由度为 4。

同样按通用的自由度公式计算 4-R (CRR) 机构的自由度为

$$M = d(n-g-1) + \sum_{i=1}^{g} f_i + \nu = 6 \times (14-16-1) + 20 + 2 = 4 \tag{4.21}$$

由于 4 个分支作用 4 个约束力于动平台, 而这 4 个力线矢两两共线, 它们线性相关, 只相当作用两个约束力于动平台。这两个约束力约束了动平台沿 z 方向的移动和绕由两个约束力所决定的平面法线方向的转动。因此机构的动平台的自由度性质为沿 x、y 方向的两个移动自由度和分别绕前述平面内两条直线的两个转动自由度, 即任何能够与那两个约束力相交的直线都可以作为转轴。

注意到, 对于具有 2T2R 4 个自由度的 4-R(CRR) 机构, 无论其发生沿任何方向的移动, 或发生绕任何允许转轴的转动, 存在两个中心点的情况不会变化, 上述由式 (4.19) 决定的分支的 5 个运动螺旋不会改变, 相应的反螺旋式 (4.20) 不会改变, 4 个分支作用到动平台上的 4 个约束力的线性相关性不会改变, 那么机构的自由度也不会改变。这样看来, 机构的自由度是全周性的。

4.1.7 实现 2T3R 的 5 自由度 3-RR(RRR) 并联机构

在发明 4 自由度 4-URU 对称并联机构的基础上, 2001 年又取得突破, 发明了首个对称的 5 自由度并联机构。这个机构是由 3 个相同的 RR(RRR) 分支同时连接上下平台。符号 RR(RRR) 表示了分支是由 5 个转动副构成, 括号中的 3 个 R 表示这 3 个转动副的轴线交于一个中心点, 见图 4.8。同时, 3 个分支的 3 个中心点重合。每个分支的前两个转动副平行且均垂直于基面。

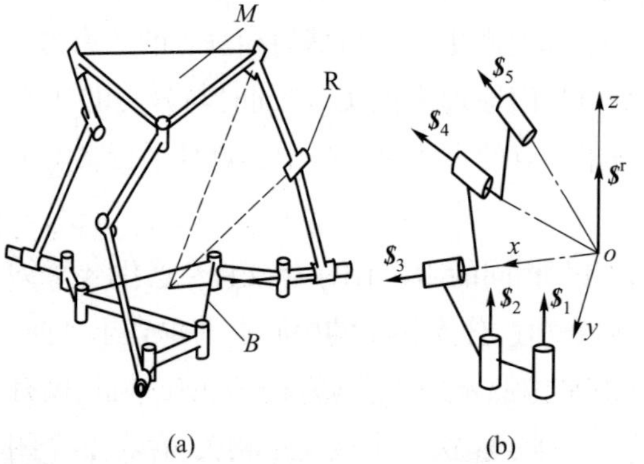

图 4.8 5 自由度 3-RR (RRR) 并联机构

为分析这个机构的自由度, 取出一个分支, 见图 4.8b, 将坐标系 $o-xyz$ 原点置于分支轴线的汇交点上, z 轴向上, x 轴与第 3 个转动副轴线重合。在 $o-xyz$ 坐标系下分支的 5 个转动副对应的螺旋表示为

$$\begin{aligned} \$_1 &= (0 \quad 0 \quad 1; \quad d_1 \quad e_1 \quad 0) \\ \$_2 &= (0 \quad 0 \quad 1; \quad d_2 \quad e_2 \quad 0) \\ \$_3 &= (1 \quad 0 \quad 0; \quad 0 \quad 0 \quad 0) \\ \$_4 &= (a_4 \quad b_4 \quad c_4; \quad 0 \quad 0 \quad 0) \\ \$_5 &= (a_5 \quad b_5 \quad c_5; \quad 0 \quad 0 \quad 0) \end{aligned} \tag{4.22}$$

同样, 为求此五系螺旋的反螺旋, 可以进行代数求解

$$\$^{\mathrm{r}} \circ \$_i = 0, \quad i = 1, 2, \cdots, 5$$

然而当我们在上述选取的坐标系下, 诸螺旋的第 6 个元素都为零, 反螺旋立即可以写出

$$\$^{\mathrm{r}} = (0 \quad 0 \quad 1; \quad 0 \quad 0 \quad 0) \tag{4.23}$$

由式 (4.23) 可以看到, 这个反螺旋是一个作用于动平台上的约束力, 它沿着 z 轴方向。也就是说, 这个分支产生一个与基面相垂直的约束力, 见图 4.8b。这个结果也完全可以用几何原理来证实, 见表 1.5, 从图中看到能同时与分支的 5 个转动副轴线共面的直线只有过中心点且平行第 1 个转动副轴线的线矢量。

从整个机构看, 依据逻辑推理, 3 个完全相同的 RR (RRR) 分支将会产生 3 个约束力, 都作用到动平台上, 这 3 个力都过机构的中心点垂直向上, 它们 3 个完全重合。根据定理 2.6, 约束力满足共轴条件, 这个 3-RR (RRR) 机构具有一个公共约束, 但没有闭合冗余约束, 即 $\lambda = 1$, $\nu = 0$。按通用的自由度公式, 3-RR (RRR) 机构的自由度为

$$M = d(n-g-1) + \sum_{i=1}^{g} f_i + \nu = 5 \times (14 - 15 - 1) + 15 + 0 = 5 \tag{4.24}$$

从上面的螺旋分析得知, 3 个分支提供作用于动平台的 3 个约束力, 这 3 个重合的约束力线性相关, 只相当作用于动平台一个约束力, 约束了动平台沿 z 轴的移动, 机构的动平台具有 5 个自由度, 包括沿 x 及 y 两个方向的移动和分别绕 x、y 和 z 3 个轴线的转动, 即为 2T3R 机构。

注意到, 对于这个具有 5 个自由度的 3-RR (RRR) 机构, 无论其发生沿任何方向的移动, 或发生绕任何可能转动轴线的任何转动, 上述由式 (4.22) 决定的分支的 5 个运动螺旋不会改变, 相应的反螺旋公式 (4.23) 不会改变, 3 个分支作用到动平台上的 3 个约束力相关性不会改变。那么机构的自由度也不会改变, 机构的自由度是全周性的。此外, 这个 5 自由度并联机构只有 3 个分支, 其实也可以再加上两个相同的分支设计成具有 5 个分支, 只是构件数目多一些, 结构复杂一些。

4.1.8 实现 2T 的 3-UU 机构

图 4.9 所示是高峰提出的 3-UU 机构[32,33], 它曾作为 2 自由度子机构用于其他机构的综合。

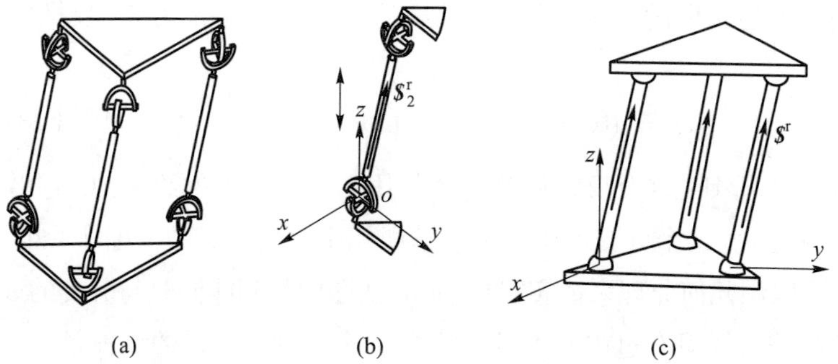

图 4.9 3-UU 机构

3-UU 运动链包括 3 个分支, 每个分支是一个包含两个虎克铰的 UU 运动链, 它相当于 4 个转动副 RRRR 构成的运动链, 此 UU 链的第 1 个和最后一个转动副的轴线分别水平固定于基面和动平台相等的两个正三角形上。建立坐标系如图 4.9b 所示, 可以写出该分支的螺旋系如下:

$$
\begin{aligned}
\$_1 &= (1 \quad 0 \quad 0; \quad 0 \quad 0 \quad 0) \\
\$_2 &= (0 \quad 1 \quad 0; \quad 0 \quad 0 \quad 0) \\
\$_3 &= (0 \quad 1 \quad 0; \quad d_3 \quad 0 \quad f_3) \\
\$_4 &= (1 \quad 0 \quad 0; \quad 0 \quad e_4 \quad 0)
\end{aligned}
\tag{4.25}
$$

其反螺旋有两个, 为

$$
\begin{aligned}
\$_1^{\mathrm{r}} &= (0 \quad 0 \quad 0; \quad 0 \quad 0 \quad 1) \\
\$_2^{\mathrm{r}} &= (f_3 \quad 0 \quad -d_3; \quad 0 \quad 0 \quad 0)
\end{aligned} \tag{4.26}
$$

式中, 第 1 个反螺旋是一个约束力偶, 沿 z 轴方向; 第 2 个反螺旋是一个约束力, 沿杆件方向。

整个机构的 3 个分支共作用于动平台 6 个约束, 其中 3 个为约束力偶, 这 3 个力偶都相互平行且垂直于基面, 它们线性相关, 秩为 1, 约束了动平台绕 z 轴的转动, 按定理 2.6, 机构有一个公共约束; 另 3 个为约束力, 分别沿各个杆件方向, 空间平行, 见表 1.2, 它们线性无关, 约束了动平台的一个沿杆长方向的移动和与约束力相垂直的两个方向的转动。上平台共承受 4 个独立的约束, 只剩下两个自由度, 即沿与杆件相垂直的两个方向的移动。机构的自由度还可以按式 (2.13) 计算

$$
M = d(n-g-1) + \sum_{i=1}^{g} f_i + \nu = 5 \times (5-6-1) + 12 + 0 = 2 \tag{4.27}
$$

机构的自由度也为 2。无论机构如何移动, 分支螺旋系不变, 反螺旋不变, 机构自由度的全周性不变。从上述分析可见, 这个 3-UU 机构当做子机构时, 具有两个与支杆相垂直的移动自由度, 其动平台不可能绕平台法线转动。

这里还要讨论另一种与之类似的 3-SS 机构, 见图 4.9c。它的每个分支含有两个球副, 相当于是一个含 6 个单自由度的转动副, 然而如前所述, 即表 1.2 的 8(c), 它们线性相关独立的线矢量只有 5 个, 这里存在一个局部自由度, 见定理 2.2。此分支也就只产生一个沿杆方向的约束力, 这可以由表 1.2 判定。3 个分支共作用 3 个相互平行的约束力于动平台, 它们线性无关, 约束了一个沿杆长方向的移动和与杆长方向相垂直的两个转动。机构的动平台也有 3 个自由度, 即沿与杆长方向相垂直的两个移动 (这点与 3-UU 相同) 和绕杆长方向的转动 (这是 3-UU 机构所没有的)。还可按式 (2.14) 求得平台的自由度为 3。机构的自由度按式 (2.13) 计算为

$$
M = d(n-g-1) + \sum_{i=1}^{g} f_i + \nu = 6 \times (5-6-1) + 18 + 0 = 6 \tag{4.28}
$$

这里机构的自由度为 6, 其中包括了 3 个局部自由度, 因为每一个 SS 分支都有一个局部自由度。此外, 该机构自由度的全周性也毋庸置疑, 这里不再赘述。

4.1.9 实现 1T2R 的 3-RSR 机构

图 4.10 所示是一个早在 1978 年提出的 3-RSR 机构, Hunt 首次提出它时是被用作传递运动的联轴节[2], 它实质也是一个并联机构, 具有一移两转的 1T2R 3 自由度机构, 而且其移动方向始终与其中间平面相垂直。它有 3 个相同的分支, 每个分支是一个 RSR 运动链, 其两端是两个转动副, 中间是一个球铰, 构成 RSR 运动链的上下两杆长度相等。3 个分支在上下平面上对称分布。为分析其自由度, 我们先看看其几何关系。

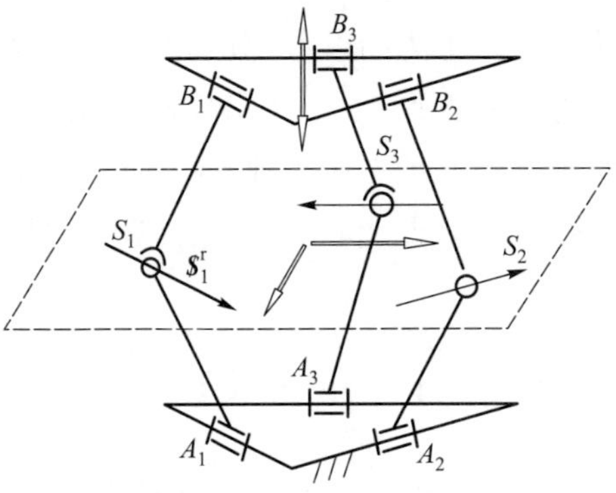

图 4.10 3-RSR 机构

从几何上看, 相同的各个分支的两个杆长相等又对称分布, 因此平面 $S_1S_2S_3$ 将图形分为上下两部, 可以看成对称的两个五面体。机构上半部五面体 $B_1B_2B_3$ $S_1S_2S_3$ 与下半部五面体 $A_1A_2A_3S_1S_2S_3$ 几何相同, 它们关于中间平面 $S_1S_2S_3$ 对称。

首先分析第一个分支 $A_1S_1B_1$, 转动副 A_1 与 B_1 关于中间平面对称, 则 A_1 与 B_1 轴线的位置关系只有两种可能: 相互平行或在中间平面内的某一点相交 (机构的结构决定两个转动副轴线不可能为异面直线)。分支中的 3 个运动副 RSR 对应有 5 个螺旋, 有一个反螺旋, 按表 1.5, 这个约束反螺旋是过 S_1 点且与 A_1 轴线和 B_1 轴线都共面的一条线矢量, 此线矢量的轴线位置也有以下两种情况:

(1) 若 A_1 与 B_1 两轴线平行, 则反螺旋线矢量轴线通过 S_1 点且与 A_1 和 B_1 轴线平行, 这样的反螺旋线矢量必然在中间平面内;

(2) 若 A_1 与 B_1 轴线相交, 其交点位于中间平面内, 则反螺旋线矢量轴线通过 S_1 点以及 A_1、B_1 两轴线的交点, 这样的线矢量显然也在中间平面内。

可以看出, 无论以上两种情况中的哪一种, 该线矢量都处于中间平面内。

同理可知, 另两个分支的约束反螺旋力线矢也都分布在中间平面内。整个机构动平台所受到的 3 个约束力都分布在中间平面内, 且 3 个约束力是独立的, 约束了中间平面内的两个移动, 以及绕中间平面法线的转动。机构具有 3 个自由度, 是 1T2R 机构, 如图中的空心箭头所示, 而所有转动轴线均在中间平面内, 移动方向则与中间平面相垂直。如按通用的自由度公式有

$$M = d(n-g-1) + \sum_{i=1}^{g} f_i + \nu = 6 \times (8-9-1) + 15 + 0 = 3 \tag{4.29}$$

毋庸置疑, 机构具有全周性。

4.2 具有不同自由度的 UPU 机构

Tsai 于 1997 年提出具有 UPU 分支的 3 自由度 3-UPU 移动并联机构[29]。随着研究的深入, 人们发现 3-UPU 并联机构在不同的装配位型下具有不同的自由度, 形成许多自由度不同的机构。这种特性吸引了各国学者的注意。本节对 3-UPU 并联机构在不同装配位型下的结构约束作一分析, 给出 3-UPU 并联机构在不同的装配位型下的自由度, 这里也充分地显示了基于反螺旋理论的约束分析方法在机构自由度分析中的能力。

4.2.1 Tsai 氏实现 3T 的 3-UPU 并联机构

图 4.11 所示为 Tsai 3 自由度移动 3-UPU 并联机构[29]。该机构上平台小, 下平台大。在每个分支中与定平台相连的第 1 个转动副轴线平行于定平台, 与动平台相连的第 5 个转动副轴线平行于动平台, 它们的轴线方向分别切于对应平台三角形的外接圆, 3 个分支有相同的几何条件; 移动副两端的转动副轴线结构上保持相互平行, 且十字头平面的法线斜交于定平台。

分支坐标系的建立如图 4.11 所示, x 和 y 分别沿下面 U 副的两个轴线, z 轴与十字头平面相垂直, 即沿杆方向。则初始装配位型下, 分支的运动螺旋系为

$$\begin{aligned}
\$_1 &= (0 \quad 1 \quad 0; \quad 0 \quad 0 \quad 0) \\
\$_2 &= (1 \quad 0 \quad 0; \quad 0 \quad 0 \quad 0) \\
\$_3 &= (0 \quad 0 \quad 0; \quad 0 \quad 0 \quad 1)
\end{aligned} \tag{4.30}$$

$$\$_4 = (1 \quad 0 \quad 0; \quad 0 \quad e_4 \quad 0)$$
$$\$_5 = (0 \quad 1 \quad 0; \quad d_5 \quad 0 \quad 0)$$

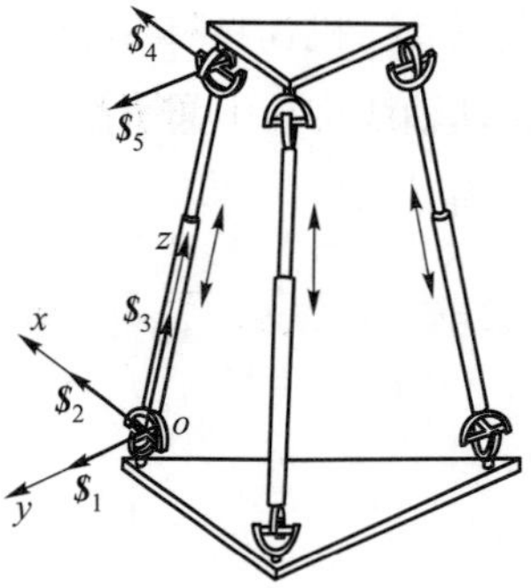

图 4.11　3 自由度移动 3-UPU 并联机构

计算式 (4.30) 中 5 个运动螺旋的反螺旋, 由于所有螺旋坐标中的第 3 个元素皆为零, 得到单个 UPU 分支的约束螺旋为

$$\$^{\mathrm{r}} = (0 \quad 0 \quad 0; \quad 0 \quad 0 \quad 1) \tag{4.31}$$

上式表明在此初始位型下, 单个 UPU 分支对动平台施加了一个约束力偶, 该力偶垂直于 U 副的十字头平面并沿杆长方向。容易看出, 对应 3 个分支的 3 个力偶在空间分别都垂直各自的十字头平面, 它们相互并不平行, 彼此线性无关, 3 个约束力偶约束了 3 个转动自由度, 上平台只具有 3 个移动自由度; 同时得知机构中也不存在公共约束和闭合冗余约束, 因此, 在初始位型下, 该机构的自由度可以按式 (2.13) 计算, 有

$$M = d(n-g-1) + \sum_{i=1}^{g} f_i + \nu = 6 \times (8-9-1) + 15 + 0 = 3 \tag{4.32}$$

注意到初始位型下动平台平行于定平台, 且动平台只能在空间做三维移动, 这样无论如何移动, 动平台始终与定平台平行。当动平台发生任意有限移动后, 分支运动螺旋系不变, 反螺旋仍为与各自十字头平面相垂直的约束力偶

$$\$^{\mathrm{r}} = (0 \quad 0 \quad 0; \quad 0 \quad 0 \quad 1) \tag{4.33}$$

当动平台发生有限运动后, 单个 UPU 分支仍对动平台施加一个垂直于 U 副十字头平面的约束力偶。显然这 3 个分支的 3 个 U 平面仍不会相互平行, 也

不可能共面, 因此机构约束螺旋系仍为 3 个不同方向的约束力偶, 该机构仍为 3 自由度移动并联机构。

其实, 对于这个发生位移后的自由度的分析, 也完全可以由几何原理来分析, 这就会简单很多。不论动平台位移至何处, 具有上下平台始终平行的条件, 各个分支中的第 1 和第 5 两个转动副轴线平行, 结构上第 2 和第 4 个转动副也保持相互平行, 所有分支内的两个 U 副平面始终是相互平行的。依据表 1.5, 不必建立螺旋系式 (4.30) 即可推出反螺旋是与 U 副平面相垂直的约束力偶。

有研究表明[34], Tsai 氏这种三维移动机构存在一个严重的难以克服的缺点, 就是它的制造和装配都面临特殊的困难。因为要保证实现三维移动, 3 个分支的 6 个 U 副的 6 个十字头平面全要保持严格平行条件, 尤其是在装配时难以实现这个条件, 一旦这种平行的几何条件不能严格地满足, 机构就不再是三维移动机构。所以这种三维移动机构仅理论上可行, 并不是好的设计, 在与下一节的非对称 3-UPU 机构的对比分析中再进一步说明。

4.2.2 实现 3T 的非对称 3-UPU 并联机构

图 4.12 为路懿与其学生发明的一种 3-UPU 非对称并联机构[34], 它也能实现三维移动运动。它的特点是该机构并不比上述的 Tsai 机构复杂, 而加工装配却十分方便。它也具有 3 个 UPU 分支, 其中前两个分支在机构上的布置结构相同, 它们的上下两个 U 副的首末转动副轴线分别与上下平台相垂直。而第 3 分支的首末转动副却都与相应平台平面相平行。可以看到, 虽然此机构具有相同的 3 个 UPU 分支, 但它们具有不同的安装方式, 构成非对称的并联机构。

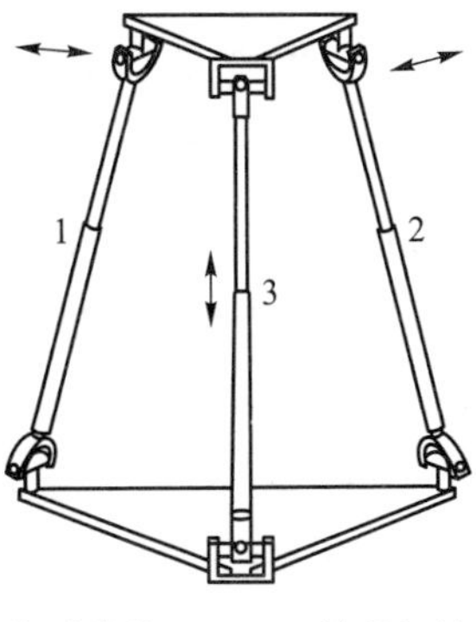

图 4.12 非对称的 3-UPU 并联机构

为分析自由度, 关于 UPU 分支的约束反螺旋前面已经做过分析, 是与十字头平面相垂直的约束力偶。由于起始时上下平台相互平行, 因此前两个分支各自的上下两个 U 副的十字头平面皆垂直基面且相互平行, 而第 3 分支的两个相互平行的十字头平面不与基面垂直。这样看来, 前两个分支作用于动平台上的两个约束力偶平行于动平台且有不同的方向; 而第 3 分支作用于运动平台的约束力偶沿杆长度方向。如此分析可以看到, 3 个分支作用于动平台上的 3 个约束力偶的 3 个方向也是不相同的, 它们是线性无关的。所以, 机构的 3 个转动自由度都被约束掉了, 机构也具有 3 个移动自由度, 也是一个三维移动机构。

这个 3-UPU 机构与 Tsai 发明的 3-UPU 机构不同之处就在于 3 个分支在上下平台的相对安装方法上。Tsai 的 3-UPU 机构中每个分支固定于上下平台上对应的两个孔的轴线要求严格的平行性, 若不平行, 分支的上下十字头平面则不可能平行, 这样分支的约束反力就不会是力偶。而且 3 个分支都有这样的严格要求, 否则不是约束力偶就不是三维移动机构。对于这样的技术要求, 在加工制造上则要求上下平台上的 6 个与平面垂直的孔必须方位准确, 轴线平行。实际上, 最困难之处还不在这里, 安装时要保证这些十字头平面的两两平行却是最困难的。这个平行性几乎是绝对的, 若发生一点点不平行, 则装配得到的机构就不是三维移动机构, 因而这种机型的可装配性实在太差。而路懿等发明的这个 3-UPU 机构则无上述的特殊装配要求, 非常易于安装和实现三维移动运动, 这一点已为实践证明。

这里我们看到, 相同的结构仅安装不同机构性能上就有这么大的差别, 这是我们机械创新者应该关注的, 希望能够研发出更好的、有创新性的新机构, 也表明我们机构创新者大有可为。

4.2.3 实现 3R 的 3-UPU 并联机构

图 4.13 所示为另一种含有 UPU 运动链的并联机构[35], 其上下平台都是正三角形。公认该机构是 “三维转动机构”。它也由 3 个 UPU 运动链同时连接上下平台构成。与运动链 UPU 的移动副相邻的上下两个转动副是相互平行的, 而运动链首末两个转动副不平行, 它们相交于一个中心点。3 个分支有共同的一个中心点。此外, 每个分支的第 1 个转动副轴线平行于基面。

初始时动平台平行于定平台, 分支参考坐标系选为 $o-xyz$, 取中心点为分支坐标系的原点, 使分支坐标系的 x 轴和与定平台相连的第 1 分支的第 1 个转

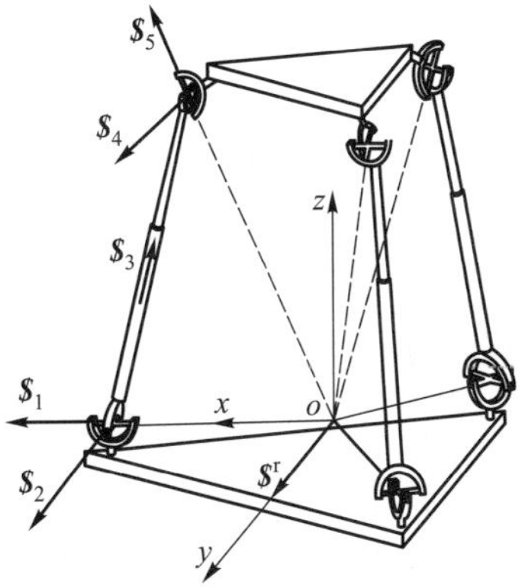

图 4.13 3 自由度转动 3-UPU 并联机构

动副轴线重合, 使分支坐标系的 y 轴平行于 U 副的另一个转动副的轴线。在此初始位型下, 分支运动螺旋系为

$$\begin{aligned}
\$_1 &= (1 \quad 0 \quad 0; \quad 0 \quad 0 \quad 0)\\
\$_2 &= (0 \quad 1 \quad 0; \quad 0 \quad 0 \quad f_2)\\
\$_3 &= (0 \quad 0 \quad 0; \quad d_3 \quad 0 \quad f_3)\\
\$_4 &= (0 \quad 1 \quad 0; \quad d_4 \quad 0 \quad f_4)\\
\$_5 &= (a_5 \quad 0 \quad c_5; \quad 0 \quad 0 \quad 0)
\end{aligned} \tag{4.34}$$

计算上式中 5 个运动螺旋的反螺旋, 我们可以得到此时单个 UPU 分支的约束反螺旋为

$$\$^{\mathrm{r}} = (0 \quad 1 \quad 0; \quad 0 \quad 0 \quad 0) \tag{4.35}$$

上式表明, 在此初始位型下, 单个 UPU 分支对动平台施加一个约束力线矢, 见图 4.13, 该力线矢过中心点且平行于分支的第 2 个转动副轴线, 或说该反螺旋垂直于分支首末两个轴线决定的平面。这个结论也可以由表 1.5 来证实。

3 个 UPU 分支向动平台总共施加 3 个约束力线矢。这 3 个力线矢汇交于一点且共面。因此它们线性相关, 见表 1.2, 其中仅有两个螺旋是独立的, 存在一个闭环冗余约束。在此坐标系下它们可以写为

$$\begin{aligned}
\$_1^{\mathrm{r}} &= (1 \quad 0 \quad 0; \quad 0 \quad 0 \quad 0)\\
\$_2^{\mathrm{r}} &= (0 \quad 1 \quad 0; \quad 0 \quad 0 \quad 0)
\end{aligned} \tag{4.36}$$

存在 1 个闭合冗余约束, 因此, $\lambda = 0, \nu = 1$, 应用通用的自由度公式, 有

$$M = d(n - g - 1) + \sum_{i=1}^{g} f_i + \nu = 6 \times (8 - 9 - 1) + 15 + 1 = 4 \tag{4.37}$$

式 (4.36) 中的两个约束力线矢约束了动平台的两个移动自由度, 被约束的移动方向都与基面平行, 此时, 机构具有 4 个自由度, 包括 3 个转动自由度和 1 个垂直基面的移动自由度。由于两约束力共面且汇交一点, 因此上平台的任何转动运动的旋转轴线必须通过这个转动中心, 汇交点就是上平台的转动中心。从这个分析结果看到, 它并不是纯三维转动机构。

考虑到分支的 5 个运动副的结构, 只要分支的首末两个转动副轴线不相平行, 则不发生奇异, 那么 UPU 分支的运动螺旋系都具有式 (4.34) 的形式, 从而对动平台始终施加一个与分支第 2 个转动副轴线相平行的力线矢。

为检验自由度的全周性, 可先后取如下几个步骤。

当动平台发生绕 z 轴的某种有限转动, 并保持上下平台汇交中心不变, 此时分支中在移动副两端的两个转动副轴线就不再平行于基面, 或者说每个分支首末转轴决定的平面不再与基面垂直。由于 3 个分支的对应 3 个平面决定了过同一中心点 O 的 3 条法线方向, 此时, 汇交于中心点的 3 个分支的 3 个法线约束力线矢将不再共面, 这样它们彼此线性无关, 机构中也就不存在公共约束和闭合冗余约束, $\lambda = 0, \nu = 0$, 这样机构自由度变为

$$M = d(n - g - 1) + \sum_{i=1}^{g} f_i + \nu = 6 \times (8 - 9 - 1) + 15 + 0 = 3 \tag{4.38}$$

机构的自由度变成 3。显然, 3 个分支所产生的 3 个约束力线矢约束了动平台的 3 个移动自由度, 该机构只具有 3 个转动自由度, 此时它是一个纯粹的三维转动机构。由于动平台发生有限转动后, 且上下汇交点仍然重合, 所以机构约束螺旋系不会改变。

再分析当图 4.13 所示的初始装配位型下, 若发生沿 z 轴的一个位移, 虽然可以继续沿 z 轴位移, 但一旦这种位移发生, 上下平台的两个汇交中心却相分离。因为从动平台看, 其上的 3 个转动副轴线对动平台来说是固定的, 由加工装配所确定, 在运动过程中不会改变; 同样, 定平台上的 3 个转动副轴线对定平台来说也同样是固定不变的。这样说, 当动平台向上移动后, 上下平台的两个中心不再重合, 3 个分支的 3 个汇交中心也不再重合, 约束螺旋系发生很大的变化。

从一个分支看, 在上平台升高后, 其首末转动副的两条轴线之交点则会远离原来的中心, 3 个分支都会如此变化, 那么也就是形成了 3 个中心, 对应 3 个反螺旋虽共面并不汇交, 按表 1.2 所指示, 它们线性无关。这样机构的自由度性质会发生变化, 机构不再具有原来的 3R1T, 而成为 2R1T 机构。

如上述分析, 对这个机构而言, 它是一个自由度不稳定的机构。如果要作 3 自由度转动机构应用却也不是不可以, 那就要特别加以另外的约束, 使机构不可能发生 z 向移动, 即不能允许机构处于 3 个分支有相同的伸长的位型。

这里还要讨论归纳一下许多机构都要应用的这种典型 UPU 运动链, 并引出如下法则:

法则 4.1 对于含有一般 UPU 运动链的分支, 且与 P 副相邻的两个转动副轴线相平行, 这种分支的约束反螺旋只有两种可能, 当上下 U 副的十字头平面平行时, 反螺旋是与十字头平面相垂直的约束力偶; 当上下十字头平面不平行时, 反螺旋是过首末两轴线交点的约束力, 而其方向与另外两个转动副轴线相平行。

4.2.4 实现 3T1R 的 4-UPU 机构

图 4.14 是一个对称的 4 自由度 4-URU 并联机构, 它能够实现 3T1R 4 自由度的运动。前两节分析过两种 UPU 结构的并联机构, 这个机构也是由与前面相同的 UPU 分支构成, 而自由度却有不同。这是依赖于机构分支与上下平台连接的特点, 它的每个 UPU 分支的第 1 个转动副和第 5 个转动副分别与基面和动平台相垂直。移动副两端的两个转动副则保证其相互平行。在这样的 UPU 安

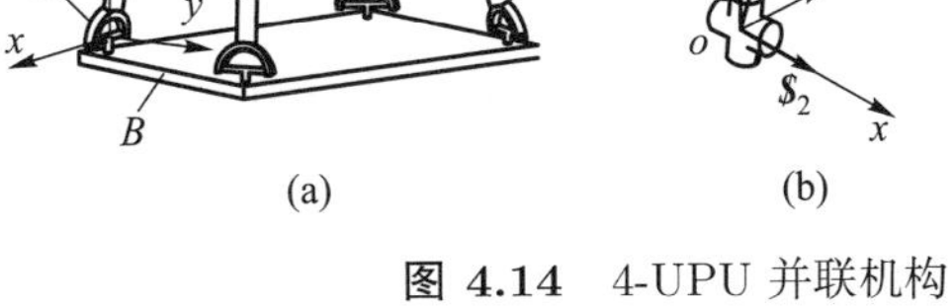

图 4.14 4-UPU 并联机构

装条件下，此机构也实现典型的 3 移 1 转的 4 自由度运动。

具体分析与第 2 章的例 2.3 类似，这里不再赘述。

4.2.5 变化的 5 自由度 3-UPU 并联机构

图 4.15 所示的 3-UPU 并联机构[11] 也是一个十分奇怪的变自由度机构[23]。当该机构的动平台平行于定平台时，机构所有转动副轴线都平行于定平台；在 3 个 UPU 分支中，与动平台相连的 3 个转动副轴线共面且交于一点；与定平台相连的 3 个转动副轴线也共面汇交于一点。这里我们称与定平台相连的 U 副十字头平面为下 U 平面，与动平台相连的 U 副十字头平面为上 U 平面。

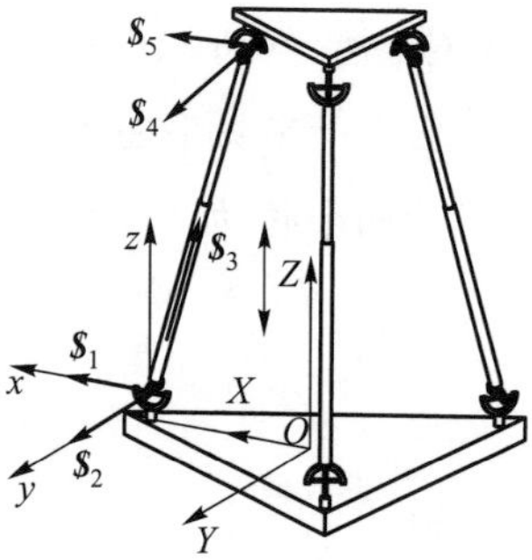

图 4.15 瞬时 5 自由度 3-UPU 并联机构

设分支坐标系 $o-xyz$ 的 x 轴和 y 轴分别与第 1 个万向铰的两个转动副轴线重合，z 轴垂直于 U 平面。单个 UPU 分支运动螺旋系为

$$
\begin{aligned}
\$_1 &= (1 \quad 0 \quad 0; \quad 0 \quad 0 \quad 0) \\
\$_2 &= (0 \quad 1 \quad 0; \quad 0 \quad 0 \quad 0) \\
\$_3 &= (0 \quad 0 \quad 0; \quad d_3 \quad 0 \quad f_3) \\
\$_4 &= (0 \quad 1 \quad 0; \quad -d_4 \quad 0 \quad f_4) \\
\$_5 &= (1 \quad 0 \quad 0; \quad 0 \quad d_4 \quad 0)
\end{aligned}
\tag{4.39}
$$

[23]这个机构是 1997 年在撰写著作《并联机器人机构学理论及控制》一书的第 2 章时综合得到的。本想以这个 “5 自由度机构” 为例介绍如何应用我们的自由度公式分析并联机构，但由于当时就发现其自由度不稳定而放弃，改而采用该书所给出的 3-RRRH 机构。但从另一方面说，反螺旋理论却识别出此机构自由度的不稳定性以及它能够实现的各种运动。

计算式 (4.39) 的反螺旋, 可以得到单个 UPU 分支的约束螺旋为

$$\boldsymbol{\$}^{\mathrm{r}} = (0 \quad 0 \quad 0; \quad 0 \quad 0 \quad 1) \tag{4.40}$$

式 (4.40) 表明单个 UPU 分支对动平台施加了一个约束力偶, 该力偶垂直于分支中的 U 平面, 即沿 U 平面的法线方向。对整个机构而言, 3 个分支对动平台共施加 3 个约束力偶, 但由于在此位型下, 所有 U 平面相互平行, 这 3 个力偶也相互平行, 作用于动平台上的约束螺旋系的秩为 1。由于力偶为自由矢量, 这 3 个力偶实际上满足定理 2.6 的约束力偶平行的几何条件, 它们彼此线性相关, 构成了一个公共约束, 机构没有闭合冗余约束。因此, 机构动平台上仅承受一个约束力偶即式 (4.40), 平台自由度是 5。式 (4.40) 中的约束力偶只约束动平台绕自身法线方向的转动。由式 (2.13) 也可得机构自由度, 为

$$M = d(n-g-1) + \sum_{i=1}^{g} f_i + \nu = 5 \times (8-9-1) + 15 + 0 = 5 \tag{4.41}$$

因此, 在此位型下, 3-UPU 并联机构具有 5 个自由度, 包括 3 个移动自由度和绕 X 轴、Y 轴的两个转动自由度。注意, 这个结果仅是该位型下的瞬时自由度。

为分析在不同位型下自由度的变化, 应当对每一个可能的自由度性质对应的运动位型判断自由度是否稳定。当动平台沿 Z 方向发生任何有限移动时, 动平台平面始终平行于定平台, 机构约束螺旋系不会因此改变, 该机构仍具有 5 个自由度。

当动平台在初始位型下沿横向的某个方向发生有限的位移时, 在单个 UPU 分支中的两个 U 平面仍然能够保持相互平行, 但它们的十字头平面的法线却不再能够与基面垂直, 约束力偶也不再与基面垂直。在不同 UPU 分支中的 U 平面此时可能出现相互不一致的情况, 它们的法线则也不相互平行。此时 3 个 UPU 分支对动平台施加的 3 个约束力偶或者处于空间 3 个不同的方向, 彼此线性无关 3 个都是独立的, 或者仅其中两个是独立的。这样, 原来 3 个分支的 3 个力偶平行线性相关, 秩为 1 的条件被破坏, 机构不再具有 5 自由度, 自由度的数目性质都将发生变化。若是前者, 显然此时机构不具有公共约束, 动平台的 3 个转动自由度被约束, 该机构此时从 5 自由度变成为 3 自由度移动机构。有

$$M = d(n-g-1) + \sum_{i=1}^{g} f_i + \nu = 6 \times (8-9-1) + 15 + 0 = 3 \tag{4.42}$$

若 3 个分支中发生仅两个约束力偶能保持独立, 则机构是 4 自由度机构。

当动平台从初始位型下发生绕水平的 x 轴或 y 轴转动, UPU 分支中的上 U 平面和下 U 平面将不再平行。由法则 4.1 得知, 反螺旋的性质将发生变化, 此时自由度存在多种可能性。

设若此时上平台绕某分支的第 4 个运动副轴线转动一个有限微小角度, 它的第 5 个转动副轴线将发生偏转, 该分支运动螺旋系则成为

$$\begin{aligned}
\$_1 &= (1 \quad 0 \quad 0; \quad 0 \quad 0 \quad 0) \\
\$_2 &= (0 \quad 1 \quad 0; \quad 0 \quad 0 \quad 0) \\
\$_3 &= (0 \quad 0 \quad 0; \quad d_3 \quad 0 \quad f_3) \\
\$_4 &= (0 \quad 1 \quad 0; \quad -d_4 \quad 0 \quad f_4) \\
\$_5 &= (a_5 \quad 0 \quad c_5; \quad 0 \quad d_4a_5 - f_4c_5 \quad 0)
\end{aligned} \tag{4.43}$$

计算式 (4.43) 的反螺旋, 可以得到此时这个 UPU 分支的约束螺旋为

$$\$_{l1}^{\mathrm{r}} = (0 \quad c_5 \quad 0; \quad 0 \quad 0 \quad f_4c_5 + d_4a_5) \tag{4.44}$$

这时此单个 UPU 分支对动平台施加了一个平行于第 2 个转动副轴线的约束力。至于其他两个 UPU 分支, 它们的上下 U 副平面也不再平行, 分支的约束都变成反螺旋约束力。这时, 作用于平台上的 3 个约束力的线性相关性将决定平台的不同类型的运动性质。若它们三者呈空间线性无关则约束动平台的 3 个移动自由度, 此时该机构为三维转动机构; 若共面其秩为 3, 则平台变成 2 转 1 移; 若共面汇交则自由度为 4。

若上平台绕某分支的第 5 个转动副轴线转动一个微小角位移, 此时, 该分支的上下 U 平面仍旧平行, 基面没有改变, 分支的反螺旋仍是 z 向约束力偶, 而另两个分支的反螺旋则变成约束力。此时该机构仍为 3 自由度并联机构, 但自由度中既包括转动自由度又包括移动自由度。

仅从上述少数情况的大略分析来看, 这种结构的 3-UPU 机构的自由度是不稳定的, 不是一般正常的机构。它可以实现的运动是复杂多变的, 可能包括沿 z 向移动的 5 自由度, 变成 4 自由度, 变成三维转动, 变成三维移动乃至三维转动移动的混合形式, 而且各个自由度都有一个不是无限小的区域。确实, 说它是一

个变自由度机构, 这种变自由度的机构在机构学理论上或许还有一点意义, 但目前尚看不到对像它这样具有多变自由度的机构有什么实际应用的需要。

我们从这个例子再次看到, 应用螺旋理论能够深入细致地研究机构的自由度。

4.3 非对称并联机构

当并联机构的各个分支有不同的运动副结构, 或各分支在基面上有不对称的布置时, 就是非对称的并联机构。非对称的并联机构是实际中应用非常广泛的一类并联机构, 可以容易地实现各种各样的不同的具体要求, 它设计简便, 易于获得, 是十分有用的一大类别。前面我们提到对称的并联机构在理论上有非常重要意义。对偶地, 非对称的并联机构在实际中应用得要更多一些, 它更能适应不同的工作需要, 我们应该特别注意非对称并联机构的开发与应用。

从机构结构上说非对称并联机构有两类。第 1 类的构成原理十分简单, 在此类并联机构中含有一个特殊的约束分支运动链, 它直接具有所要求的机构自由度数目和性质。而机构的其他分支都是相同的自由度为 6 的无约束驱动分支, 且多采用 SPS 结构形式 (或 UPS 结构), 其中的移动副 P 也就常选作驱动副, SPS 分支仅作为驱动分支应用, 它们可以对称地布置为环绕中间那个约束分支, 也可以非对称地布置。此外, 这类非对称并联机构还有一个重要特点, 它们多具有非过约束性质。因为, 当把机构周围的无约束驱动分支拿掉, 剩下的就是一个开式串联链, 如前所述, 开式链是没有过约束的。由于此类非对称并联机构的自由度分析简单, 结构综合也比较简单, 这里就不多介绍了。

另一类非对称并联机构则是由若干结构不同的分支构成, 各个分支都对动平台施加一定的约束, 整个机构的自由度由这些分支约束的综合作用决定。

下面就介绍几种不同的非对称的并联机构, 其中某些已得到较广泛的应用。

4.3.1 Tricept 机构

1988 年 Neumann 发明的 Tricept 并联机器人操作机[36], 见图 4.16a, 是一种具有 3 自由度 3UPS/UP 结构的第 1 类非对称并联机构, 其末端再与一个 2 自由度串联手腕串接组成 5 自由度混联机构。该机构灵活度高, 具有工作空间大、结构简单、刚度重量比高、可重构能力强、易于控制的特点。该机构在商业上也已获得较大的成功, 广泛应用于构件的铆接、焊接、激光切割等许多方面, 是一个典型的设计成功的少自由度并联机构。

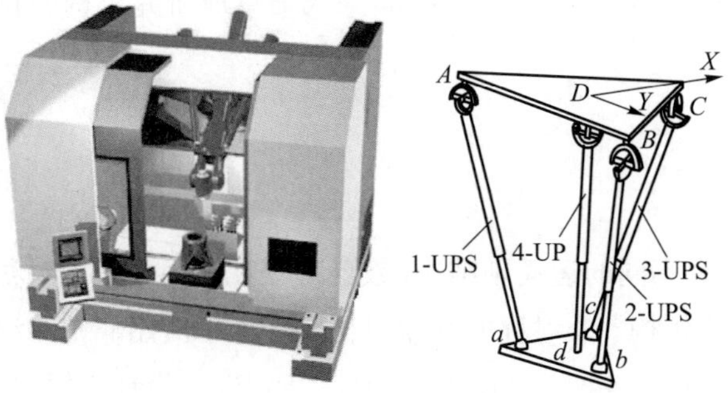

(a) (b)

图 4.16 Tricept 并联机器人操作机

如图 4.16b 所示, Tricept 并联机器人操作机机构由作为机架的上部静平台、下部动平台及 4 个分支组成。它的中间分支是一个无驱动的 3 自由度 UP 运动链, 由 U 副和 P 副组成, P 副的一端正交地固定连接在动平台上, 其另一端与定平台通过虎克铰连接。上下平台的 3 个角上有 3 条可伸缩的 6 自由度 UPS 分支, 用以驱动机构的动平台。因此, 活动平台的自由度仅仅决定于机构的中间导向分支, 使机构具有两个转动和一个移动这样的 3 个自由度。此外, 由于其动平台上再安装有 2 自由度串联回转头, 见图 4.16a, 因此综合看此机构可实现空间 5 自由度运动。

从上述分析看到, 这种由一个少自由度的串联分支和若干个 6 自由度分支构成的第 1 类非对称并联机构的自由度完全决定于其少自由度串联分支。对分析自由度来说, 其他 6 自由度分支则不必考虑。这样, 对于这一类非对称并联机构的自由度, 完全决定于其少自由度串联链。串联链的自由度在第 2 章里已经讨论过。

4.3.2 TriVariant 机构

天津大学黄田教授于 2006 年在研究 Tricept 机构时, 发现它在机构的结构上并不尽合理, “3 个自由度为什么一定要有 4 个分支?” 因此提出 TriVariant 机构[37], 其结构如图 4.17 所示, 它也是非对称的 2-UPS/UP 并联机构, 它的两个 UPS 分支和另一个 UP 约束分支都是驱动分支, 这也是一种第 1 类的非对称

图 4.17 TriVariant 机构

并联机构。其动平台上再附加 2 自由度串联回转头, 也具有 5 个自由度。可以看到, 这个改进是合理的。

4.3.3 2 自由度 2R 球面 5 杆机构

图 4.18 是刘辛军等人提出的一个 2 自由度球面 5 杆机构[38], 因为它的所有轴线都通过同一个转动中心, 所有构件上所有点的轨迹都是以 O 为中心的球面曲线。它是一个第 2 类非对称的并联机构, 其中心构件看成其 "输出平台", 机构有结构不同的两个分支, 其中 A 分支仅以一个 U 副连接动静平台; B 分支是一个球面 3R 运动链。这两个分支都对末端动平台带来约束。当取坐标系原点于机构中心点 O, 坐标系为 $O-XYZ$。Z 轴沿中心构件的法线, X、Y 轴分别是中心杆件的两个转动副轴线。这里先分析含 U 副的 A 分支, U 副相当于两个转动副, 有

$$\begin{aligned}\$_{11} &= (0 \quad 1 \quad 0; \quad 0 \quad 0 \quad 0) \\ \$_{12} &= (1 \quad 0 \quad 0; \quad 0 \quad 0 \quad 0)\end{aligned} \tag{4.45}$$

它有 4 个反螺旋

$$\begin{aligned}\$^{\mathrm{r}}_{11} &= (1 \quad 0 \quad 0; \quad 0 \quad 0 \quad 0) \\ \$^{\mathrm{r}}_{12} &= (0 \quad 1 \quad 0; \quad 0 \quad 0 \quad 0) \\ \$^{\mathrm{r}}_{13} &= (0 \quad 0 \quad 1; \quad 0 \quad 0 \quad 0) \\ \$^{\mathrm{r}}_{14} &= (0 \quad 0 \quad 0; \quad 0 \quad 0 \quad 1)\end{aligned} \tag{4.46}$$

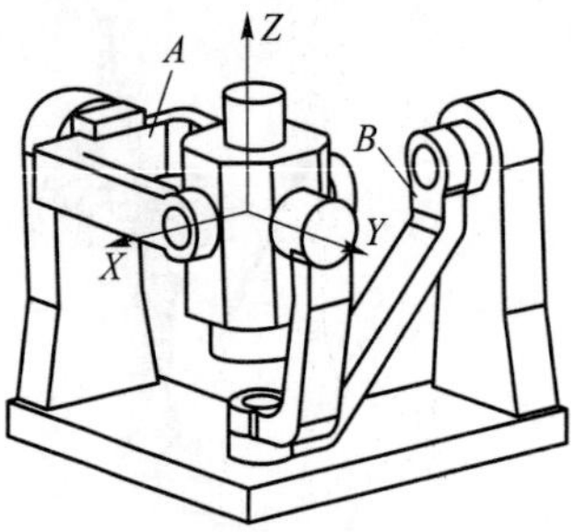

图 4.18 2 自由度球面 5 杆机构

这 4 个反螺旋分别是沿 X、Y 和 Z 3 个轴线方向的约束力, 以及绕 Z 轴的约束力偶。

B 分支是一个球面运动链, 因为它的 3 个转动副轴线汇交于同一个中心点 (对本例的两个分支可以选取同一个坐标系分析分支螺旋系), 分支螺旋系可以表示为

$$
\begin{aligned}
\$_{21} &= (1 \quad 0 \quad 0; \quad 0 \quad 0 \quad 0) \\
\$_{22} &= (0 \quad 0 \quad 1; \quad 0 \quad 0 \quad 0) \\
\$_{23} &= (0 \quad 1 \quad 0; \quad 0 \quad 0 \quad 0)
\end{aligned}
\tag{4.47}
$$

对应此 3 个螺旋有 3 个反螺旋, 它们分别是沿 X、Y、Z 轴方向的 3 个约束力。

$$
\begin{aligned}
\$^{\mathrm{r}}_{21} &= (1 \quad 0 \quad 0; \quad 0 \quad 0 \quad 0) \\
\$^{\mathrm{r}}_{22} &= (0 \quad 1 \quad 0; \quad 0 \quad 0 \quad 0) \\
\$^{\mathrm{r}}_{23} &= (0 \quad 0 \quad 1; \quad 0 \quad 0 \quad 0)
\end{aligned}
\tag{4.48}
$$

比较两个分支的约束螺旋系式 (4.46) 和式 (4.48), 可以看到, 有相同的 3 个约束力, 因此它们有 3 个公共约束; 当去掉这 3 个公共约束后, 平台的螺旋系仅有一个绕 Z 轴的约束力偶, 因此没有闭合冗余约束。我们有

$$
M = d(n-g-1) + \sum_{i=1}^{g} f_i + \nu = 3 \times (4-4-1) + 5 + 0 = 2 \tag{4.49}
$$

此式表明机构有两个自由度, 即中心件绕 X 轴和 Y 轴的两个转动自由度。此外, 机构自由度的全周性也易于证明。

4.3.4 Carricato 机构

图 4.19a 所示为 Carricato 机构, 该机构可以实现 3T1R 这样的 4 个自由度运动[39]。它有 4 个分支, 其中 3 个是相同的 4 自由度 PRPR 运动链, 另一个是布置在机构中央的一个双 Candan 铰链的 5 副 RUPUR 7 自由度的运动链, 见图 4.19b, 4 个分支共同连接机架和动平台。3 个 PRPR 分支在定平台上的 3 个移动副导轨都相互垂直, 在动平台上的 3 个转动副的轴线也相互垂直, 且平行对应的机架移动副轴线。由于中间的 RUPUR 分支与定平台及动平台都是以转动副 R 相连接的, 机器人手直接连接在 RUPUR 分支的末端, 其转动运动的驱动可以来自机构底部的动力输入。所以 Carricato 机构的结构是一个 3-PRPR/RUPUR 运动链, 属于第 2 类非对称的并联运动链。为进行自由度分析, 建立坐标系 $O-XYZ$, 使得 X、Y 和 Z 轴分别平行于动平台上的 3 个运动副方向。

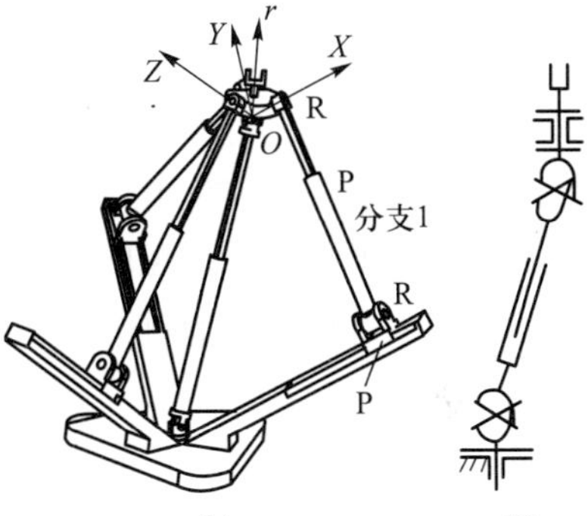

图 4.19 Carricato 机构

首先来分析第 1 个 PRPR 分支, 这个分支最上面的转动副轴线与 X 轴重合。4 个运动副用螺旋表示, 构成了这个分支的运动螺旋系

$$
\begin{aligned}
\$_1^1 &= (0 \quad 0 \quad 0; \quad 1 \quad 0 \quad 0) \\
\$_2^1 &= (1 \quad 0 \quad 0; \quad 0 \quad e_2 \quad f_2) \\
\$_3^1 &= (0 \quad 0 \quad 0; \quad d_3 \quad e_3 \quad f_3) \\
\$_4^1 &= (1 \quad 0 \quad 0; \quad 0 \quad 0 \quad 0)
\end{aligned}
\tag{4.50}
$$

它的约束螺旋系为

$$\begin{aligned} \$^{\mathrm{r}}_{11} &= (0 \quad 0 \quad 0; \quad 0 \quad 1 \quad 0) \\ \$^{\mathrm{r}}_{12} &= (0 \quad 0 \quad 0; \quad 0 \quad 0 \quad 1) \end{aligned} \tag{4.51}$$

此约束螺旋系包括两个约束力偶, 它们与该分支的转动副轴线相垂直, 也可以说几何上它们分别沿另外两个分支的滑轨方向。

另外两个 PRPR 分支也有类似的结果。3 个分支共有 6 个反螺旋约束力偶作用于动平台上。第 4 个 RUPUR 分支的 5 个运动副所决定的 7 个螺旋是线性相关的, 秩为 6, 此分支对动平台不产生任何约束作用。所以 4 个分支一共作用于动平台 6 个约束力偶, 没有产生公共约束。这 6 个约束力偶中只有 3 个是独立的, 因此, 有 3 个闭合冗余约束, $\nu = 3$。动平台因而有这样的 3 个移动自由度。

4 个分支的机构共有构件 15 个, 运动副共 17 个, 用通用的自由度公式 (2.13) 求得并联机构的自由度为

$$M = d(n-g-1) + \sum_{i=1}^{g} f_i + \nu = 6 \times (15 - 17 - 1) + 19 + 3 = 4 \tag{4.52}$$

由于这个 3-PRPR/RUPUR 并联机构的动平台受到 3 个独立的约束力偶的作用, 失去 3 个转动自由度, 机构动平台只能实现三维移动运动。但是对于整个 Carricato 机构, 它的自由度等于其中的并联机构的自由度和 RUPUR 分支的自由度之和。由于后者是 7 自由度的 RUPUR 运动链, 单独来说 7 个螺旋是线性相关的, 其秩是 6, 因此具有一个 “局部自由度”。又考虑到此 7 自由度链之末端固定于并联机构的动平台上, 能跟随动平台而发生位移变化, 但没有增加机构的自由度。这里剩下的 “局部自由度” 却被有效地利用作为机器人夹持器的转动自由度, 它不再是局部自由度了。因此, 总的说 Carricato 机构就有这样的 4 个自由度。

注意到, 对于这个具有 4 个自由度的 3-PRPR/RUPUR 机构, 无论它发生沿任何方向的移动, 上述由式 (4.50) 决定的分支的 4 个运动螺旋不会改变, 相应的反螺旋公式 (4.51) 不会改变, 3 个分支作用到动平台上的 6 个约束力偶的相关性不会改变, 那么机构的自由度也不会改变。这样看来, 机构的自由度是全周性的。

需要指出的是, 这个机构的中间 RUPUR 运动链的设计很有特色, 比较巧妙地利用 “局部自由度” 实现了夹持器的相对转动。

4.3.5 Exechon 机器人机构

Exechon 机构是瑞典艾克斯康公司研制的一种机械加工装置[40]，见图 4.20a。它由 3 个分支构成，前两个分支结构相同，都是由一个 3 自由度的孔柱副 K (孔柱副是在普通的 U 副中间穿透一个移动副构成，见图 4.20c) 和一个转动副 R 构成的 4 自由度 KR 运动链，相当 UPR 或 RRPR 运动链。对于这两个分支，它们的与机架相连的第 1 个转动副两条轴线共线，其中间移动副两端的两个转动副轴线相互平行并与移动副轴线垂直，而且这两个分支末端所对应的那两个 R 副在动平台上也是互相平行。第 3 分支是一个连接上下平台的 5 自由度分支，它是由一个 4 自由度的球孔副 Q (球孔副是在普通的 U 副中间穿透一个圆柱副构成，见图 4.20d) 和一个转动副 R 构成的 QR 运动链，相当于 5 自由度的 UCR 或 RRRPR 运动链，此分支在动平台上的 R 副的方向与前两个分支的两个 R 副相垂直。

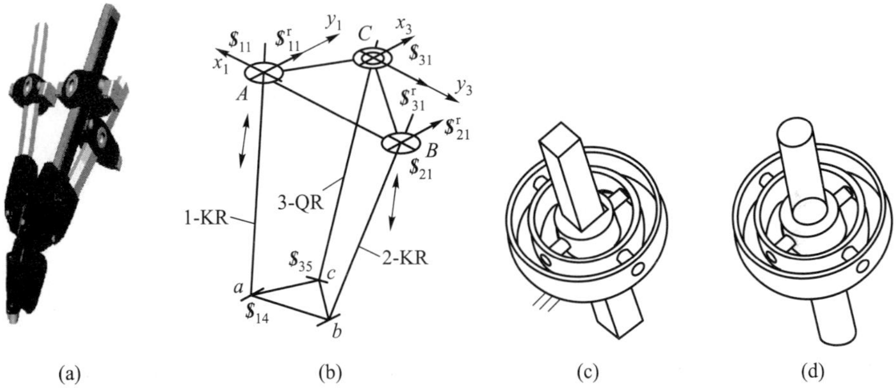

图 4.20 Exechon 机器人机构

先取第 1 分支研究，其分支右手坐标系为 $A-xyz$，如图 4.20b 所示，x 轴沿第 1 个转动副轴线方向，y 轴沿分支的第 2 个转动副轴线。其螺旋系为

$$\begin{aligned} \$_{11} &= (1 \quad 0 \quad 0; \quad 0 \quad 0 \quad 0) \\ \$_{12} &= (0 \quad 1 \quad 0; \quad 0 \quad 0 \quad 0) \\ \$_{13} &= (0 \quad 0 \quad 0; \quad d_{13} \quad 0 \quad f_{13}) \\ \$_{14} &= (0 \quad 1 \quad 0; \quad d_{14} \quad 0 \quad f_{14}) \end{aligned} \tag{4.53}$$

有两个反螺旋

$$\begin{aligned}\boldsymbol{\$}_{11}^{\mathrm{r}} &= (0 \quad 1 \quad 0; \quad 0 \quad 0 \quad 0)\\ \boldsymbol{\$}_{12}^{\mathrm{r}} &= (0 \quad 0 \quad 0; \quad 0 \quad 0 \quad 1)\end{aligned} \tag{4.54}$$

这两个反螺旋分别是一个约束力作用在 K 副中心平行分支末端的转动副 R 的方向, 见表 1.5, 另一个是力偶, 方向沿十字头的法线方向。第 2 分支也有相应的两个约束反螺旋。

对于第 3 分支的 QR 5 自由度链, 其自己的分支坐标系的选择与第 1 分支类似, 有

$$\begin{aligned}\boldsymbol{\$}_{31} &= (1 \quad 0 \quad 0; \quad 0 \quad 0 \quad 0)\\ \boldsymbol{\$}_{32} &= (0 \quad 1 \quad 0; \quad 0 \quad 0 \quad 0)\\ \boldsymbol{\$}_{33} &= (a_{33} \quad 0 \quad c_{33}; \quad 0 \quad 0 \quad 0)\\ \boldsymbol{\$}_{34} &= (0 \quad 0 \quad 0; \quad a_{33} \quad 0 \quad c_{33})\\ \boldsymbol{\$}_{35} &= (0 \quad 1 \quad 0; \quad d_{35} \quad 0 \quad f_{35})\end{aligned} \tag{4.55}$$

其反螺旋为

$$\boldsymbol{\$}_{31}^{\mathrm{r}} = (0 \quad 1 \quad 0; \quad 0 \quad 0 \quad 0) \tag{4.56}$$

这个分支仅有的一个反螺旋是个约束力, 作用于十字头中心方向平行末端的转动副轴线。

综合上述分析, 该 Exechon 机构的运动平台共承受 3 个分支作用的 5 个约束反螺旋, 包括 3 个约束力和两个约束力偶。首先平行的两个约束力偶线性相关, 秩为 1, 有一个过约束; 虽然 3 个线矢力本身是线性无关的, 但两个平行的约束力与力偶组合则为线性相关, 又形成一个过约束 (表 1.2)。总之, 这 5 个约束螺旋独立的有 3 个, 包括两个约束力和一个约束力偶, 它们约束了机构的 3 个自由度, 存在 3 个自由度, 包括两个转动自由度和一个沿 Z 轴移动的自由度。若按通用的自由度公式校验, 机构没有公共约束, 有两个闭合冗余约束, $\nu = 2, \lambda = 0$。由公式 (2.13) 有

$$M = d(n - g - 1) + \sum_{i=1}^{g} f_i + \nu = 6 \times (5 - 6 - 1) + 13 + 2 = 3 \tag{4.57}$$

从上述分析可以看到, 此 Exechon 机构具有 3 个自由度, 依据约束的性质, 可以断定 3 个自由度分别是两个转动和一个移动。由于机构结构设计上的特点: 无论机构在什么位型下, 前两分支的与机架相连的第 1 个转动副两条轴线共线, 在位型变化时上述两个约束力偶方向才能始终保持平行, 这样作用到动平台上的 5 个约束不变, 上述分析及相应公式都不变, 自由度是全周的。

这里我们要赞叹 Exechon 机构设计上的创新精神, 能保持两个约束力偶平行是设计的关键。否则, 自由度将发生变化, 机构则不能正常工作。然而此机构的不足之处在于, 当动平台转动时, 存在 "伴随运动", 其实质是动平台的连续转动并非绕固定点, 而是沿一条瞬心迹线的滚动, 这给规划运动增加了麻烦。

4.4 分支含闭环的并联机构

工程实际中有不少机构, 在其回路中又套有回路, 如著名的 Delta 机构、H4 机构等。对于这样的问题, 在第 2 章中曾经讨论并提出了一种解决思路。分析这样的机构, 就可以把子闭环视为 "广义运动副", 经代换成串联链, 再按一般的多自由度运动副处理。下面我们来具体地分析实现 3T 的 Delta 机构的自由度。

早在 1988 年, 瑞士的 Clavel 就提出了分支中含有球面副四杆机构的 Delta 并联机器人[41], 见图 4.21a, 它的成功设计是 3 自由度移动并联机器人的一个里程碑。由于其结构轻巧, 允许的加速度大, 高速性能好, 在轻工业及食品工业中得到了广泛应用。

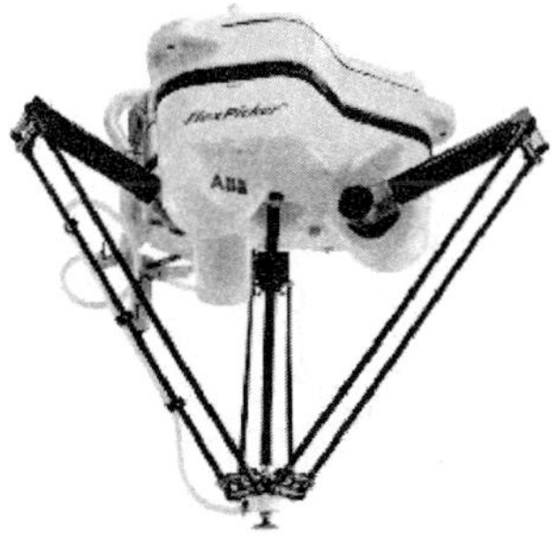
(a)

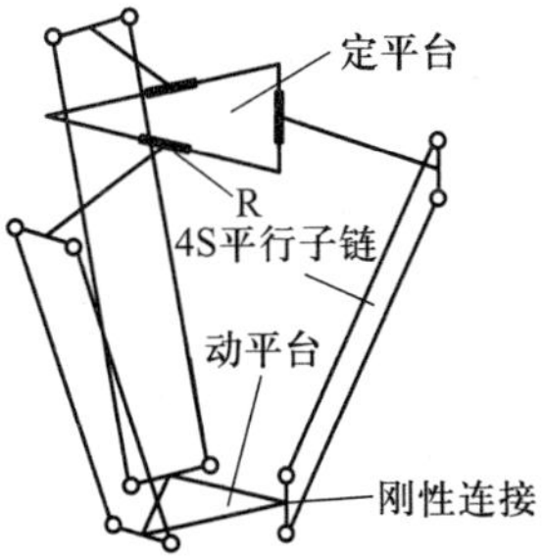

(b)

图 4.21 三维移动 Delta 机构

图 4.21b 是这种 Delta 并联机器人的机构简图, 该机构有 3 个分支对称分布连接固定机架和末端动平台。每个分支从机架起用一个转动副连接第 1 个连

杆, 再与一个由 4 个球铰构成的平行四边形 4S 闭环连接。然后此 4S 闭环的输出末杆又直接刚性地与动平台连接, 或者说, 其下边连杆即是动平台。这里首先来研究 4S 闭环。

4.4.1 含球铰的 4 杆闭环

为研究 Delta 机构的自由度, 现在先假设几何上 4S 闭环呈平面矩形, 4 杆共面。这里先单独把 4S 平行四边形机构 1-2-3-4 拿出来, 见图 4.22a, 研究其上下连杆之间的相对自由度。这个闭环可以看成两个 2S 分支构成的并联机构, 以构件 2-3 为 "动平台", 构件 1-4 为相对的 "固定机架", 1-2 为第 1 分支, 3-4 为第 2 分支。将第 1 个分支的第 1 个 S 副中心选为坐标系原点, x 轴垂直矩形平面, y 轴沿 1-4 方向, z 轴沿 1-2 方向。分支 1 包括两个球副, 相当于 6 个单自由度的转动副, 它的运动螺旋系为

$$
\begin{aligned}
\$_{11} &= (1 \quad 0 \quad 0; \quad 0 \quad 0 \quad 0) \\
\$_{12} &= (0 \quad 1 \quad 0; \quad 0 \quad 0 \quad 0) \\
\$_{13} &= (0 \quad 0 \quad 1; \quad 0 \quad 0 \quad 0) \\
\$_{14} &= (1 \quad 0 \quad 0; \quad 0 \quad e_4 \quad 0) \\
\$_{15} &= (0 \quad 1 \quad 0; \quad d_5 \quad 0 \quad 0) \\
\$_{16} &= (0 \quad 0 \quad 1; \quad 0 \quad 0 \quad 0)
\end{aligned}
\tag{4.58}
$$

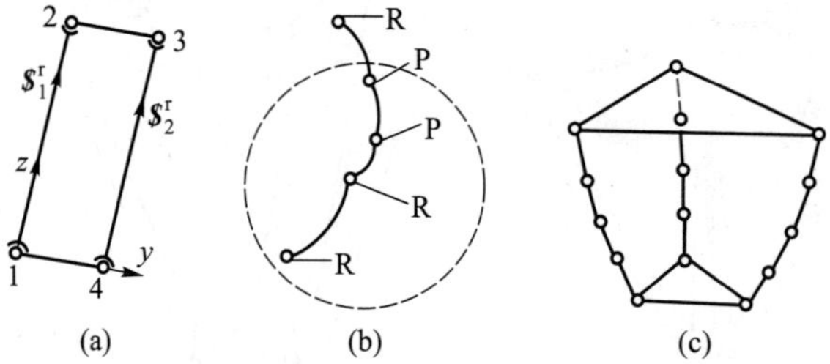

图 4.22 含 4S 平行子链的 Delta 并联机构

显然, 式中螺旋 $\$_{13}$ 与 $\$_{16}$ 是线性相关的, 6 个螺旋中只有 5 个是独立的。因此这个 5 螺旋系有一个反螺旋

$$
\$_1^{\mathrm{r}} = (0 \quad 0 \quad 1; \quad 0 \quad 0 \quad 0) \tag{4.59}
$$

这是一个沿杆 1-2 方向的约束力。

再看第 2 分支, 杆 4-3 也包含两个球副, 结构与第 1 分支完全相同, 因此也就知道, 这个分支作用到末端件 2-3 上也是一个约束力, 它也是沿对应杆 4-3 方向。

$$\boldsymbol{\$}_2^{\mathrm{r}} = (0 \quad 0 \quad 1; \quad d \quad 0 \quad 0) \tag{4.60}$$

对于这个平面 4S 4 杆机构, 作用到末杆 2-3 上有两个平行的约束力。这两个力限制了 2-3 杆沿杆 1-2 及 4-3 伸长方向的运动, 还限制了绕四边形平面的法线方向的转动。此 4S 机构没有公共约束, 对比平面 4 杆机构的 3 个过约束, 4S 4 杆机构没有过约束是其一个优点, 但可以看到, 它有两个局部自由度, 就是杆 1-2 和 4-3 分别绕本身轴线的转动, 这样 4S 4 杆机构的名义自由度为

$$M_{\mathrm{N}} = d(n-g-1) + \sum_{i-1}^{g} f_i + \nu - \zeta = 6 \times (4-4-1) + 12 + 0 - 2 = 4 \tag{4.61}$$

那么这个具有 4 个自由度的 4S 4 杆机构能做什么运动呢? 为求得此 4S 4 杆机构所允许的运动就要求出那两个约束力, 式 (4.59) 及式 (4.60) 的二次反螺旋, 经过二次求逆可以得到运动螺旋系

$$\begin{aligned} \boldsymbol{\$}_1^{\mathrm{m}} &= (0 \quad 1 \quad 0; \quad 0 \quad 0 \quad 0) \\ \boldsymbol{\$}_2^{\mathrm{m}} &= (0 \quad 0 \quad 1; \quad 0 \quad 0 \quad 0) \\ \boldsymbol{\$}_3^{\mathrm{m}} &= (0 \quad 0 \quad 0; \quad 1 \quad 0 \quad 0) \\ \boldsymbol{\$}_4^{\mathrm{m}} &= (0 \quad 0 \quad 0; \quad 0 \quad 1 \quad 0) \end{aligned} \tag{4.62}$$

这 4 个螺旋表示了杆件 2-3 可以分别绕 y、z 两个轴线转动, 还可以沿 x、y 两轴方向移动[24], 2-3 杆具有 2 转 2 移这样的 4 个自由度。注意, 这 4 种可能的运动中, 只有绕 z 轴的转动将使四边形变成不再在同一个平面内, 不再是平面 4S 机构, 而其他的绕 y 轴转动以及沿 x、y 两个方向的移动都不改变 4S 机构的平面性质。

话说回来, 当平行 4S 4 杆不为平面矩形, 而是平面平行四边形, 也将得到分别沿两个杆件方向的两个平行的约束力, 最终结果是一样的。

最后, 还有一个问题, 4S 4 杆机构的 4 个杆件都是 SS 运动链, 为什么上面说仅有两个局部自由度, 而不是 4 个局部自由度呢? 这个问题留给读者思考。

[24]注意: 其中某些运动仅具有瞬时性, 即使这样也认为它有这个自由度。

4.4.2 Delta 机构分析

如前所述, Delta 机构中的 4S 闭环链可以按其自由度以一个多自由度的广义运动副来替代, 这个具有 4 个自由度的 4S 闭环机构就相当于一个具有 4 个自由度的广义副。多自由度运动副都可以像以前的球副或平面副一样表示为单自由度运动副的串联组合。所以这里就可以用一个含有两个转动副和两个移动副 4 个运动副的串联链替代原来的 4S 闭环。Delta 机器人的每个分支的闭环都用广义副代替, 见图 4.22b, 替代后该分支可看做由原来的分支的第 1 个运动副再加上替代 4S 闭环的 4 个运动副构成, 这样分支是由 5 个运动副 (R[RRPP]) 组成的运动链。在 3 个分支都进行替代后得到最后的替代机构, 即图 4.22c 所示的 3-R[RRPP] 机构。注意, 这个 3-R[RRPP] 机构仅用来分析自由度。

当在 Delta 机构的等值机构 3-R[RRPP] 上取分支坐标系时, 见图 4.22c, 不失一般, 可以让 y 轴沿 3-R[RRPP] 机构的所选分支在固定机架上的第 1 个转动副轴线方向, 实际上它与 4 杆环第 1 杆相平行, x 轴沿 4 杆环平面的法线方向, 这样坐标系与 4S 机构 (图 4.22a) 保持一致。考虑到式 (4.62), 这样 3-R[RRPP] 机构的分支运动螺旋系就表示为

$$\begin{aligned}
\boldsymbol{\$}_{i1} &= (0 \quad 1 \quad 0; \quad 0 \quad 0 \quad 0) \\
\boldsymbol{\$}_{i2} &= (0 \quad 1 \quad 0; \quad d_{i2} \quad 0 \quad f_{i2}) \\
\boldsymbol{\$}_{i3} &= (0 \quad 0 \quad 1; \quad d_{i3} \quad e_{i3} \quad 0) \\
\boldsymbol{\$}_{i4} &= (0 \quad 0 \quad 0; \quad 1 \quad 0 \quad 0) \\
\boldsymbol{\$}_{i5} &= (0 \quad 0 \quad 0; \quad 0 \quad 1 \quad 0)
\end{aligned} \tag{4.63}$$

3-R[RRPP] 机构的这个分支的约束反螺旋为

$$\boldsymbol{\$}_i^{\mathrm{r}} = (0 \quad 0 \quad 0; \quad 1 \quad 0 \quad 0) \tag{4.64}$$

上式表明, 每个分支对动平台都施加一个沿分支坐标系的 x 方向, 即 4 杆闭环法线方向的约束力偶。

全部 3 个分支对动平台共施加 3 个约束力偶, 分别垂直于 Delta 机构的不同方向的 3 个闭环。可以看到这 3 个力偶呈空间分布, 是线性无关的, 约束了动平台的 3 个转动自由度, 动平台只有 3 个移动自由度。再用通用自由度公式计算时, 对此 Delta 机构就要针对其等效机构来分析, 见图 4.22c, 即这个 3-R[RRPP]

机构。这 3 个约束力偶不构成为公共约束, 即 $\lambda = 0$; 而且不存在闭合冗余约束, 即 $\nu = 0$。

由式 (2.13), 该机构的自由度还可以用自由度公式证明

$$M = d(n - g - 1) + \sum_{i=1}^{g} f_i + \nu = 6 \times (14 - 15 - 1) + 15 + 0 = 3 \tag{4.65}$$

由于此 Delta 机构是三维移动机构, 其工作下平台不会发生相对定平台的任何转动, 因此其中的任何 4S 闭环就不可能发生绕其 z 轴的转动, 这样在 Delta 机构的运动过程中 4S 闭环就能够始终保持平面状态。

在机构平台发生的任何移动位移后, 表示螺旋系的所有方程 [式 (4.58)~式 (4.64)] 都不可能发生任何变化, 反螺旋也不变, 因此其自由度是全周的。这个例子也表示了正确选择局部坐标系能极大地简化分析过程。这里还需要指出, 由于本机构的结构决定起始时具有 3 个移动自由度, 而在机构移动时, 每个分支中的 4S 闭环的 2-3 杆只能做移动, 那么在三维移动中随下平台移动的 2-3 杆做移动和绕 “y 轴” 的转动。在这样的运动下, 4S 闭环就能够保持平面闭环的特性不变。另外, 不能不看到, 此 Delta 机构没有过约束也是其很大的一个优点, 这使它易于装配。

4.4.3 Delta 机构自由度的全杆件分析

以上分析 Delta 机构是以其等效机构替代分析, 实际上在以等效机构替代分析时, 同时得到了机构内部的约束关系, 即得知了内部有多少过约束。当确切知道机构内部的过约束后, 我们也可以直接以全部真实杆件数目和真实的运动副数目计算自由度。按此思路, 此 Delta 机构每一个分支仅仅含有 3 个构件, 因为 4 杆闭环的上下两个边分别与上臂和动平台固连, 这两个杆件不能再重复计算, 整个机构包括机架有 11 个构件。每一个分支有 5 运动副, 包括一个转动副和 4 个球副。而这个机构有 15 个运动副。再考虑到 4S 的 4 杆闭环中没有过约束, 该机构也没有其他公共约束, 没有闭合冗余约束, 所以, 按通用自由度公式, 机构的自由度为

$$M = d(n - g - 1) + \sum_{i=1}^{g} f_i + \nu = 6 \times (11 - 15 - 1) + 39 + 0 = 9 \tag{4.66}$$

在这 9 个自由度中有 6 个局部自由度, 因此机构的名义自由度仍旧是 3。这个结果与前面用等效机构替代算法得到的完全相同。

从本节提到的这个含有闭环的复杂机构的例子中可以看到, 以广义副取代闭环的自由度分析结果与过约束的全杆件分析得到的自由度完全相同。

第 5 章　一般空间机构

一般空间机构的多环是先后依次闭合而形成, 而非如同并联机构的多环可以同时闭合而获得, 所以并联机构仅是多环空间机构的特例。分析一般空间机构的自由度也和分析所有其他机构一样, 首先要判别是否存在 “过约束”, 否则无法用自由度公式 (2.12) 进行计算。判别过约束的基本原理仍是依据第 2 章中的定理 2.3 和定理 2.5 进行, 检查当运动链再闭合时是否发生过约束 μ。

在第 2 章中把空间机构的复杂度分为 3 类, 最简单的是空间单环机构, 单环仅经历一次再闭合; 空间并联机构虽然具有多环, 但属一般多环空间机构的特殊情况, 它的多环闭合可以同时发生, 也仅经历一次闭合而形成; 最复杂的是一般空间机构, 它的多环不仅是经多次闭合而形成, 更特别的是, 它的那些在拓扑学上所承认的众多独立环之间经常发生复杂的运动耦合现象, 甚至是强耦合。这些都给识别其过约束增加了困难, 使自由度分析难以获得正确的结果, 它是机构自由度分析中最复杂的情况。然而, 对此类空间机构自由度分析的研究还甚少。基于螺旋理论, 在并联机构研究的基础上, 这里针对一般的多环空间机构提出一种十分实用的自由度分析原理, 本章将介绍这个原理的具体内容, 并用多个实例分析如何正确应用这个理论。这部分研究也补充和丰富了黄真所创立的基于螺旋理论的机构自由度原理。

5.1 一般空间多环机构的自由度计算原理

5.1.1 一般空间多环机构的结构特点

与并联机构相比，一般多环空间机构结构更为复杂，“过约束”求解更为困难，还出现了从未研究过的“运动学耦合”这样的新问题。单环机构可以以其对应单环链螺旋系的秩直接计算过约束和自由度；而对于一般多环机构，过去曾有人认为只要分别计算各个独立环本身的过约束就可以解决这个问题，这种说法明显是有误的，它没有考虑到在各环之间还会发生运动耦合问题。这就是说，虽然机构拓扑学上认为那些环是独立的，但在机构运动学上它们之间并不完全独立。读者可以从本章的多个实例中看到这种情况。下面先从两方面分析一般多环空间机构的结构特点。

1. 诸环之间的相互关系

这里先看看一般空间多环机构是如何构成的。

“一般多环空间机构”也是多环运动链，但它的多环之间是环环嵌套起来的。图 5.1 所示是多种多环机构的“环路拓扑图”，其中小圆圈表示运动副，而两个英文字母之间的曲线表示构件。从环路拓扑图上可以看出它们的拓扑结构有所不同，且对构件运动的影响不同。图 5.1a 是一个 3 环结构，图中的阴影线表示的是机架。可以看到，其中的每个子环都是从机架引出，而此环的末杆又与机架相连，而且 BAE 和 CDH 分别都是同一构件，说明 3 个子机构是基于机架经串联形成。图 5.1b 表示的机构是一个双环结构，其第 2 环由串联链 $HIJ\cdots N$ 分别固定于第 1 环的 BC 和 EF 两个活动杆件上，这种情况会形成运动耦合。图 5.1c 是一个 3 环运动链，其中第 1 环由 6 个运动副 $AB\cdots F$ 构成，其上再依次连接第 2 环，第 2 环由 7 个运动副构成，包括 $EFG\cdots K$；在第 2 环上再连接第 3 个闭环，具有 $DKLM\cdots Q$ 8 个运动副。这 3 个闭环构成的特点是依次叠加，而且叠加于活动构件上。这种情况下会发生强运动耦合，是一种复杂情况。对于这种复杂情况，称第 1 环是基础环，而最外面的第 3 环称末端闭环。在各个环之间是有关联的，由于有些运动副或构件是多个闭环所共有的，如图 5.1c 中的构件 DEK 为 3 个环共有，而构件 KL、DQ 和 EF 等为两环共有。运动副包括 E、F、D、K 都是两环共有；但注意，运动副 G、L、Q 却仅是单环具有，特别是运动副 L 虽然贴在 2 环上，却不是构成 2 环的运动副。虽然各环间有共有的运动副, 但从机构拓扑学上看, 独立的环有 3 个, 这 3 个环相互是独立的。在多环机构中, 独立环的数目可按欧拉独立环公式计算, 有

$$l = g - n + 1 \tag{5.1}$$

式中, l 表示独立环的数目; g 是运动副数目; n 是构件数目。

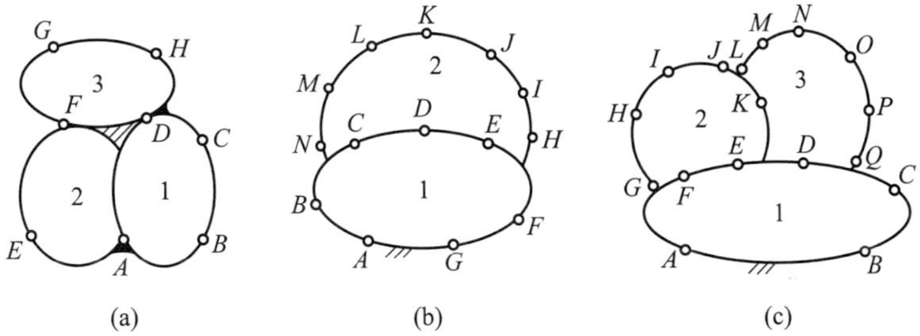

图 5.1 一般空间多环机构

从上述环路的结构看, 各环之间具有不同的连接形式, 不同的连接形式形成不同的结构, 不同的结构形式就会引起不同的运动耦合, 引起不同的过约束, 关于环路拓扑图这点十分重要, 还会在下面的许多例子中看到。

2. 多环机构的形成是依次附加的新串联链并闭合之

上面对多环机构结构的分析是从 "环" 的角度, 对多环机构结构的分析还可以从串联链的角度来考虑, 那就是从基础环到末端环的每个环都是由附加新的串联链再经闭合而形成。基础环由串联链与机架闭合形成, 其余各环都是在原有的环的基础上再附加新的串联链, 增加新的运动副元素后再经闭合形成新环。所以每个新环都带来新的运动副。例如图 5.1c 中的第 2 环新增加的运动副包括 $GH \cdots K$ 等 5 个, 而第 3 环新增加的运动副则为 $LM \cdots Q$ 6 个。

寻找多环机构过约束的过程就是需要找出多环叠加的顺序, 并依次拆开环路成开式链, 并实施再闭合, 在这个再闭合的过程中去发现过约束。

对于这种以先后附加串联链而形成多环机构的方式还可以进一步思考, 在每次附加串联链时会带来数目不等的新的运动副。这里有两种不同的情况, 一种是所附加串联链具有的独立运动螺旋数目大于等于 6; 另一种情况是这个数目小于 6。这个概念所区分的两种情况还很有意义, 下面将要进一步分析和应用。

在对一般多环空间机构进行过约束分析时, 常常需要先对多环机构的环路拓扑图加以分析, 分析环路拓扑图的结构特点, 以及各环之间的连接方式和连接

关系。不同的连接关系会产生强度不同的运动耦合, 所以, 常有必要绘出如图 5.1 所示的环路拓扑图以便分析。

5.1.2 一般空间多环机构的自由度计算原理

一般空间多环机构的复杂性, 不仅如前所述与其多环的多次闭合有关, 也与发生其间的运动耦合有关, 这正是这种一般空间机构的特点。此外, 为化简复杂机构, 比如当发现它是由两个或多个简单的空间机构串联构成, 应将机构分为简单部分分别予以研究; 或者当发现有如同平面机构的基本组, 或当空间机构中部分运动链的自由度为零, 对应这样的运动链, 加上或去掉都不影响剩余部分的自由度数目, 则去除以化简。所以在具体进行机构过约束分析之前, 若发现这样的情况, 首先就需要简化, 化复杂为简单。

5.1.2.1 如何简化机构过约束和自由度的分析

(1) 要应用我们已有的知识尽量简化机构。与前相同的是, 如存在独立的子机构, 就可以采取分解的手段将它们分离开来, 各自求解。注意, 这里所说的独立子机构的独立性是指当拆下此子机构后, 并没有对剩下部分有任何的影响, 不会改变剩下部分的约束和自由度状况。

(2) 若发现自由度为零的某部分运动链, 可以考虑将它拿掉以简化机构, 这如同平面机构中处理基本组的方法。

(3) 要检查每个新环所附加串联链对应的螺旋系的秩。

如图 5.1c, 其第 3 环就是最外面的末端闭环, $DKLM\cdots Q$ 具有 8 个运动副, 而其中属于此新环的独立的运动副仅有 $LM\cdots Q$ 6 个。换句话说, 此环在第 2 环的基础上, 新增加的串联链有 6 个运动副; 对于图中的第 2 环, 相对第 1 环而言, 新增加的串联链的独立运动副只有 5 个。

当新增加的串联链的独立运动副所对应的螺旋系的秩等于 6 时, 说明它的加入对于原机构不会产生任何约束, 也就不会改变原机构的过约束数, 就如同并联机构在其上下平台之间增加一个 6 自由度分支不对平台产生约束一样, 是个无约束分支, 也如平面机构中增加一个基本组一样, 都不会对原机构约束度发生任何影响。对于这种情况, 如果它是末端闭环, 可以将这个新增环去掉, 即去掉新增的串联链, 或者在过约束的分析时, 不必对此环取再闭合以检查过约束。

若所增加串联链对应运动副的螺旋系的秩小于 6 时, 此新增的串联链不仅会对它所连接的前面闭环运动链有所约束, 特别是还可能引起附加的过约束, 这是我们所关注的。这时就必须在该环再闭合时检查过约束的存在, 且还需考虑运动的耦合问题。对于图 5.1c 所示的 3 环机构, 在其基础环分析之后, 对于第 2 环, 由于其新增运动副仅 5 个, 若它们都是单自由度运动副, 显然对应的螺旋系的秩小于 6, 则必须对此环进行拆开再闭合以检查过约束; 对于第 3 环, 其新增了 6 个运动副, 这可以先检查对应此 6 个运动副的螺旋系的秩是否等于 6, 若等于 6, 则不必去检查此环的过约束。依此可以引出以下定理:

定理 5.1 当形成新闭环的新增串联链所对应螺旋系的秩等于 6 时, 它不改变机构的约束度, 也不会给机构带来过约束, 因此不必对此新增环进行过约束识别。

如果新增串联链对应的螺旋系的秩等于 6, 且螺旋系中的螺旋发生过线性相关, 此时更不必去检查过约束, 虽然其中发生过螺旋系的线性相关, 如此会使机构自由度数增加, 对这个因素也不必单独给予考虑, 它会体现在最终的应用自由度公式 (2.12) 的计算之中。

定理 5.2 当给某机构增加一个形成新闭环的串联链时, 若其新增独立运动副对应的螺旋系的秩小于 6 时, 闭合此新运动链就可能对所连接的原闭环产生约束, 同时还可能引起过约束。此时必须通过打开及再闭合此新环来检查所附加新环是否带来新的过约束。

所以按定理 5.1, 在机构拆解过程中, 若遇到的某个闭环所对应的串联链螺旋系的秩为 6, 它所产生的约束度为零。为简化分析, 可以不去对此闭环进行检查, 跳过此环, 直接进行其后的下个环的分析。

5.1.2.2 如何识别一般多环空间机构的过约束

对于需要识别空间多环机构的各个闭环运动链中是否存在过约束, 总的原则可按不同情况有 3 种具体方法, 分述如下:

一般来说, 考虑到由于过约束都是在运动链闭合时发生 (定理 2.3), 对这种一般结构的多环机构, 就不可能如并联机构那样采取多环同时闭合, 一次求解。在求解一般多环空间机构时, 依定理 2.5, 对每个闭环都要拆开环路, 再依次闭合, 在每次再闭合的过程中检查有无过约束。这就是求过约束总的原则。

(1) 对于单环机构或多环机构的基础环, 按定理 2.4 和法则 2.1, 可以用其单环运动螺旋系的秩直接计算以获得过约束, 不必经由拆开、再闭合的复杂过程。即当其运动螺旋系的秩 $\delta < 6$ 时 (这里 δ 表示运动螺旋系的秩), 过约束直接就是 $\mu = 6 - \delta$ [式 (2.20)]。μ 表示过约束 (其实按螺旋理论, $6 - \delta$ 正是运动螺旋系对应约束反螺旋的数目)。若运动螺旋系的秩 $\delta = 6$, 则不存在过约束, $\mu = 0$。

但是对于第 1 环其后的其他闭环却不能如同第 1 环这样简易地直接按闭环运动螺旋系的秩来求解过约束, 那是因为多环之间常常会发生不可避免的运动耦合, 除非有类似图 5.1a 的环路拓扑结构。由于多环机构在多环之间的环路拓扑图连接关系不同, 引起运动耦合的强弱不同, 为正确分析运动耦合之影响, 常常需要先绘出多环机构的环路拓扑图, 并对之分析。

(2) 当采取运动链 "再闭合" 来求解过约束时, 最根本的方法就是 "对比再闭合两个元素之间的相对运动来判断过约束"。即当运动链拆开后, 分析欲再闭合的运动链两端的两个构件, 分析它们各自的自由度、各自的运动螺旋以及各自已经受到的约束; 再注意检查在再闭合过程中所发生的那些约束, 有没有哪些约束重复出现, 这些重复作用的约束就是过约束。这里要注意的是, 若仅以图 5.1c 中的第 2 环为例看, 2 环是以 $GH \cdots K$ 串联链连接 AF 和 ED 所形成。K 副是 2 环串联链的末端, 2 环闭合时就是以 K 副闭合到 1 环上。当拆开运动副 K, 其再闭合就会发生在两个杆件 JK 和 ED 之间, 为了分别得到 JK 和 ED 的真实运动, 必须先分别计算出第 1 环中的 AF 和 ED 两杆的运动, 再经对比以判别过约束。这样也就考虑了多环之间的运动耦合关系。

分别求得各个闭环的过约束 μ_i 后, 再经汇总就得到多环机构过约束总数

$$\mu = \sum \mu_i$$

在获得过约束总数之后, 就可以再按公式 (2.12) 计算自由度。这就是分析过约束的 "对比再闭合两个元素之间的相对运动法", 简称对比相对运动法。

在空间机构的过约束分析时, "对比再闭合两元素之间的相对运动法" 是基本的理性的识别过约束的方法, 按这个方法能够正确识别过约束。但实际上常常会遇到这样的情形: 对比再闭全的两个元素之间的相对运动时十分困难。这是由于我们通常认定, 自由度和过约束都是按照直角坐标系来讨论的, 即是否具有沿 X、Y、Z 3 个方向的移动自由度, 以及是否能绕 X、Y、Z 3 个轴线方向实现转动, 分析约束也是按这样的坐标分量来考虑, 从这样 6 个方面分析自由度和检查过约束。实际问题复杂在哪里呢? 实际问题中也常会遇见实在无法满足按

照设定的直角坐标分解的情况, 本章就有这样的例子, 那是很有趣的无法回避的问题。而且有时往往难以想象对比多元的相对运动, 对此本章中还提出一种比较实用的表格对比方法: 应用 "机构的过约束判定表", 遇到这样的难以想象的空间问题, 可以采用这种表格方法去分析, 能够把复杂的空间问题简化。

针对一般空间机构自由度问题, 除了上述对单环机构的通过其运动螺旋系而得的反螺旋直接决定过约束的方法, 以及 "对比再闭合两元素之间的相对运动法" 外, 还有一种针对复杂多环耦合机构提出的却相对简单的 "虚拟环路法"。

(3) "虚拟单环运动链替代法 (简称虚拟环路法)" 简单来说, 就是先计算出两环之间所存在的 "共有构件" 的自由度 (如上面所分析的图 5.1c 的 3 环机构中的第 2 环, 当它附加于第 1 环过程中是经由 AF 和 ED 这两个杆件, 这两个杆件就是两环的共有构件), 再求出它们的自由度并表示为运动螺旋, 与所加新串联链对应的螺旋共同构成新的运动螺旋系, 再进一步将此新螺旋系构成一个新的虚拟的运动链回路, 就称为 "虚拟环路", 并对此虚拟环路应用方法 (1), 按虚拟螺旋系的秩直接求解过约束。

为正确理解和应用这种比较简单的虚拟环路法, 后面在 5.3.2 节中将通过具体实例予以分析。

这里, 后两种方法共同都考虑了一个重要问题, 就是存在于多环机构中的运动耦合。它们都需要把多环之间的关联影响考虑进来, 从分析共同具有的构件的自由度出发, 正是破解了运动耦合, 它是一种科学的方法。

上述所有这些已为最复杂的一般空间机构自由度的求解建立了理论基础。

5.2 一般空间机构自由度的解法

5.2.1 含双球副的空间 4 杆机构

图 5.2a 所示为一个空间 4 杆机构, 它是一个单环机构。分析空间机构的自由度时如前所说要先判定其有无过约束以及过约束的数目。为此可以按照定理 2.4 检查此单环机构运动螺旋系的反螺旋的数目, 以确定过约束。

这个含双球副的空间 4 杆机构中, A、D 是两个转动副, 而 B、C 是两个球副, 球副具有 3 个自由度。对于单环机构的过约束, 最简单的办法就是遵循法则 2.1, 按单环对应螺旋系的秩求得过约束 μ 后, 再按式 (2.12) 计算自由度; 也

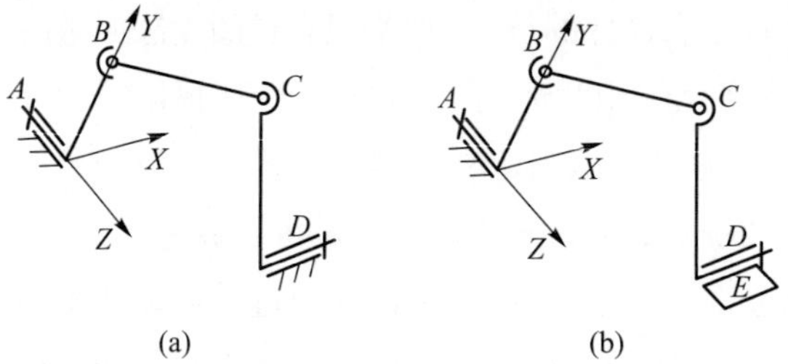

图 5.2 含双球副的空间 4 杆机构

可以以其确定其公共约束 λ, 再令 $\nu = 0$ (ν 仅出现于多环机构, 对于单环机构 ν 必定为零), 应用公式 (2.13) 计算。

这里采用螺旋理论进行分析, 为表示对应此 $ABCD$ 单闭环机构的螺旋系, 先建立坐标系 $A-XYZ$, 让 Z 轴与转动副 A 的轴线重合, Y 轴沿 AB 杆, X 轴由右手螺旋规则确定。这样对应机构的运动副就由下面 8 个螺旋组成的螺旋系决定, 其中每个球副都对应 3 个自由度, 有 3 个螺旋

$$
\begin{aligned}
\$_A &= (0 \quad 0 \quad 1; \quad 0 \quad 0 \quad 0) \\
\$_{B1} &= (1 \quad 0 \quad 0; \quad 0 \quad 0 \quad f_2) \\
\$_{B2} &= (0 \quad 1 \quad 0; \quad 0 \quad 0 \quad 0) \\
\$_{B3} &= (0 \quad 0 \quad 1; \quad d_4 \quad 0 \quad 0) \\
\$_{C1} &= (1 \quad 0 \quad 0; \quad 0 \quad e_5 \quad f_5) \\
\$_{C2} &= (0 \quad 1 \quad 0; \quad d_6 \quad 0 \quad f_6) \\
\$_{C3} &= (0 \quad 0 \quad 1; \quad d_7 \quad e_7 \quad 0) \\
\$_D &= (a_8 \quad b_8 \quad c_8; \quad d_8 \quad e_8 \quad f_8)
\end{aligned} \tag{5.2}
$$

式中, 螺旋 $\$$ 的下角标分别表示对应的运动副 A、B、C 和 D。显然, 由此 8 个螺旋组成的螺旋系是线性相关的, 其秩为 6, 没有反螺旋, 因此 $\mu = 0$, 按通用自由度公式 (2.12) 有

$$M = 6(n - g - 1) + \sum f_i + \mu = 6 \times (4 - 4 - 1) + 8 + 0 = 2 \tag{5.3}$$

经公式计算机构自由度为 2, 包括其中的一个局部自由度, 即它的 BC 杆能绕其轴线自由转动, 由定理 2.2, 这个局部自由度正是因为螺旋系式 (5.2) 发生线性相关而导致的, 螺旋系的每次发生线性相关都会因之增加自由度。

对于这个机构, 也可以尝试通过取运动链再闭合的过程来检查。在 2.4.1 节里介绍了 3 种闭合方式, 其中最简单的检查办法是采取刚性再闭合, 那就可以通过折断机架, 机构成为与机架相连的串联链 $ABCDE$, 见图 5.2b, 当这个串联链的末端 DE 与原机架 AD 再度刚性闭合, 检查再度闭合时所发生的约束中有无重复的。在拆开闭环之后, 毫无疑问, 得到串联链的 8 个运动螺旋仍是式 (5.2), 其秩仍然是 6。对于这样的末端, 当它再度被按原样刚性闭合时, 刚性闭合会带来 6 个约束, 这 6 个约束就把 $ABCDE$ 末端的 6 个自由度全都锁定, 闭合前的串联链在闭合之后成了一个完整的机构, 那 6 个约束都是 "实约束", 因而这个机构里也就没有任何的过约束或虚约束, 因此同样有 $\mu = 0$ 的结论, 与前述方法的结果一致。

由于应用的是螺旋理论, 那么在自由度分析时都应该检查自由度是否具有全周性, 这如同在第 3 章并联机构一章中那样。但是对于自由度数目仅为 1 或 2 的简单情况, 自由度依赖位型而变化的情况极少, 一般可以不去检查, 但仍需注意这个问题。

5.2.2 球面 7 杆机构

图 5.3 所示为一个具有 "3 悬杆组" 的球面 7 杆机构[22], 由于所有转动副的轴线都相交于同一个中心 O 点, 其上任何构件上的任何点的运动轨迹都处于同一个球心的球面上, 是球面曲线, 因此机构属于球面机构。此外它还是一个双环机构。

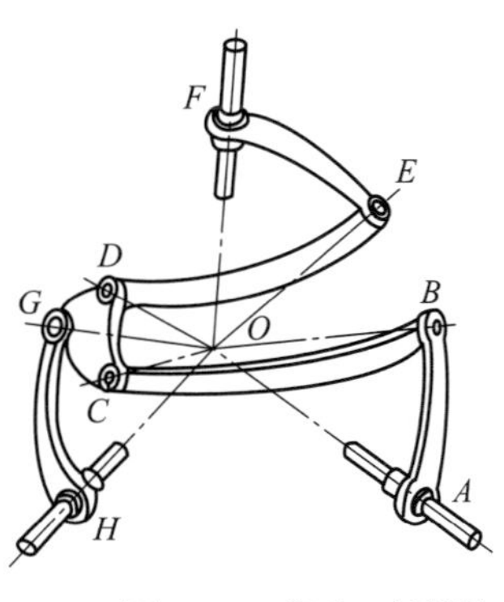

图 5.3 球面 7 杆机构

考虑到球面机构与平面机构都是 3 阶机构 (都具有 3 个公共约束), 它们之间有许多类似的性质。平面机构可以按阿苏尔组分类, 用基本组简化过约束的分析过程, 球面机构也可以采取类似的思路简化分析机构的过约束。为此对该机构也可以分析是否能拆分出完整的自由度为零的 “基本组”。

对于这个球面机构, 显然可以拆下一个类似平面机构的完整的 “4 悬杆组”, 它以 CDG 为中心件, 3 个悬杆分别是 BC、DE 和 GH, 所余下的是两个连架杆 AB 和 EF, 机构是完整可拆分机构, 具有两个自由度。由于可以分解得到完整的基本组和独立的两个连架杆, 机构没有闭合冗余约束, $\nu=0$。此球面机构与平面机构相同的是, 有 3 个公共约束, 机构是 3 阶的, $d=3$, 按自由度公式 (2.13) 也有

$$M=3(n-g-1)+\sum f_i+\nu=3\times(7-8-1)+8+0=2 \tag{5.4}$$

这是一个 2 自由度的球面机构。

5.2.3 空间斜盘机构

空间斜盘机构[13], 见图 5.4, 它是能够实现将转动运动变为同轴往复移动的机构, 即将 A 轴的转动变为 E 轴的移动。它也是一个单环机构, 有 5 个构件和 5 个运动副, 其中 A、B 和 D 是转动副, C 是球副, E 是移动副。如前所述, 对单环机构可以按其对应螺旋系的秩来确定过约束。机构的这 5 个运动副对应有 7 个螺旋。为了分析螺旋系, 坐标系原点放在铰链 B 的中心, X 轴沿轴线 A, Y 轴垂直向上, Z 轴垂直纸面, 有

$$\begin{aligned}
\$_A&=(1\quad 0\quad 0;\quad 0\quad 0\quad 0)\\
\$_B&=(a_2\quad b_2\quad 0;\quad 0\quad 0\quad 0)\\
\$_{C1}&=(1\quad 0\quad 0;\quad 0\quad 0\quad f_3)\\
\$_{C2}&=(0\quad 1\quad 0;\quad 0\quad 0\quad f_4)\\
\$_{C3}&=(0\quad 0\quad 1;\quad d_5\quad e_5\quad 0)\\
\$_D&=(1\quad 0\quad 0;\quad 0\quad 0\quad 0)\\
\$_E&=(0\quad 0\quad 0;\quad 1\quad 0\quad 0)
\end{aligned} \tag{5.5}$$

此单环机构 7 个螺旋所对应的螺旋系的秩是 6, 没有公共约束和过约束,

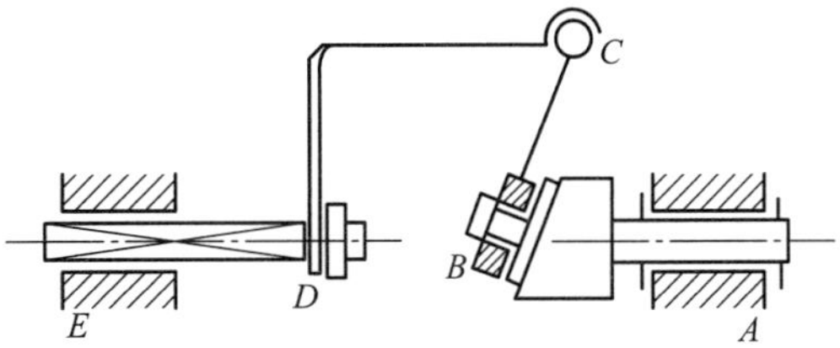

图 5.4　空间斜盘机构

$\mu = 0$。按通用自由度公式 (2.12), 有

$$M = 6(n-g-1) + \sum f_i + \mu = 6 \times (4-4-1) + 7 + 0 = 1 \tag{5.6}$$

经分析, 机构的自由度是 1。

5.2.4　一种空间双环机构

这个机构由 13 个杆和 14 个运动副组成, 含有两个闭环, 见图 5.5, 其下面的第 1 环中有 7 个转动副, 其中 4 个相互平行, 另外 3 个也相互平行, 两组之间还相互垂直; 其上的第 2 闭环有独立的 7 个运动副, 其中 6 个保持三三平行。这里按环的先后次序依次逐个分析。

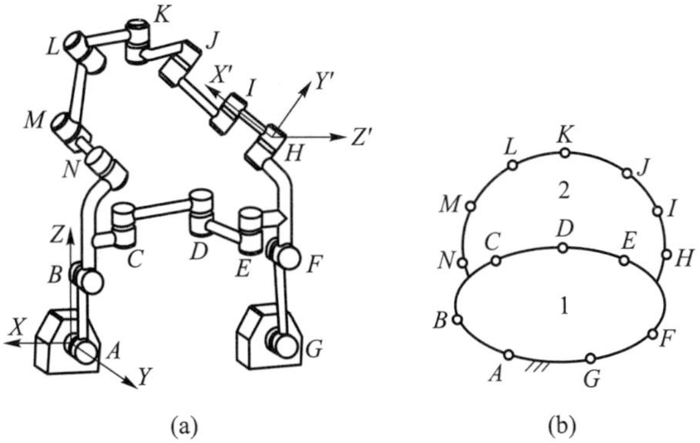

图 5.5　双环 13 杆机构

对于这个双环机构, 先看第 1 个基础闭环, $ABCDEFG$, 此环有 7 个转动副。取坐标系 $A-XYZ$ 如图, 原点选在 A 轴上, 第 1 个闭环的下面的 4 个转

动副轴线沿 Y 方向; 上面的 3 个平行, 沿 Z 轴方向。建立螺旋系为

$$\begin{aligned}
\$_A &= (0 \quad 1 \quad 0; \quad 0 \quad 0 \quad 0) \\
\$_B &= (0 \quad 1 \quad 0; \quad d_2 \quad 0 \quad f_2) \\
\$_F &= (0 \quad 1 \quad 0; \quad d_3 \quad 0 \quad f_3) \\
\$_G &= (0 \quad 1 \quad 0; \quad 0 \quad 0 \quad f_4) \\
\$_C &= (0 \quad 0 \quad 1; \quad d_5 \quad e_5 \quad 0) \\
\$_D &= (0 \quad 0 \quad 1; \quad d_6 \quad e_6 \quad 0) \\
\$_E &= (0 \quad 0 \quad 1; \quad d_7 \quad e_7 \quad 0)
\end{aligned} \tag{5.7}$$

这个具有 7 个螺旋的螺旋系的秩是 5, 有一个反螺旋

$$\$_1^{\mathrm{r}} = (0 \quad 0 \quad 0; \quad 1 \quad 0 \quad 0) \tag{5.8}$$

对应的有一个过约束, $\mu_1 = 1$。对此单环机构的自由度也可以按式 (2.12) 计算, 有

$$M_1 = 6(n - g - 1) + \sum f_i + \mu = 6 \times (7 - 7 - 1) + 7 + 1 = 2 \tag{5.9}$$

可见这第 1 个闭环就有两个自由度。

第 2 环有自己新增的 7 个转动副, 其中运动副 H、I、J、L、M 和 N 前后三三平行, 运动副 K 的轴线不与它们相关。以此 7 个转动副形成的串联链连接于第 1 个闭环上形成第 2 个闭环。按定理 5.1, 需要分析此新增串联链螺旋系的秩, 以判断是否需要对过约束进行识别。对此写出其螺旋表达式, 设定新坐标系 $H - X'Y'Z'$, 其原点放在轴线 H 上, Y' 轴沿轴线 H, X' 轴沿 HI 直线, 这样有

$$\begin{aligned}
\$_H &= (0 \quad 1 \quad 0; \quad 0 \quad 0 \quad 0) \\
\$_I &= (0 \quad 1 \quad 0; \quad 0 \quad 0 \quad f_9) \\
\$_J &= (0 \quad 1 \quad 0; \quad d_{10} \quad 0 \quad f_{10}) \\
\$_K &= (a_{11} \quad b_{11} \quad c_{11}; \quad d_{11} \quad e_{11} \quad f_{11}) \\
\$_L &= (a_{12} \quad b_{12} \quad c_{12}; \quad d_{12} \quad e_{12} \quad f_{12}) \\
\$_M &= (a_{12} \quad b_{12} \quad c_{12}; \quad d_{13} \quad e_{13} \quad f_{13}) \\
\$_N &= (a_{12} \quad b_{12} \quad c_{12}; \quad d_{14} \quad e_{14} \quad f_{14})
\end{aligned} \tag{5.10}$$

式中, 因最下面 3 个螺旋也相互平行, 它们螺旋的前 3 个元素相同。从此螺旋表达式清楚地看到其中前后有 6 个螺旋分别相互平行。经检验, 此螺旋系线性相关, 秩为 6。按定理 5.1, 这种秩等于 6 的情况, 在串联链再闭合时是不可能出现过约束的, $\mu_2 = 0$, 也不必单独进行过约束的识别。

整个机构有 13 个构件和 14 个转动副, 且总的过约束为

$$\mu = \mu_1 + \mu_2 = 1 \tag{5.11}$$

按计算自由度的公式 (2.12), 有

$$M = 6(n - g - 1) + \sum f_i + \mu = 6 \times (13 - 14 - 1) + 14 + 1 = 3 \tag{5.12}$$

由此, 机构自由度是 3。这里可以看到, 机构中的第 1 个基础环本身就有两个自由度, 在第 1 环上附加第 2 环后, 虽然第 2 环的新增螺旋系秩为 6, 但不会给第 1 环以约束, 且 7 个新增螺旋发生了线性相关, 就又带来了 1 个自由度, 这样整个机构就有了 3 个自由度。

5.3 传动机构

5.3.1 列索夫万向接头

图 5.6 所显示是一个列索夫万向接头[25], 它可以传递交角为任何数值的空间相错的两轴间的转动运动[22]。它由 4 个构件和 4 个运动副组成, A 处是转动副,

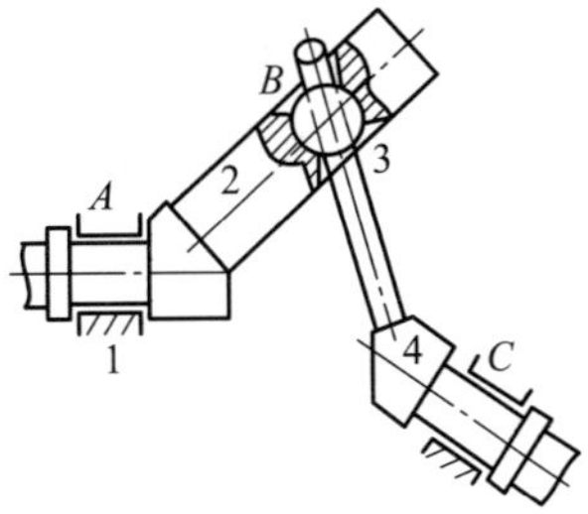

图 5.6 列索夫万向接头

[25] 当我们从文献上引用此机构时, 该书的图中的运动副 C 仅是一个转动副, 在我们分析其自由度时发现这里机构输出自由度为零, 用转动副是不对的。于是将 C 处的转动副改为圆柱副了。这说明自由度分析能够帮助我们正确设计机构。

B 处有一个球副, 小球有一个通孔与 BC 构件形成一个圆柱副; C 处与机架也构成一个圆柱副。

由于此列索夫万向接头是一个单环机构, 为判别机构有无虚约束, 就可以按定理 2.4 用与机构对应的螺旋系求其反螺旋以获得机构的过约束的方法去判别。先写出对应的螺旋系, 它的 4 个运动副对应了 8 个运动螺旋。坐标系为 $O-XYZ$, 原点放在球心 B 点, X 轴线方向平行轴线 A, Z 轴垂直纸面, 这样 8 个螺旋分别是

$$\begin{aligned}
\$_A &= (1 \quad 0 \quad 0; \quad 0 \quad e_1 \quad f_1) \\
\$_{B1} &= (1 \quad 0 \quad 0; \quad 0 \quad 0 \quad 0) \\
\$_{B2} &= (0 \quad 1 \quad 0; \quad 0 \quad 0 \quad 0) \\
\$_{B3} &= (0 \quad 0 \quad 1; \quad 0 \quad 0 \quad 0) \\
\$_{B4} &= (0 \quad 0 \quad 0; \quad a_5 \quad b_5 \quad 0) \\
\$_{B5} &= (a_5 \quad b_5 \quad 0; \quad 0 \quad 0 \quad 0) \\
\$_{C1} &= (a_7 \quad b_7 \quad c_7; \quad d_7 \quad e_7 \quad f_7) \\
\$_{C2} &= (0 \quad 0 \quad 0; \quad a_7 \quad b_7 \quad c_7)
\end{aligned} \tag{5.13}$$

不难判断此螺旋系秩为 6, 没有过约束, 所以 $\mu = 0$, 有

$$M = 6(n-g-1) + \sum f_i + \mu = 6 \times (4-4-1) + 8 + 0 = 2 \tag{5.14}$$

结果表示机构有两个自由度, 包括了小球在圆槽中可以绕 BC 轴线自由转动这个局部自由度, 它的存在正是因为螺旋系发生的相关性。注意, 当这个机构的输入输出两轴轴线在空间相错时 (不共面) 也能实现传动。

如果 C 处是一个转动副, 不允许沿其轴向移动, 计算结果自由度为 1, 这个自由度并非机构的输出自由度, 而仅是小球转动的局部自由度, 这样机构是不能工作的。有

$$M = 6(n-g-1) + \sum f_i + \mu = 6 \times (4-4-1) + 7 + 0 = 1 \tag{5.15}$$

5.3.2 具有双直角滑杆的联轴器

这个具有双直角滑杆的联轴器[22] (图 5.7a) 是一个相对比较复杂的空间双环机构。虽然双环机构是多环机构中最简单的, 但它也常有运动耦合问题。机

构自由度分析时必须先求出机构中存在的过约束，前面介绍过，对此类问题可以应用“对比再闭合两个元素之间的相对运动法”，以及另一种方法 ——“虚拟环路法”，许多情况下应用后者会更加方便。这里尝试同时应用两种方法分析并比较之。

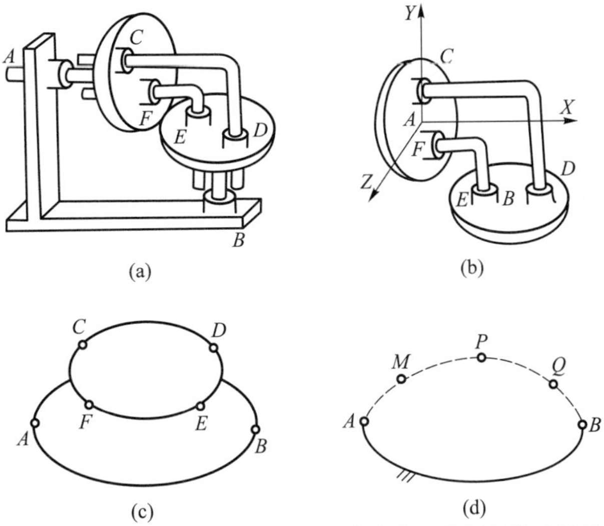

图 5.7 具有直角双滑杆的传动机构

1. 闭合两元素之间的相对运动法

图 5.7a 表示了一个能够实现输入输出两轴之间为直角的传动联轴器，主动杆 A 旋转时，经其上的圆盘带动两根呈直角形的圆柱杆，这两根圆柱杆与主被动两个圆盘构成 4 个圆柱副并带动被动圆盘 B 转动，被动盘和机架间又构成一个转动副，它传递机构的输出运动。机构有 5 个构件、2 个转动副和 4 个圆柱副。分析自由度时首先要判定机构的过约束，由于此机构的环路中又套有环路 $CDEF$ 子机构，机构比较复杂，可以先分析子机构。

(1) 子机构 $CDEFC$，见图 5.7b，判断此子机构中是否含过约束。这里的 $CDEFC$ 也是一个单环机构，建立如图坐标系 $A-XYZ$，其中原点取在 CF 的中点 A，X、Y 轴分别平行直角杆的两个边。由于每个圆柱副对应两个运动螺旋，下面给出对应它的 8 个运动螺旋

$$\$_{C1} = (1 \quad 0 \quad 0; \quad 0 \quad e_1 \quad f_1)$$

$$\$_{C2} = (0 \quad 0 \quad 0; \quad 1 \quad 0 \quad 0)$$

$$\$_{D1} = (0 \quad 1 \quad 0; \quad d_3 \quad 0 \quad f_3)$$

$$
\begin{aligned}
&\$_{D2}=(0\quad 0\quad 0;0\quad 1\quad 0)\\
&\$_{E1}=(0\quad 1\quad 0;\quad d_5\quad 0\quad f_5)\\
&\$_{E2}=(0\quad 0\quad 0;\quad 0\quad 1\quad 0)\\
&\$_{F1}=(1\quad 0\quad 0;\quad 0\quad e_7\quad f_7)\\
&\$_{F2}=(0\quad 0\quad 0;\quad 1\quad 0\quad 0)
\end{aligned}
\tag{5.16}
$$

为了判断此 8 个螺旋是否线性相关, 从式 (5.16) 中直接可以看到, 由于机构具有的平行关系, 其中有 4 个节距为 ∞ 的螺旋是线性相关的, 只有 2 个是独立的; 但为确定整个螺旋系的秩, 因为这里的螺旋系还是很复杂, 还是要应用式 (1.32) 来进一步判明[26]。螺旋系经过化简, 最后独立的螺旋可以表示为

$$
\begin{aligned}
&\$_{C1}=(1\quad 0\quad 0;\quad 0\quad e_1\quad f_1)\\
&\$_{C2}=(0\quad 0\quad 0;\quad 1\quad 0\quad 0)\\
&\$_{D1}=(0\quad 1\quad 0;\quad d_3\quad 0\quad f_3)\\
&\$_{D2}=(0\quad 0\quad 0;\quad 0\quad 1\quad 0)\\
&\$_{F1}=(1\quad 0\quad 0;\quad 0\quad e_7\quad f_7)
\end{aligned}
$$

这表明该螺旋系的秩是 5。这 5 个螺旋有 1 个反螺旋, 即有一个过约束, $\mu_1=1$。对应的反螺旋可求得, 它是个约束力偶, 约束了绕 Z 轴线方向的转动运动。

$$
\$^{\mathrm{r}}=(0\quad 0\quad 0;\quad 0\quad 0\quad 1)
$$

这个单闭环子机构具有 1 个过约束。若按公式 (2.12) 计算自由度, 有

$$
M=6(n-g-1)+\sum f_i+\mu=6\times(4-4-1)+8+1=3 \tag{5.17}
$$

从这个子机构看, 当取 CF 盘为机架时, ED 盘相对 CF 可以沿 X 轴移动, 也可以沿 Y 轴移动, 还可以绕 X 轴方向转动; 但也注意到, 当 ED 绕 X 轴方向转动时, 同时还应伴以绕 Y 轴方向转动, 这两个转动是相关的, 即使如此它确实也有 3 个自由度, 这个计算验证了以上分析的正确性。

(2) 为了讨论原始整个机构的自由度, 就要对子机构前后分别加上两个转动副 A 和 B, 这时为检查第 2 次闭合是否带来新的过约束, 就要看 B 处的转动

[26]前面许多例子都是依赖表 1.2 以判断螺旋系的独立性, 此例中的螺旋关系已超出表 1.2 所列举范围, 就可以采用式 (1.32)。

副在再度闭合时的相对运动情况, 即检查闭合两元素之间的相对运动。但注意这个机构从结构上看, 它的两个环路的连接与图 5.1b 所示的连接方式有些不同, 它的嵌合方式有点特殊, 见图 5.7c, 其子机构闭环 2 置于第 1 个闭环中间。当子机构 $CDEF$ 分析完之后, 再将其以 A、B 两个运动副闭合于机架上, 检查在完成第 2 次闭合时是否发生过约束。

为什么只看 B 端, 不检查 A 端呢? 因为, 在先将子机构的左端与机架用转动副 A 连接后, 整个机构还是“开式链”, 机构并没有完全成为闭链, 只有当 B 处也闭合时才能形成闭环, 才可能出现二次闭合的过约束。

对空间机构, 分析闭合时发生的过约束就要从 6 个方面去分析, 包括 3 个方向的移动和 3 个方向的转动, 看看哪里发生的是实约束, 哪里发生的是虚约束。所以检查闭合时所发生的过约束就要分别分析开式链末端件的六维运动情况, 以及闭合时发生的六维约束情况, 从两者的对比中判断何者为实约束, 何者为虚约束, 何者并没有约束。这就是空间“闭合两元素相对运动分析法”。

在 B 处的转动副闭合前, 子机构用转动副 A 已与左边机架相连, 此时末端 DE 盘的运动就是除了子机构本身的 3 个相对运动自由度 (包括可以沿 X 轴移动, 沿 Y 轴移动, 还可以有一个转动自由度) 外, 再考虑当加上转动副 A 后所带来的绕 X 轴的转动自由度。但是这里有两个绕 X 轴方向转动的自由度, 它们是否重复或是否是多余的? 其实, 它们并不重复也不多余, 且是必要的。一方面说明末端 ED 可以带着整个子机构依赖 A 副, 可以独立绕 X 轴自由转动; 另一方面, ED 相对 CF 也具有绕 X 轴转动这个自由度, 但随之它也必须存在绕 Y 轴的转动。这句话反过来说, 若末端 ED 绕 Y 轴转动, CF 必须也发生绕 X 轴转动, 由于 CF 安装于沿 X 轴方向的转动副 A 上, CF 可以自由地绕 X 轴转动。这样说来, 末端 ED 就有了独立的绕 Y 轴方向转动的自由度。所以, 此时开式链的末端 ED 就有了这样的 4 个自由度, 即可以分别独立沿 X 轴、Y 轴移动, 还可以独立绕 X 轴、Y 轴转动。

当平行 Y 轴方向的转动副 B 发生再闭合时, 理论上如同任何转动副都会给所闭合的构件带来 5 个约束一样, 末端转盘 ED 将承受 5 个约束, 包括将约束其沿空间 3 个方向的移动以及绕 X 轴、Z 轴两个方向的转动自由度。但实际上是否这 5 个约束都是实实在在的呢? 有没有过约束呢? 那就要具体问题具体地分析。

在复杂空间情况下分析闭合时发生的约束和确定约束的性质是比较困难的,

为此这里介绍采取规范的“过约束判定表格法”, 以方便并规范对比分析, 以及减少发生混乱的可能。这种机构的过约束判定表如表 5.1 所示, 要对 3 个移动运动和 3 个转动运动分别建立表格, 以方便对比闭合发生时开式链末端的相对运动和闭合受到的约束情况。

表 5.1 机构的过约束判定

项目	X 移动	Y 移动	Z 移动	X 转动	Y 转动	Z 转动
末端件 DE 的自由度	允许	允许	约束	允许	允许	约束
闭合转动副 B	约束	约束	约束	约束	允许	约束
对比分析	实约束	实约束	虚约束	实约束	无约束	虚约束

在对比分析时, 若某个自由度是末端件所允许的, 而闭合时附加的转动副不允许, 此转动副对末端件发生了实约束; 当末端件允许某个自由度, 闭合时附加的运动副又不施加约束, 或当末端件的某个自由度已经被约束了而附加转动副却允许, 两者都说明转动副未对末端件约束, 是无约束情况; 仅当末端件已经受到约束, 而转动副又施加以相同约束, 这个约束才是真正重复的“过约束”。这样看来, 转动副 B 再闭合时, 经对比分析, X 和 Y 方向的移动都是实约束, Z 方向的移动是虚约束, X 方向的转动是实约束, 而 Y 方向的转动则是无约束, Z 方向的转动却也是虚约束。这样看 B 副再闭合时带来 2 个过约束, $\mu_2 = 2$。

因此整个机构有 3 个过约束, $\mu = \mu_1 + \mu_2 = 3$, 如此, 机构的自由度按公式计算, 有

$$M = 6(n - g - 1) + \sum f_i + \mu = 6 \times (5 - 6 - 1) + 10 + 3 = 1 \tag{5.18}$$

此计算结果说明它的确是一个自由度为 1 的传动机构。

下面要介绍如何用虚拟环路法来分析。

2. 虚拟环路法

对此类含两个以上闭环并伴有运动耦合这样的问题还有另一种求解方法, 称为“虚拟环路法”, 这种方法常常很简单。这里先以这个机构为例介绍这种方法。

(1) 子机构中的过约束。这个子机构是图中的中心环, 对此环采取计算其运动螺旋系的反螺旋以确定它的过约束。这里为了使问题分析简单且不失一般性,

取一个特殊的机构位型[27], 见图 5.7b, 让两个转盘处于一个特殊的位置: 左部圆盘上的两个圆柱副 C 和 F 处于垂直方位, 而下部圆盘的两个圆柱副 E 和 D 处于图中水平方位, 或者说它的两个直角杆呈共面这种特殊位型。坐标系 $A-XYZ$, 原点置于圆盘中心点 A, X 轴、Y 轴分别平行直角杆的两边。这样此单闭环子机构的 4 个运动副的 8 个螺旋可以改写为如下较简单的形式:

$$\begin{aligned}
\$_{C1} &= (1 \quad 0 \quad 0; \quad 0 \quad 0 \quad f_1)\\
\$_{C2} &= (0 \quad 0 \quad 0; \quad 1 \quad 0 \quad 0)\\
\$_{D1} &= (0 \quad 1 \quad 0; \quad 0 \quad 0 \quad f_3)\\
\$_{D2} &= (0 \quad 0 \quad 0; \quad 0 \quad 1 \quad 0)\\
\$_{E1} &= (0 \quad 1 \quad 0; \quad 0 \quad 0 \quad f_5)\\
\$_{E2} &= (0 \quad 0 \quad 0; \quad 0 \quad 1 \quad 0)\\
\$_{F1} &= (1 \quad 0 \quad 0; \quad 0 \quad 0 \quad -f_1)\\
\$_{F2} &= (0 \quad 0 \quad 0; \quad 1 \quad 0 \quad 0)
\end{aligned} \tag{5.19}$$

此螺旋系中只有 5 个螺旋是独立的, 有 1 个反螺旋, 也就有 1 个过约束, $\mu_1 = 1$。这个单闭环子机构的自由度为

$$M = 6(n-g-1) + \sum f_i + \mu = 6 \times (4-4-1) + 8 + 1 = 3 \tag{5.20}$$

(2) 以虚拟环路法求二次闭合的过约束。在子机构的前后以 A、B 两个转动副将子机构连接到机架上, 当 A 端已闭合 B 端再闭合时就可能发生过约束, 这是二次闭合发生的过约束。为分析此二次闭合, 这里就思考能否避开比较麻烦且易发生错误的前面曾采取的那种 "闭合两元素之间的相对运动" 方法。这里提出另一种方法, 即可以类似地采用单环机构求其反螺旋而直接得到过约束的方法。

由于被闭合元素一方的运动为子机构输出端, 为此, 这里就要先知道子机构的输出件 ED 是怎样运动的, 并表示为螺旋。这也就是要知道子机构末端 ED 相对起始端 CF 的相对运动。对此可以借用求并联机构平台自由度的方法, 把单环运动链 $CDEF$ 拿出来并当做并联机构, ED 为并联机构的动平台, CF 则

[27] 这样方便分析, 其他位型亦可分析, 有兴趣的读者可以试试分析其他的位型。

是定平台。可以看到它有两个分支, 分别是 CD 和 EF, 它们对应的螺旋系分别为

$$
\begin{aligned}
\$_{C1} &= (1 \quad 0 \quad 0; \quad 0 \quad 0 \quad f_1) \\
\$_{C2} &= (0 \quad 0 \quad 0; \quad 1 \quad 0 \quad 0) \\
\$_{D1} &= (0 \quad 1 \quad 0; \quad 0 \quad 0 \quad f_3) \\
\$_{D2} &= (0 \quad 0 \quad 0; \quad 0 \quad 1 \quad 0)
\end{aligned}
$$

和

$$
\begin{aligned}
\$_{E1} &= (0 \quad 1 \quad 0; \quad 0 \quad 0 \quad f_5) \\
\$_{E2} &= (0 \quad 0 \quad 0; \quad 0 \quad 1 \quad 0) \\
\$_{F1} &= (1 \quad 0 \quad 0; \quad 0 \quad 0 \quad -f_1) \\
\$_{F2} &= (0 \quad 0 \quad 0; \quad 1 \quad 0 \quad 0)
\end{aligned}
$$

对应这两个螺旋系, 它们各有两个反螺旋分别为

$$
\begin{aligned}
\$^{\mathrm{r}}_{11} &= (0 \quad 0 \quad 0; \quad 0 \quad 0 \quad 1) \\
\$^{\mathrm{r}}_{12} &= (0 \quad 0 \quad -1/f_1; \quad 1 \quad f_3/f_1 \quad 1)
\end{aligned} \tag{5.21}
$$

和

$$
\begin{aligned}
\$^{\mathrm{r}}_{21} &= (0 \quad 0 \quad 0; \quad 0 \quad 0 \quad 1) \\
\$^{\mathrm{r}}_{22} &= (0 \quad 0 \quad 1/f_1; \quad 1 \quad -f_5/f_1 \quad 1)
\end{aligned} \tag{5.22}
$$

从上述两组反螺旋系可知, 这 4 个反螺旋共同作用于 ED 盘上, 显然它们还线性相关, 独立的只有两个约束力和一个约束力偶。此 3 个独立的约束螺旋为

$$
\begin{aligned}
\$^{\mathrm{r}}_{11} &= (0 \quad 0 \quad 0; \quad 0 \quad 0 \quad 1) \\
\$^{\mathrm{r}}_{12} &= (0 \quad 0 \quad -1; \quad f_1 \quad f_3 \quad f_1) \\
\$^{\mathrm{r}}_{22} &= (0 \quad 0 \quad 1; \quad f_1 \quad -f_5 \quad f_1)
\end{aligned}
$$

从前面的理论得知, 表示运动副螺旋的二次反螺旋能够表示物体的运动自由度。显然, 它的二次反螺旋独立的也有 3 个, 它们就是单环机构 $CDEF$ 输出

构件 ED 的 3 个输出自由度。这些二次反螺旋为

$$
\begin{aligned}
\$_1^{\mathrm{rr}} &= (0 \quad 0 \quad 0; \quad 1 \quad 0 \quad 0) \\
\$_2^{\mathrm{rr}} &= (0 \quad 0 \quad 0; \quad 0 \quad 1 \quad 0) \\
\$_3^{\mathrm{rr}} &= (f_3 - f_5 \quad -2f_1 \quad 0; \quad 0 \quad 0 \quad -f_3 f_1 - f_5 f_1)
\end{aligned} \tag{5.23}
$$

这就是子机构的末端件 ED 的运动螺旋系, 包括 3 个螺旋, 可以想象这 3 个螺旋对应了 3 个运动副, 将它们分别表示为 M 、P 和 Q。

(3) 当子机构两端的两个转动副 A 和 B 也先后闭合, 就还原成原始的那个传动机构。如果我们这里以上述子机构的 3 个螺旋, 再加上 A、B 两个转动副对应的螺旋这样的 5 个运动副构成一个新的虚拟闭环, 如图 5.7d 所示的 $ABQPM$ 运动链, 显然, 这个闭环可以在运动学上表示整个机构的那个二次闭合, 并以此新闭环研究机构中存在的过约束, 称此代替之闭环为“虚拟单闭环”, 这个方法也就称为“虚拟环路法”。如前所述, 此虚环链共有 5 个螺旋, 即

$$
\begin{aligned}
\$_1^{\mathrm{rr}} &= (0 \quad 0 \quad 0; \quad 1 \quad 0 \quad 0) \\
\$_2^{\mathrm{rr}} &= (0 \quad 0 \quad 0; \quad 0 \quad 1 \quad 0) \\
\$_3^{\mathrm{rr}} &= (f_3 - f_5 \quad -2f_1 \quad 0; \quad 0 \quad 0 \quad -f_3 f_1 - f_5 f_1) \\
\$_A &= (1 \quad 0 \quad 0; \quad 0 \quad 0 \quad 0) \\
\$_B &= (0 \quad 1 \quad 0; \quad 0 \quad 0 \quad (f_3 + f_5)/2)
\end{aligned} \tag{5.24}
$$

为判断这 5 个螺旋的相关性, 取下面 3 个螺旋操作螺旋代数和, 有

$$
2f_1 \$_B + \$_3^{\mathrm{rr}} - (f_3 - f_5)\$_A = (0 \quad 0 \quad 0; \quad 0 \quad 0 \quad 0)
$$

显然, 由此结果看到这 5 个螺旋线性相关, 秩为 4。存在两个反螺旋, 它们就是两个过约束。所以, $\mu_2 = 2$。

(4) 整个机构的自由度。当两个闭环发生的过约束都分别求到后, 就可以按公式 (2.12) 求得整个机构的自由度, $\mu = \mu_1 + \mu_2 = 3$, 则

$$
M = 6(n - g - 1) + \sum f_i + \mu = 6 \times (5 - 6 - 1) + 10 + 3 = 1 \tag{5.25}
$$

本例中求过约束的虚环再闭合法看来似乎更加麻烦, 但后面的多个例子证明, 用这个方法将简单许多。

分析完后, 回想这里的求解思路和过程, 不正是与第 4 章 4.4 节所讨论的分支中含闭环和以广义运动副处理的思路相同吗? 在本节最后总结我们的研究, 概括引出计算一般多环空间机构过约束的对应两种方法的两个法则, 以便于我们应用。

法则 5.1　求过约束的“闭合两元素相对运动分析法”　对一般多环空间机构, 除第 1 个基础环外, 为求某一个闭环中的过约束必须将此闭环中的某个杆件或某个运动副拆开形成串联链, 由螺旋理论分别找出欲进行再闭合两个元素各自的自由度的数目及性质 (如果再闭合两元素之一是机架, 机架是静止的, 没有自由度; 如果再闭合是动态闭合, 闭合两元素各自都有自由度), 再讨论经再闭合时该闭合方式会带来什么约束, 进而判断哪个约束是过约束。由于再闭合的形式有 3 种: 刚性闭合、活动闭合和动态闭合, 要依据具体情况分析。若这次闭合的机构中存在运动耦合情况, 都要由前一个闭环求出两环之间的共同具有的“连接件”的自由度, 再与新增运动副共同决定运动链末端的自由度, 并以此进行对比分析以确定过约束。对难以判断的复杂的情况还可以应用“机构过约束判定表”。

法则 5.2　求过约束的“虚拟单环运动链替代法”　对于一般多环机构, 在求得第 1 个基础闭环的过约束后, 为进一步求解其后的各个闭环的过约束, 可以逐个应用“虚拟单环运动链替代法”。由于基础环其后的闭环都可以看成由其上新增串联链的再闭合所形成, 可以选定先后相连的两个闭环之间的连接点上所共同具有的那一个或两个杆件 (当串联链的另一端与机架相连时, 只考虑一个连接点, 一个构件; 但有时是串联链两端都和基础环相连, 则对应地考虑两个构件), 即两环之间的相关构件, 从第 1 个闭环中分别将该相关构件的自由度的数目和性质求出来, 并将它们表示为螺旋, 就对应了虚拟的运动副。这些虚拟运动副, 加上那个新增串联链所具有的独立的运动副, 就在想象中共同构成一个新的运动链闭环, 称为“虚拟单闭环”。此虚拟单闭环的运动螺旋系的反螺旋即是原来二次闭环的过约束。这个方法就称为求过约束的“虚拟单环运动链替代法”, 简称为“虚拟环路法”。

为从理论上理解这种虚拟方法, 以下面这个抽象的例子再来分析这个方法。

例 5.1　图 5.8 表示了一个具有两个闭环的多环机构, 它的 7 个运动副 AB

$\cdots G$ 构成机构的第 1 个闭环, 而 $EDHIJE$ 构成机构的第 2 个闭环。当已经找出第 1 个闭环的过约束 μ_1 后, 为研究第 2 个闭环发生的过约束, 我们就需要建立一个在运动学上能够正确反映第 2 个闭环发生过约束时对应正确的运动环路。由于孤立的第 2 个闭环 $EDHIJ$ 自身在运动学上并不能准确地反映第 2 环的真实运动状态, 或者说脱离第 1 环孤立地研究第 2 环 $EDHIJ$ 的运动不是真实的。其实, 第 1 环和第 2 环之间的联系就在构件 CD 和 EF 上, 它们是两个环路共有的构件, 1 环的运动决定 CD 和 EF 的自由度, 它们的自由度又决定了 HIJ 运动链的真实运动, 这就是耦合关系, 就是运动耦合。这两个构件自己的运动决定于第 1 个闭环, 而它们的运动又影响了第 2 个闭环的所有不属于第 1 环构件 (这里仅有 HI 和 IJ 两个构件) 的运动。

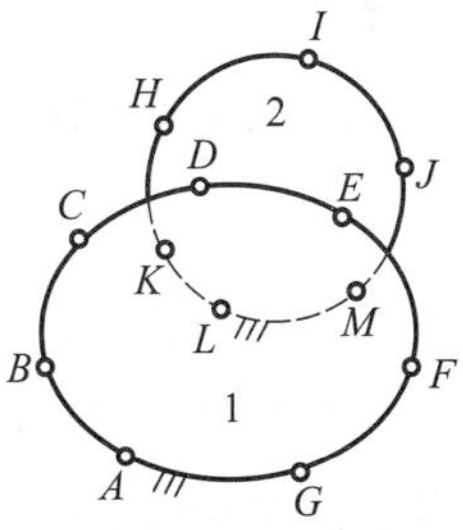

图 5.8 虚拟单闭环

因此, 这里就应该分别先求出和分析构件 CD和 EF 两个构件的自由度数目和性质。这里假设 CD 构件具有两个自由度, 我们就以对应的两个螺旋 K 和 L 表示。也就可以设想有一个具有两个转动副的串联链, 这两个转动副就对应两个螺旋 K 和 L。因为它只有两个自由度, 其中第 1 个 L 就应该对应着绝对运动, K 对应相对运动, 两者之和就是 CD 的绝对运动。若 EF 只有 1 个自由度, 就用 1 个螺旋 M 表示, M 也是绝对运动。我们进一步将这些螺旋表示为对应的运动副, 这里 K、L、M 都是虚拟运动副。这些虚拟的运动副再加上第 2 个闭环中独立具有的那些真实运动副 (H、I、J 是 2 环独立具有, D、E 则不是独立具有), 并将它们以虚线连接, 就成为一个新的闭环 $MLKHIJM$, 称为 "虚拟单闭环", 见图 5.8。而且因 L、M 两点对应的是绝对运动, 它们也就是静止的机架铰, 或者说 LM 就是机架。这样的虚拟闭环运动链在运动学上应该能够正确反映原运动链的第 2 环的运动状况。再求第 2 个闭环的过约束 μ_2 就可以分析此虚拟单闭环以代之。

再看“具有双直角滑杆的联轴器”机构的二次闭合所讨论的虚拟闭环运动链, 式 (5.24) 中表示的这个螺旋系

$$
\begin{aligned}
A &= \$_X = (1 \quad 0 \quad 0; \quad 0 \quad 0 \quad 0) \\
M &= \$_1^{\mathrm{rr}} = (0 \quad 0 \quad 0; \quad 1 \quad 0 \quad 0) \\
P &= \$_2^{\mathrm{rr}} = (0 \quad 0 \quad 0; \quad 0 \quad 1 \quad 0) \\
Q &= \$_3^{\mathrm{rr}} = (f_3 - f_5 \quad -2f_1 \quad 0; \quad 0 \quad 0 \quad -f_3f_1 - f_5f_1) \\
B &= \$_Y = (0 \quad 1 \quad 0; \quad 0 \quad 0 \quad (f_3 + f_5)/2)
\end{aligned}
\tag{5.26}
$$

就对应图 5.7c 中表示的这个虚拟单闭环。

5.3.3 转动变同轴方向移动的机构

图 5.9a 所示的这个机构可以将输入轴 A 的转动变为同轴方向输出 G 杆的往复移动运动, 从结构上看它是一个空间 3 环机构[22]。为防止 FE 杆侧向翻转, 它被夹在固定的导路槽 ED 之中, 此导槽允许 CF 方杆上下左右移动和绕与纸面垂直轴线的相对转动。机构有 5 个构件, 其中 $ABDG$ 是一个带斜曲柄的长杆, 其两端是圆柱形, 它被共轴的两个转动副 A 和 D 所支承, 这两个转动副的运动学作用却是重复的。机构共有 6 个运动副, 其中 A (D 与 A 同轴只能算一个, 当把这两个转动副视为一个, 机构则是双环)、O、F 是转动副, G 是圆柱副, C 是球副; 杆 CF 夹在 E 处槽中, 这里它不仅具有 X、Y 两个方向的滑动自由度, 同时也具有绕该接触平面法线方向的转动, 所以它是一个具有 3 个自由度的平面副, 见图 5.9b。当把两个运动副 A 和 D 作为对同一杆件 AD 杆的一个支承, 该

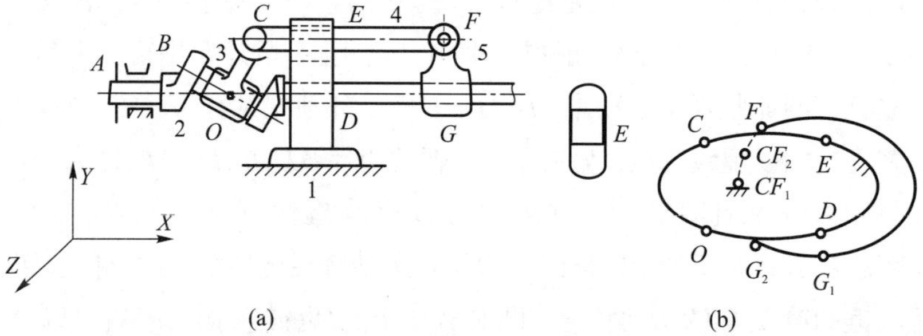

图 5.9 转动变同轴方向移动的机构

机构仅是一个具有两个闭环的空间机构。这里就按具有两个闭环的空间机构对其进行分析。

分析自由度时要首先检查是否有过约束, 对这个多环机构需要逐环分解, 从最先的基础单环机构开始讨论, 再依次闭合以检查过约束。这里坐标系 $C-XYZ$ 的原点置于球副中心 C。由于第 2 个闭环所独有的运动副的数目本身就已经少于 6 个, 不符合定理 5.1, 对它必须进行过约束的识别。

1. 闭合两元素之间的相对运动法

(1) 先分析基础环, 分析这个具有 4 个运动副的 $DOCED$ 单环子机构[28], 采用定理 2.4 依据机构运动螺旋系的反螺旋直接求出单环的过约束。它包括球副 C 和平面副 E 等所形成的一共 8 个螺旋, 将坐标系置于 C 点, 可以写出 8 个螺旋如下:

$$\begin{aligned}
\$_D &= (1 \quad 0 \quad 0; \quad 0 \quad 0 \quad f_1)\\
\$_O &= (a_2 \quad b_2 \quad 0; \quad 0 \quad 0 \quad f_2)\\
\$_{C1} &= (1 \quad 0 \quad 0; \quad 0 \quad 0 \quad 0)\\
\$_{C2} &= (0 \quad 1 \quad 0; \quad 0 \quad 0 \quad 0)\\
\$_{C3} &= (0 \quad 0 \quad 1; \quad 0 \quad 0 \quad 0)\\
\$_{E1} &= (0 \quad 0 \quad 0; \quad 1 \quad 0 \quad 0)\\
\$_{E2} &= (0 \quad 0 \quad 0; \quad 0 \quad 1 \quad 0)\\
\$_{E3} &= (0 \quad 0 \quad 1; \quad 0 \quad e_8 \quad 0)
\end{aligned} \tag{5.27}$$

经验算该螺旋系是六维的, 没有过约束, $\mu_1 = 0$。若用自由度公式 (2.13) 验算, 则有

$$M = 6(n-g-1) + \sum f_i + \mu = 6 \times (4-4-1) + 8 + 0 = 2 \tag{5.28}$$

由此确实看到此子机构具有 2 个自由度, 它表示输出杆 CF 可以在 XY 平面内左右移动, 还具有独立绕过 C 点的 Z 轴转动。

机构中不同的构件自由度不同, 在不计局部自由度的情况下, 一般机构的输出构件的自由度就是机构的自由度, 该构件也是机构中自由度数目最大的构件。

[28] 再次声明, 在判别机构中是否存在过约束时, 一定要分解机构到单环机构, 从单环机构开始研究。

(2) 当把构件 FG 加于上述子机构, 会发生另一个闭合, 形成另一个闭环。这第 2 个闭环仅新增 1 个构件和 2 个运动副 F 和 G。这个闭合是否会带来过约束呢? 按定理 5.1, 所附加的运动副少, 螺旋系的秩也一定小于 6, 这种情况下必须核查过约束。这时两个运动副 F 和 G 所连接的两个构件都处于运动状态, 连接 FG 杆所形成的闭合又是一个动态闭合问题。ADG 杆被支撑于两个转动副 A、D 之上, 只可以绕其固定轴线旋转; 而 FG 杆未连接前, 有两个自由度的 CF 杆除可以在 XY 平面内移动之外, 还可以绕 C 点转动。当以铰链 F 连接 FG 杆, 此 FG 杆一方面随 EF 上的 F 点上下左右移动, 其本身还可以绕 F 轴线左右摆动。综合来看, FG 杆具有的 3 个自由度, 分别是沿 X 方向和 Y 方向的移动以及绕 F 点平行于 Z 轴的转动

$$\begin{aligned}\$_{F1} &= (0 \quad 0 \quad 0; \quad 1 \quad 0 \quad 0)\\ \$_{F2} &= (0 \quad 0 \quad 0; \quad 0 \quad 1 \quad 0)\\ \$_{F3} &= (0 \quad 0 \quad 1; \quad 0 \quad b \quad 0)\end{aligned} \tag{5.29}$$

FG 的运动螺旋系对应地有 3 个反螺旋, 说明它受到了 3 个约束

$$\begin{aligned}\$_1^{\mathrm{r}} &= (0 \quad 0 \quad 1; \quad 0 \quad 0 \quad 0)\\ \$_2^{\mathrm{r}} &= (0 \quad 0 \quad 0; \quad 1 \quad 0 \quad 0)\\ \$_3^{\mathrm{r}} &= (0 \quad 0 \quad 0; \quad 0 \quad 1 \quad 0)\end{aligned} \tag{5.30}$$

而动态闭合所用的 G 副是一个轴线沿 X 方向的圆柱副, 它将允许两个运动, 同时也带来 4 个约束。为分析在此动态闭合时发生的约束和确定约束的性质, 也采用规范的表格法进行对比分析。表 5.2 中分别从 3 个移动和 3 个转动来对比闭合发生时原有的待闭合的运动链末端 GF 的运动和受到的约束情况, 以及闭合运动副 G 闭合时允许和被限制的运动, 以判断和找出过约束。

表 5.2 机构的过约束判定

项目	X 移动	Y 移动	Z 移动	X 转动	Y 转动	Z 转动
开链末端件 GF 的运动	允许	允许	约束	约束	约束	允许
闭合圆柱副 G	允许	约束	约束	允许	约束	约束
对比分析	无约束	实约束	虚约束	无约束	虚约束	实约束

由于 CF 杆具有两个自由度, F 点 (注意: 是 F 点, 不是 CF 杆) 可以上下左右移动, FG 杆随带具有在 XY 面内的两个移动自由度, 加之 FG 杆还具有绕 F 点的转动自由度, 所以 GF 杆一共具有 3 个自由度。在表 5.2 中分别列出开链末端 FG 件的自由度和闭合圆柱副 G 的约束。经上述表格对比分析, 发现在以圆柱副 G 闭合时发生了 2 个虚约束, $\mu_2 = 2$。

(3) 整个机构的自由度。考虑到机构共有 5 个构件、6 个运动副, 对应的运动副共有 11 个自由度, 有 2 个过约束, $\mu = \mu_1 + \mu_2 = 2$, 这样按自由度公式 (2.12) 有

$$M = 6(n - g - 1) + \sum f_i + \mu = 6 \times (5 - 6 - 1) + 11 + 2 = 1 \tag{5.31}$$

2. 虚拟环路法

对此机构再看看如何用虚拟环路法求解。用这种方法时, 第 1 步也是先求第 1 个闭环的过约束, 即仍采用定理 2.4 依据机构运动螺旋系的反螺旋直接求出单环的过约束, 这与闭合两元素分析相对运动法是相同的; 两种方法的差别仅在其后求第 2 个环的过约束的步骤上。

为揭露第 2 个闭环再闭合时可能发生的过约束, 这里采取虚拟环路法。这里的虚拟环路应该如何确定包括哪些运动副呢? 因为此时 FG 杆的再闭合是动态闭合, 那就应该将被连接的两个构件 CF 和 DG 的运动螺旋都考虑进去, 再加上 FG 杆自身带来的运动副 F 和作为再闭合的新运动副 G, 整个构成虚拟闭环运动链。具体说就是 CF 构件的两个自由度 [式 (5.28)], 所对应的 2 个运动螺旋, 加上 FG 杆连接用的一个转动副 F 和一个圆柱副 G 所表示的 2 个螺旋, 以及表示 DG 杆转动的 1 个运动螺旋, 这样的 6 个螺旋就构成了此时的 "虚拟单闭环" 机构和对应的螺旋系

$$\begin{aligned}
\boldsymbol{\$}_{CF1} &= (0 \quad 0 \quad 0; \quad 1 \quad 0 \quad 0) \\
\boldsymbol{\$}_{CF2} &= (0 \quad 0 \quad 1; \quad 0 \quad e_2 \quad 0) \\
\boldsymbol{\$}_{F} &= (0 \quad 0 \quad 1; \quad 0 \quad e_3 \quad 0) \\
\boldsymbol{\$}_{G1} &= (1 \quad 0 \quad 0; \quad 0 \quad 0 \quad f_4) \\
\boldsymbol{\$}_{G2} &= (0 \quad 0 \quad 0; \quad 1 \quad 0 \quad 0) \\
\boldsymbol{\$}_{D} &= (1 \quad 0 \quad 0; \quad 0 \quad 0 \quad f_4)
\end{aligned} \tag{5.32}$$

而此虚拟单环的 6 个螺旋的秩是 4, 于是机构有 2 个过约束, $\mu_2 = 2$。这个

结果与第 1 种方法所得到的相同。其余部分相同, 就不再重复。

从这个例子就已经看到, 这种虚环再闭合求过约束的方法不仅十分简单, 直截了当, 而且也不会发生错误。

5.3.4 变换转动方向的机构

这个机构 (见图 5.10) 也是一个传动机构, 它可以改变转动方向[22]。机构有 6 个构件、7 个运动副, 其中 A、E 是两个转动副, B、D 处各有一个球副, 且 C、B、D 3 处还各有一个圆柱副。这也是一个双环机构。还可以认为此机构由两个相同独立的子机构组成, 而且它们正是前面介绍过的列索夫万向接头的一种特殊形式。一个列索夫万向接头的输入输出有 1 个自由度, 无疑地, 两个列索夫机构串联后整个机构仍具有 1 个自由度。

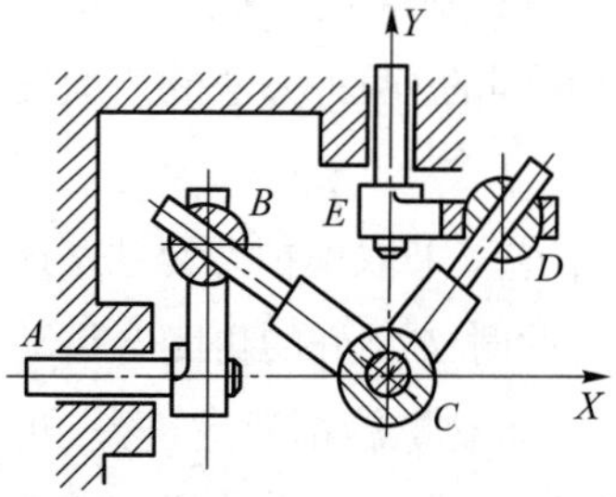

图 5.10 变换转动方向机构

5.3.5 平行轴传动双球机构

图 5.11 所示是一个传递两平行轴 A 和 G 之间的机械传动机构[22], 它是由串联的两组相同的独立子机构组成, 每个机构有一个中心点, 两个部分对应的各自的轴线都汇交于各自的那个中心点, 因此每个机构都是相同的球面机构。

为了简化, 这里可以先独立分析左部的球面子机构, 这半个子机构本身也是一个双环机构。左部分子机构 $ABCDEF$ 有 5 个杆件、6 个运动副。要检查过约束, 还需要将此子机构再次分解, 一直分解到找出最先的那个单环机构, 那就是机构的基础环 $ABCD$, 见图 5.11b, 研究了此单环机构后再加上 EF 运动链并加以判断。因此这个问题就要分为 3 个步骤。坐标系 XYZ 的原点可以置于中心点 B。

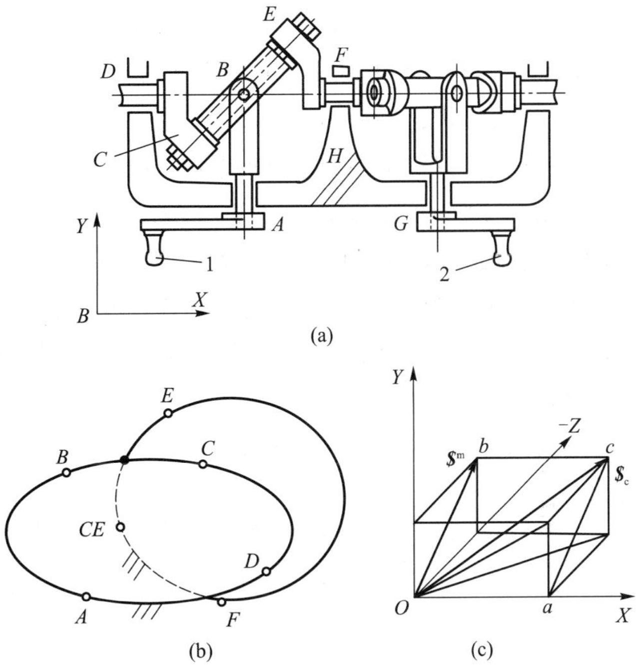

图 5.11 平行轴传动双球机构

(1) 先拿出单环子机构 $ABCD$, 它的 4 个运动副对应 4 个螺旋

$$
\begin{aligned}
\boldsymbol{\$}_A &= (0 \quad 1 \quad 0; \quad 0 \quad 0 \quad 0) \\
\boldsymbol{\$}_B &= (0 \quad 0 \quad 1; \quad 0 \quad 0 \quad 0) \\
\boldsymbol{\$}_C &= (a_3 \quad b_3 \quad c_3; \quad 0 \quad 0 \quad 0) \\
\boldsymbol{\$}_D &= (1 \quad 0 \quad 0; \quad 0 \quad 0 \quad 0)
\end{aligned} \tag{5.33}
$$

此 4 个螺旋线性相关, 有独立的 3 个反螺旋

$$
\begin{aligned}
\boldsymbol{\$}_1^{\mathrm{r}} &= (1 \quad 0 \quad 0; \quad 0 \quad 0 \quad 0) \\
\boldsymbol{\$}_2^{\mathrm{r}} &= (0 \quad 1 \quad 0; \quad 0 \quad 0 \quad 0) \\
\boldsymbol{\$}_3^{\mathrm{r}} &= (0 \quad 0 \quad 1; \quad 0 \quad 0 \quad 0)
\end{aligned} \tag{5.34}
$$

这 3 个反螺旋就表示它有 3 个过约束, $\mu_1 = 3$。其实这是一个典型的单自由度球面 4 杆机构, 这 3 个过约束对应着它有 3 个公共约束, 并限制了 3 个移动运动。

下面考虑此半个机构的另一个闭环闭合是否带来过约束, 即考虑 EF 杆的再度闭合。为此就要先研究 EF 杆具有什么样的运动? EF 杆连接于 BE 杆上, BE 杆结构上是十字头形。

(2) 求十字头 CBE 杆的运动螺旋。为建立虚环链, 首先需要找出与 EF 相连的 CBE 十字头杆的运动。 CB 杆是第 1 环的输出构件, 为求构件 CB 的运动或自由度, 在此就把单闭环 $ABCD$ 看成具有两个分支的并联机构, 并把构件 CB 当成该并联机构的中央平台, 这样就可以运用并联机构理论来分析其平台的自由度。对于此并联机构, 它只有两个分支, 即 AB 和 CD, 各个分支都有两个转动副, 分别对应着两个螺旋。

分支 1: AB 分支的两个螺旋和它们的反螺旋分别为

$$\begin{aligned} \$_A &= (0 \quad 1 \quad 0; \quad 0 \quad 0 \quad 0) \\ \$_B &= (0 \quad 0 \quad 1; \quad 0 \quad 0 \quad 0) \end{aligned} \tag{5.35}$$

和

$$\begin{aligned} \$^{\mathrm{r}}_{11} &= (0 \quad 0 \quad 0; \quad 1 \quad 0 \quad 0) \\ \$^{\mathrm{r}}_{12} &= (1 \quad 0 \quad 0; \quad 0 \quad 0 \quad 0) \\ \$^{\mathrm{r}}_{13} &= (0 \quad 1 \quad 0; \quad 0 \quad 0 \quad 0) \\ \$^{\mathrm{r}}_{14} &= (0 \quad 0 \quad 1; \quad 0 \quad 0 \quad 0) \end{aligned} \tag{5.36}$$

分支 2: DC 分支的两个螺旋和它们的反螺旋分别为

$$\begin{aligned} \$_D &= (1 \quad 0 \quad 0; \quad 0 \quad 0 \quad 0) \\ \$_C &= (a_3 \quad b_3 \quad c_3; \quad 0 \quad 0 \quad 0) \end{aligned}$$

和

$$\begin{aligned} \$^{\mathrm{r}}_{12} &= (0 \quad 0 \quad 0; \quad 0 \quad c_3 \quad -b_3) \\ \$^{\mathrm{r}}_{22} &= (1 \quad 0 \quad 0; \quad 0 \quad 0 \quad 0) \\ \$^{\mathrm{r}}_{23} &= (0 \quad 1 \quad 0; \quad 0 \quad 0 \quad 0) \\ \$^{\mathrm{r}}_{24} &= (0 \quad 0 \quad 1; \quad 0 \quad 0 \quad 0) \end{aligned} \tag{5.37}$$

两个分支的 8 个反螺旋都作用于 CB 杆上, 由式 (5.36) 和式 (5.37) 可以确定这两个约束螺旋系之并, 形成仅独立的 5 个螺旋

$$
\begin{aligned}
\$_1^{\mathrm{r}} &= (0 \quad 0 \quad 0; \quad 1 \quad 0 \quad 0)\\
\$_2^{\mathrm{r}} &= (1 \quad 0 \quad 0; \quad 0 \quad 0 \quad 0)\\
\$_3^{\mathrm{r}} &= (0 \quad 1 \quad 0; \quad 0 \quad 0 \quad 0)\\
\$_4^{\mathrm{r}} &= (0 \quad 0 \quad 1; \quad 0 \quad 0 \quad 0)\\
\$_5^{\mathrm{r}} &= (0 \quad 0 \quad 0; \quad 0 \quad c_3 \quad -b_3)
\end{aligned}
$$

此合并后的螺旋系的二次反螺旋就是 CBE 构件的运动螺旋, 也就是 BE 杆的自由度, 这里只能得到一个允许的运动螺旋

$$
\$^{\mathrm{rr}} = (0 \quad b_3 \quad c_3; \quad 0 \quad 0 \quad 0) = \$^{\mathrm{m}} \tag{5.38}
$$

那就是说, 这个二次反螺旋是一个转动运动, 转动轴线位于 YZ 平面内并过原点, 如图 5.11c。其中 OC 是转动副 $\$_C$ 的轴线方向, $\$^{m}$ 是子机构中十字头允许的转动方向, 也就是 EF 杆的牵连运动。

(3) 当子机构 $ABCD$ 上再附加 EF 杆并以运动副 F 副闭合于机架上, 就需要检查此闭合是否带来过约束。这里应用虚环再闭合法求过约束。此时的虚拟单闭环链仅包括 3 个螺旋, BE 杆的实际运动螺旋, 即式 (5.38) 所表示的螺旋, 再加上运动副 E 和运动副 F 对应的螺旋, 那就是

$$
\begin{aligned}
\$_{CE} &= (0 \quad b_3 \quad c_3; \quad 0 \quad 0 \quad 0)\\
\$_E &= (a_3 \quad b_3 \quad c_3; \quad 0 \quad 0 \quad 0)\\
\$_F &= (1 \quad 0 \quad 0; \quad 0 \quad 0 \quad 0)
\end{aligned}
$$

由于此时 CE 杆仅有一个自由度, $\$_{CE}$ 即是 CE 杆的绝对转动运动。由虚拟的转动副 CE 再加上 E 和 F 两个运动副构成的运动链 $CE-E-F$ 就构成一个虚拟环。显然, 这 3 个螺旋线性相关, 秩是 2。因此, 这个虚环中就有 4 个反螺旋, 即有 4 个过约束, $\mu_2 = 4$。

这样, 整个左部的半个机构的自由度就可以用公式 (2.12) 来求。左部的半个机构共有 5 个构件、6 个运动副、7 个虚约束, $\mu = \mu_1 + \mu_2 = 7$, 则

$$
M = 6(n-g-1) + \sum f_i + \mu = 6 \times (5-6-1) + 6 + 7 = 1 \tag{5.39}
$$

机构的自由度为 1。从这个例子看, 第 2 步的分析也十分简单。

5.4 螺旋机构

5.4.1 双螺旋机构

图 5.12 是一个双螺旋机构[13], 当 A 转动时推动滑块 B 移动。机构有 3 个构件, 3 个运动副, 包括两个螺旋副 A 和 B, 以及一个移动副 C, AB 两个螺旋的节距不同。这个机构也是一个单闭环机构。取坐标系的 X 轴沿螺旋的轴线, 对应的螺旋系为

$$\begin{aligned}
\$_A &= (1 \quad 0 \quad 0; \quad h_1 \quad 0 \quad 0) \\
\$_B &= (1 \quad 0 \quad 0; \quad h_2 \quad 0 \quad 0) \\
\$_C &= (0 \quad 0 \quad 0; \quad 1 \quad 0 \quad 0)
\end{aligned} \tag{5.40}$$

这 3 个螺旋是线性相关的, 只有两个是独立的, 有 4 个反螺旋

$$\begin{aligned}
\$_1^{\mathrm{r}} &= (0 \quad 1 \quad 0; \quad 0 \quad 0 \quad 0) \\
\$_2^{\mathrm{r}} &= (0 \quad 0 \quad 1; \quad 0 \quad 0 \quad 0) \\
\$_3^{\mathrm{r}} &= (0 \quad 0 \quad 0; \quad 0 \quad 1 \quad 0) \\
\$_4^{\mathrm{r}} &= (0 \quad 0 \quad 0; \quad 0 \quad 0 \quad 1)
\end{aligned} \tag{5.41}$$

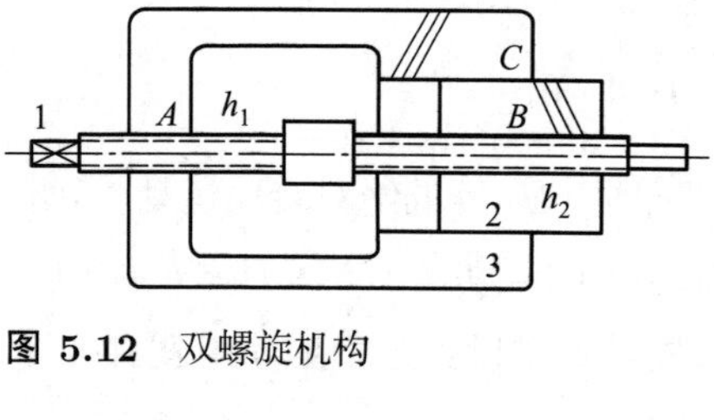

图 5.12 双螺旋机构

机构有 4 个反螺旋, $\lambda = 4$, $d = 2$, $\nu = 0$, 因为是单环机构, 确定了公共约束也就可以直接按公式 (2.13) 计算自由度

$$M = d(n - g - 1) + \sum f_i + \nu = 2 \times (3 - 3 - 1) + 3 + 0 = 1 \tag{5.42}$$

5.4.2 三螺旋机构

图 5.13 是一个三螺旋机构[22], 有 A、B、C 3 个节距不同的螺旋, 当 A 转动时推动滑块 2 做螺旋运动。机构有 3 个构件、3 个螺旋副, 对应的螺旋系为

$$\begin{aligned}\$_A &= (1 \quad 0 \quad 0; \quad h_1 \quad 0 \quad 0)\\ \$_B &= (1 \quad 0 \quad 0; \quad h_2 \quad 0 \quad 0)\\ \$_C &= (1 \quad 0 \quad 0; \quad h_3 \quad 0 \quad 0)\end{aligned} \tag{5.43}$$

这 3 个螺旋是线性相关的, 也有 4 个反螺旋

$$\begin{aligned}\$_1^{\mathrm{r}} &= (0 \quad 1 \quad 0; \quad 0 \quad 0 \quad 0)\\ \$_2^{\mathrm{r}} &= (0 \quad 0 \quad 1; \quad 0 \quad 0 \quad 0)\\ \$_3^{\mathrm{r}} &= (0 \quad 0 \quad 0; \quad 0 \quad 1 \quad 0)\\ \$_4^{\mathrm{r}} &= (0 \quad 0 \quad 0; \quad 0 \quad 0 \quad 1)\end{aligned} \tag{5.44}$$

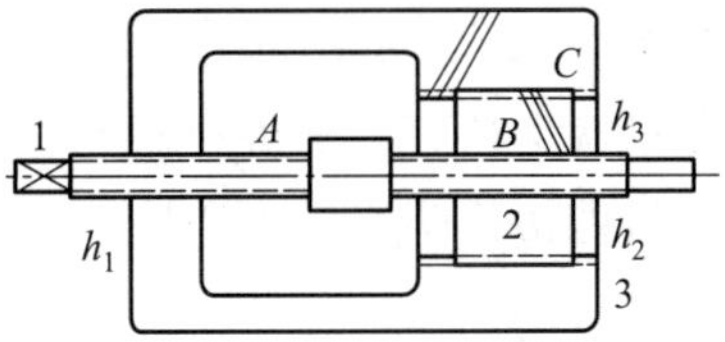

图 5.13 三螺旋机构

对应有 4 个公共约束, $d = 2$, 因为是单环机构, 确定公共约束就可以了, 按公式有

$$M = d(n - g - 1) + \sum f_i + \nu = 2 \times (3 - 3 - 1) + 3 + 0 = 1 \tag{5.45}$$

5.4.3 自锁滚珠螺旋机构

图 5.14 的自锁滚珠螺旋机构[22] 是双螺旋机构的一种应用, 外套 1 经两个耳环被垂直吊挂着, 其内部用梯形螺纹啮合一个空心套筒 2, 其内外切削出节距不同的两个螺旋, 此空心套筒 2 内部为滚珠螺纹与螺杆 3 相啮合。套筒下端有一个吊钩, 用以起吊重物。4 是滚珠的环形滚道。此机构有 3 个运动副, 包括转动副 A; 梯形螺纹 B, 它具有较强的自锁性能; 而螺旋副 C 是滚珠螺纹, 又具有

较高的传动效率。两个螺旋的节距不同。电机驱动构件 3 转动, 由于差动螺旋的作用, 吊钩沿其轴向上下运动。

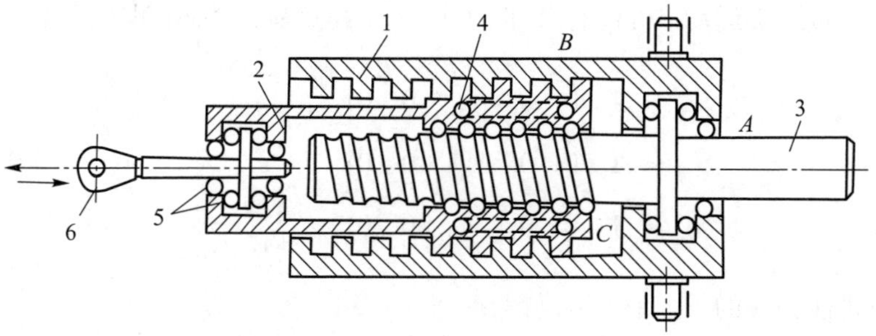

图 5.14 自锁滚珠螺旋机构

其自由度计算与前述机构相同。

5.4.4 4H 型 Delassus 机构

4H 型螺旋机构是 Delassus 机构的一种[42] (见图 5.15), 它由节距不同的 4 个螺旋构成。从顶部看这种 4H 型的 4 条轴线构成一个平行四边形, 且 4 个节距依次保持有一种特殊的关系 $h_1+h_3=h_2+h_4$。坐标系表示于图中。若假设此平行四边形两组对边的长度分别是 a 和 b, 原点处相邻两杆之间的夹角是 α。4 个螺旋为

$$\begin{aligned}
\boldsymbol{\$}_A &= (0 \quad 0 \quad 1; \quad 0 \quad 0 \quad h_1) \\
\boldsymbol{\$}_B &= (0 \quad 0 \quad 1; \quad 0 \quad -a \quad h_2) \\
\boldsymbol{\$}_C &= (0 \quad 0 \quad 1; \quad b\sin\alpha \quad -a-b\cos\alpha \quad h_3) \\
\boldsymbol{\$}_D &= (0 \quad 0 \quad 1; \quad b\sin\alpha \quad -b\cos\alpha \quad h_4)
\end{aligned} \tag{5.46}$$

显然, 上述 4 个螺旋线性相关秩为 3, 对应有 3 个反螺旋

$$\begin{aligned}
\boldsymbol{\$}_1^{\mathrm{r}} &= (0 \quad 0 \quad 0; \quad 1 \quad 0 \quad 0) \\
\boldsymbol{\$}_2^{\mathrm{r}} &= (0 \quad 0 \quad 0; \quad 0 \quad 1 \quad 0) \\
\boldsymbol{\$}_3^{\mathrm{r}} &= \left(\frac{h_2-h_1}{ab\sin\alpha}(a+b\cos\alpha)+\frac{h_1-h_2}{b\sin\alpha} \quad \frac{h_2-h_1}{a} \quad 1; \quad 0 \quad 0 \quad -h_4\right)
\end{aligned} \tag{5.47}$$

这 3 个反螺旋分别是沿 X 轴和 Y 轴的两个约束力偶和一个螺距为有限值之空间方向的螺旋。所以机构有, $\lambda=3$, $d=6-3=3$, $\nu=0$。对于此单环机构, 应用

自由度公式 (2.13) 有

$$M = d(n-g-1) + \sum f_i + \nu = 3 \times (4-4-1) + 4 + 0 = 1 \tag{5.48}$$

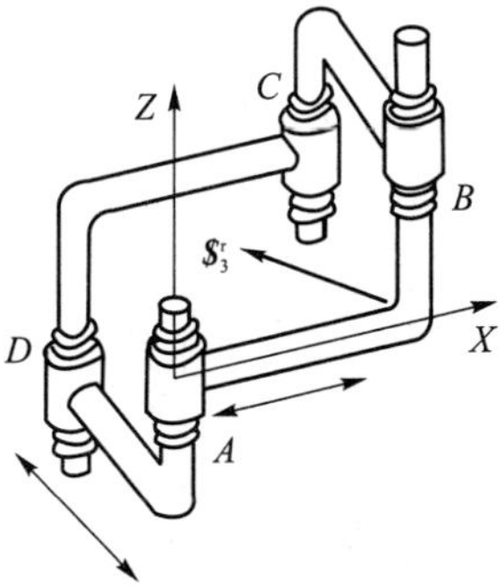

图 5.15 4H 型 Delassus 螺旋机构

5.5 特殊应用机构

5.5.1 飞机起落架

图 5.16 所示是一种飞机起落架[18], 它是一个空间四杆单环机构 $ABCD$, A 为转动副, B 和 D 是两个球副, C 是圆柱副。这 4 个运动副有 9 个自由度, 对应 9 个螺旋。坐标系原点置于球副 B 之中心, X 轴平行于 A 副轴线

$$\begin{aligned}
\$_A &= (1 \quad 0 \quad 0; \quad 0 \quad e_1 \quad 0)\\
\$_{B1} &= (1 \quad 0 \quad 0; \quad 0 \quad 0 \quad 0)\\
\$_{B2} &= (0 \quad 1 \quad 0; \quad 0 \quad 0 \quad 0)\\
\$_{B3} &= (0 \quad 0 \quad 1; \quad 0 \quad 0 \quad 0)\\
\$_{C1} &= (a_5 \quad b_5 \quad c_5; \quad 0 \quad 0 \quad 0)\\
\$_{C2} &= (0 \quad 0 \quad 0; \quad a_5 \quad b_5 \quad c_5)\\
\$_{D1} &= (1 \quad 0 \quad 0; \quad 0 \quad e_6 \quad f_6)\\
\$_{D2} &= (0 \quad 1 \quad 0; \quad d_7 \quad 0 \quad f_7)\\
\$_{D3} &= (0 \quad 0 \quad 1; \quad d_8 \quad e_8 \quad 0)
\end{aligned} \tag{5.49}$$

经过检验确定此螺旋系的秩为 6, 所以, 这个单环机构有 6 个线性无关的螺旋, 机构无公共约束, 亦即 $\mu = 0$, 其自由度为

$$M = 6(n - g - 1) + \sum f_i + \mu = 6 \times (4 - 4 - 1) + 9 + 0 = 3 \tag{5.50}$$

机构有 3 个自由度, 其中包括 BC 和 CD 两个构件绕自身轴线的转动这样的两个局部自由度。

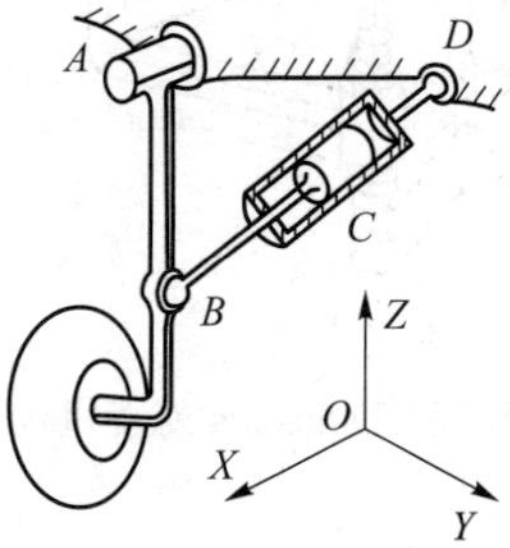

图 5.16 飞机起落架机构

5.5.2 揉面机

图 5.17a 所示为一台揉面机[22], 这台机器是由两个系统组成, 电动机 A 转动, 经皮带传动带动轴 B 旋转, 其上的蜗杆 B 推动安装于轴 C 上的大蜗轮 D, 再经空间连杆机构 $CEFK$ 带动揉面机的搅动杆 J, 使它按一定轨迹运动; 与此同时, 电动机 A 再经两级皮带传动, 驱动蜗杆 G 带动大蜗轮 H 转动, 从而使大面缸绕垂直轴回转。揉面运动经由这两种动作配合完成。

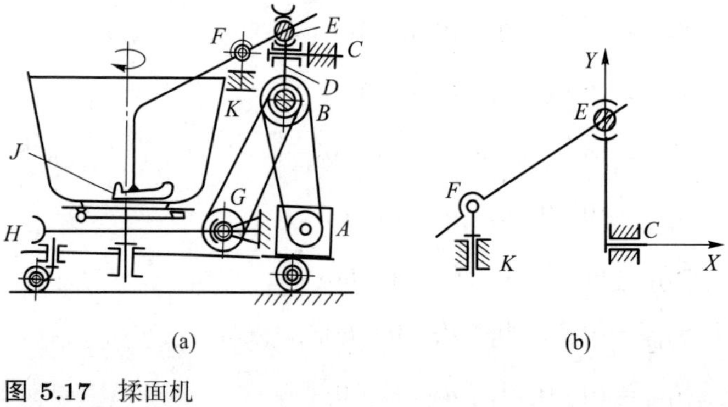

图 5.17 揉面机

为分析此系统的自由度, 其第 2 个系统明显是 1 个自由度, 不必再去分析。这里讨论第 1 个系统的空间连杆机构 $CEFK$, 见图 5.17b, 从大蜗轮 D 起, 它置于转动副 C 上, 经过 E 处球副推动摇杆 EF, 再经 F 处转动副驱动揉面板头 J 做空间轨迹运动, K 处也是 1 个转动副。这是一个空间单环 5 杆机构 $CEFK$, 具有 5 个构件和 5 个运动副, 其中 C、F 和 K 是转动副, E 点有一个球副, 其中心还有一个圆柱副。这 5 个运动副对应着 8 个螺旋

$$
\begin{aligned}
\$_C &= (1 \quad 0 \quad 0; \quad 0 \quad 0 \quad 0) \\
\$_{E1} &= (1 \quad 0 \quad 0; \quad 0 \quad 0 \quad f_2) \\
\$_{E2} &= (0 \quad 1 \quad 0; \quad 0 \quad 0 \quad 0) \\
\$_{E3} &= (0 \quad 0 \quad 1; \quad d_4 \quad 0 \quad 0) \\
\$_{E4} &= (a_5 \quad b_5 \quad 0; \quad 0 \quad 0 \quad f_5) \\
\$_{E5} &= (0 \quad 0 \quad 0; \quad a_5 \quad b_5 \quad 0) \\
\$_F &= (0 \quad 0 \quad 1; \quad d_7 \quad e_7 \quad 0) \\
\$_K &= (0 \quad 1 \quad 0; \quad d_8 \quad 0 \quad f_8)
\end{aligned}
\tag{5.51}
$$

经过检验确定此螺旋系的秩也为 6, 所以, 这个单环机构有 6 个线性无关的螺旋, 机构无过约束, 亦即 $\mu = 0$, 其自由度为

$$
M = 6(n - g - 1) + \sum f_i + \mu = 6 \times (5 - 5 - 1) + 8 + 0 = 2 \tag{5.52}
$$

机构有两个自由度, 包括了其中的一个局部自由度, 那是 E 处小球的自转。

5.5.3 缝纫机空间 9 杆钩线机构

图 5.18a 显示的是一种缝纫机中的一个钩线机构[22], 其中曲柄 AB 转动, 经过具有 BC 双球副的连杆推动摇杆 CDH 转动, 同时曲柄转动还经过 AEF 空间导杆机构带动其转球构件 FG 转动, 再以两个球副连接 GH 两点, 这样又形成一个空间 4 杆机构。FG 杆的运动决定于两种运动的合成迫使构件 FG 上的 I 点实现所要求的某种轨迹。

这是一个复杂的空间多环机构, 为了分析此机构的自由度, 先要知道此机构中的过约束。如前所述, 对于如此复杂机构首先要考虑它的结构能否被分解

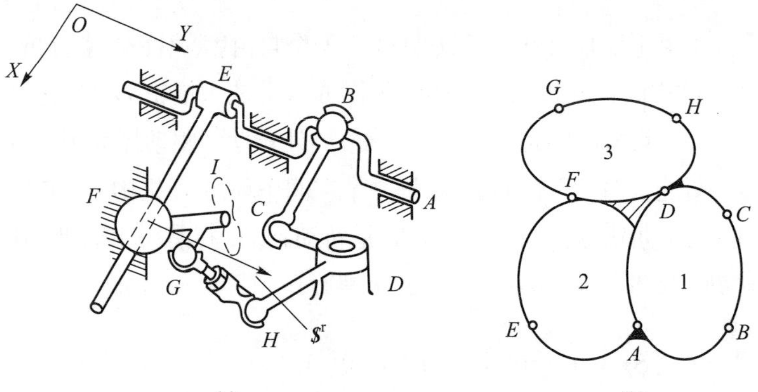

(a) (b)

图 5.18 缝纫机空间 9 杆钩线机构

简化。确实这里它可以看成由 3 个子机构组成: 一个是具有双球副的 4 杆机构 $ABCD$; 第 2 个是 $AEFI$ 空间导杆机构; 最后两个连架杆 DH 和 FG 又以两个球副 G 和 H 连接成为含 3 个球副的 4 杆机构 $FGHD$。为了深入了解这三者之间的关系, 了解对运动耦合的影响, 这里需要从环路的结构上来认识。图 5.18b 所示为这个机构的环路拓扑图, 图中表示了它的 3 个闭环之间的关系, 从结构上来看, ADF 是固定件机架, 此 3 环之间依次与固定件相连接, 都是从机架杆连起, 最后又直接连于机架。这种连方式就如同多个机构的串联连接方式, 相互之间也就不会发生运动耦合。所以我们可以从环路拓扑图的分析看出其环路耦合的深浅, 这就是环路拓扑图的功用之一。这样这个问题就可以分成 4 个步骤进行。

(1) 双球铰 4 杆机构 $ABCD$。它是一个单环机构, 前面 5.2.1 节已经分析过了, 这个机构没有过约束, $\mu_1 = 0$, 自由度为 1 且另有一个局部自由度。

(2) 空间曲柄导杆机构 AEF。它由曲柄 AE、导杆 EF 和球形构件 F 组成, 也是 4 个构件 4 个运动副的单环机构。这里在 F 点处结构上有两个运动副: 包括一个圆柱副和一个球副。再考虑到 AE 连于机架, AE 与 AB 具有相同的机架杆; 第 2 环没有受到第 1 环的耦合影响, 第 2 环有 4 个运动副对应着自己的 7 个螺旋。在坐标系 $O-XYZ$ 下, O 点位于 A 轴中心, X 轴平行 EF 杆, Y 轴沿 A 轴方向。按螺旋理论分析有

$$\$_A = (0 \quad 1 \quad 0; \quad 0 \quad 0 \quad 0)$$

$$\$_E = (0 \quad 1 \quad 0; \quad d_2 \quad 0 \quad f_2)$$

$$
\begin{aligned}
\$_{F1} &= (1 \quad 0 \quad 0; \quad 0 \quad e_3 \quad f_3) \\
\$_{F2} &= (0 \quad 0 \quad 0; \quad 1 \quad 0 \quad 0) \\
\$_{F3} &= (1 \quad 0 \quad 0; \quad 0 \quad e_3 \quad f_3) \\
\$_{F4} &= (0 \quad 1 \quad 0; \quad d_6 \quad 0 \quad f_6) \\
\$_{F5} &= (0 \quad 0 \quad 1; \quad d_7 \quad e_7 \quad 0)
\end{aligned}
\tag{5.53}
$$

这 7 个螺旋中仅 5 个螺旋线性无关, 对应有一个约束反螺旋, 按表 1.2 可以容易地判断出反螺旋是一个过 F 点平行 Y 轴的约束力, 如图中矢量箭头所示

$$
\$^{\mathrm{r}} = (0 \quad 1 \quad 0; \quad -e_3 \quad 0 \quad -e_7) \tag{5.54}
$$

由于子机构 AEF 本身是一个单环机构, 此反螺旋即是它的过约束, $\mu_2 = 1$。

(3) 子机构 $FGHD$ 4 杆机构。表面上看此子机构 $FGHD$ 有 3 个球副 (F、G 和 H) 和一个转动副 D, 实际上在此子机构的 F 球副的球体内有 EF 杆穿心而过, 它限制了球副 F 的两个转动自由度, 所以在这个子机构里 F 球副仅相当一个一维的转动副。另一方面, 如同第 2 环之于第 1 环一样, 这里也没有任何的运动耦合。由此看来 $FGHD$ 四杆机构也是一个如同 $ABCD$ 一样的具有双球副的 4 杆机构, 它的自由度为 1, 也有一个局部自由度, 没有过约束, $\mu_3 = 0$。

(4) 整个机构。机构共有 7 个构件、9 个运动副。其中 B、C、H、G 和 F 是 5 个球副, F 球心处有 1 个圆柱副, A、D、E 处是 3 个转动副; 机构共有 1 个虚约束

$$
\begin{gathered}
\mu = \mu_1 + \mu_2 + \mu_3 = 1 \\
M = 6(n - g - 1) + \sum f_i + \mu = 6 \times (7 - 9 - 1) + 20 + 1 = 3
\end{gathered}
\tag{5.55}
$$

机构有 3 个自由度, 其中包括 BC 杆和 GH 杆的两处自由转动, 是两个局部自由度。

5.5.4 缝纫机空间 5 杆钩线机构[29]

图 5.19a 表示了另一种缝纫机的空间单环 5 杆机构 $ABCDE$[22], 在曲柄 AB 的转动下, 带动摇杆上 F 点实现预期的轨迹, 完成 F 点的钩线的动作。其中 A、B

[29]本题研究了不能分解到坐标轴的两个自由度问题处理的原则。

和 E 是 3 个转动副, C 是球副, D 是圆柱副; A 轴平行于 ED 主轴, AB 两个转动副轴线相互垂直。坐标系 $C-XYZ$ 的选择如图, X 轴平行于 DE, Y 轴和 Z 轴方向暂时按右手定则先随意确定, 此单环机构对应的 8 个螺旋为

$$\begin{aligned}
\$_A &= (1 \quad 0 \quad 0; \quad 0 \quad e_1 \quad f_1) \\
\$_B &= (0 \quad b_2 \quad c_2; \quad d_2 \quad e_2 \quad f_2) \\
\$_{C1} &= (1 \quad 0 \quad 0; \quad 0 \quad 0 \quad 0) \\
\$_{C2} &= (0 \quad 1 \quad 0; \quad 0 \quad 0 \quad 0) \\
\$_{C3} &= (0 \quad 0 \quad 1; \quad 0 \quad 0 \quad 0) \\
\$_{D1} &= (1 \quad 0 \quad 0; \quad 0 \quad e_6 \quad f_6) \\
\$_{D2} &= (0 \quad 0 \quad 0; \quad 1 \quad 0 \quad 0) \\
\$_E &= (1 \quad 0 \quad 0; \quad 0 \quad e_6 \quad f_6)
\end{aligned} \tag{5.56}$$

螺旋系线性相关, 它的秩为 6, $\mu = 0$, 所以

$$M = 6(n-g-1) + \sum f_i + \mu = 6 \times (5-5-1) + 8 + 0 = 2 \tag{5.57}$$

这里的两个自由度包括了轴线 DE 自由旋转这一个局部自由度。

与上节那个缝纫机机构对比, 这个机构设计得十分简单和巧妙, 为了进一步理解此机构, 这里欲通过采取活动再闭合方式来分析其巧妙性。将 CD 杆在连接圆柱副 D 处拆开, 见图 5.19b, 得到开式串联链 $ABCD$。若再以圆柱副取活动闭合, 检查这样的闭合带来什么过约束?

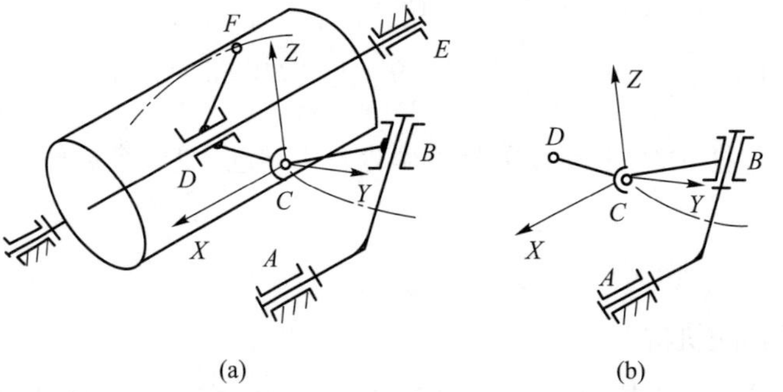

图 5.19 缝纫机空间 5 杆钩线机构

首先分析当拆开圆柱副 D 后, 悬杆 CD 能够做什么运动, 又受到哪些约束?

当拆开圆柱副 D 后得到的是 3 个运动副, 包括两个转动副和一个球副, 形成连接于机架的 $ABCD$ 3 杆的串联运动链。球副在运动学上可以转化为 3 个转动螺旋, 因此该串联链末端 CD 是由 5 个螺旋组成的螺旋系。坐标系设定如前, 串联链的这 3 个运动副对应的 5 个螺旋即为式 (5.56) 的前 5 个螺旋

$$
\begin{aligned}
\$_A &= (1 \quad 0 \quad 0; \quad 0 \quad e_1 \quad f_1) \\
\$_B &= (0 \quad b_2 \quad c_2; \quad d_2 \quad e_2 \quad f_2) \\
\$_{C1} &= (1 \quad 0 \quad 0; \quad 0 \quad 0 \quad 0) \\
\$_{C2} &= (0 \quad 1 \quad 0; \quad 0 \quad 0 \quad 0) \\
\$_{C3} &= (0 \quad 0 \quad 1; \quad 0 \quad 0 \quad 0)
\end{aligned}
\tag{5.58}
$$

经线性变换

$$
\begin{aligned}
\$_1 &= (0 \quad 0 \quad 0; \quad 0 \quad e_1 \quad f_1) \\
\$_2 &= (0 \quad 0 \quad 0; \quad d_2 \quad e_2 \quad f_2) \\
\$_3 &= (1 \quad 0 \quad 0; \quad 0 \quad 0 \quad 0) \\
\$_4 &= (0 \quad 1 \quad 0; \quad 0 \quad 0 \quad 0) \\
\$_5 &= (0 \quad 0 \quad 1; \quad 0 \quad 0 \quad 0)
\end{aligned}
\tag{5.59}
$$

可以看到, 这 5 个螺旋表示了这个串联链能够实现的独立的运动, 包括 3 个转动和 2 个移动。这里注意到, 式 (5.59) 中这两个移动运动的方向都没有与选定的坐标轴线重合。即使如此, 仍旧可以说允许串联链末端悬杆 CD 杆做三维转动和两维移动, 仅有一个方向的移动受到限制。为求这个被约束的运动, 可以通过计算其反螺旋而获得。令反螺旋为

$$\$^{\mathrm{r}} = (a \quad b \quad c; \quad d \quad e \quad f)$$

按满足互易积为零的条件, 有

$$
\begin{aligned}
\$^{\mathrm{r}} \circ \$_A &= be_1 + cf_1 = 0 \\
\$^{\mathrm{r}} \circ \$_B &= ad_2 + be_2 + cf_2 = 0
\end{aligned}
$$

可以先解得

$$d = e = f = 0$$

又设 $c=1$, 再解得

$$b=-f_1/e_1$$
$$a=\left(\frac{f_1e_2}{d_2e_1}-\frac{f_2}{d_2}\right)$$

最后得到反螺旋为

$$\$^{\mathrm{r}}=\left(\left(\frac{f_1e_2}{d_2e_1}-\frac{f_2}{d_2}\right)\quad -\frac{f_1}{e_1}\quad 1;\quad 0\quad 0\quad 0\right) \tag{5.60}$$

从这个结果看, 后 3 个元素为零, 表示这个反螺旋是一个过原点 C 的约束力, 约束了一个沿该力方向的移动运动。

从几何图形上看, 依据表 1.5, 式 (5.59) 表示的运动螺旋系的反螺旋是约束力 [式 (5.60)], 应该与该运动螺旋系中所有线矢量相交且与该螺旋系中所有偶量相垂直。由此它就应该与式 (5.59) 的后 3 个螺旋相交, 也即一定要过三者的交点 C; 同时它要垂直式 (5.59) 的前两个偶量螺旋。在图 5.20 上, 对于坐标系 $C-XYZ$, 式 (5.59) 的第 1 个移动螺旋应在 YZ 平面上, 在图中为 CH 线, 而第 2 个螺旋不在任何一个 XYZ 坐标平面上, 在图中为直线 CL。螺旋系的这两个偶量的方向在图中就是 CH 和 CL, 这两个偶量的任何线性组合也就一定位于这两条直线所决定的平面 P 上。换句话说, CD 杆可以沿平面 P 上任何直线方向移动。平面 P 相对坐标系 $C-XYZ$ 在空间却是倾斜的。上述这个反螺旋约束力矢 $\$^{r}$ [式 (5.60)] 也就一定垂直此斜平面 P。

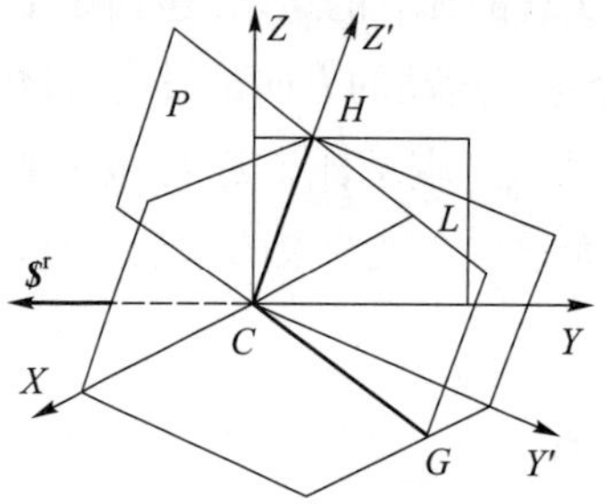

图 5.20 空间 5 杆机构的约束分析

可见串联链允许末端的两个移动运动 (该螺旋系的前两个螺旋) 的方向不与 Y、Z 两轴中的任何一个相重合, 也就无法按通常习惯用沿坐标轴的移动表示允许的自由度, 这种情况当如何分析呢?

虽然此串联链有两个偶向量表示的移动自由度, 考虑到第 1 个偶向量 (图中的 CH 矢量) 位于 YZ 坐标平面中, 它位于 YZ 平面中自然也与 X 轴垂直。

于是这里就可以将坐标系 $C-XYZ$ 绕 X 轴旋转, 让 Z 轴转动到与 CH 重合的位置, 此时坐标系就成为 $C-XY'Z'$, 见图 5.20。再看它的两个移动自由度, 其中一个就与坐标轴重合, 就是沿坐标轴 Z' 的方向。而另一个移动方向可以取平面 P 与 XY' 平面的交线 CG。那就是说串联链末端 CD 还可以沿坐标平面 XY' 上的直线 CG 移动 (CG 在平面 P 上)。这样的移动要求当沿 Y' 方向移动时, 必定伴有一定数量的沿 X 方向的移动。

如此分析也就是说, 当选定这样的坐标系 $C-XY'Z'$, 串联链 $ABCD$ 的 CD 杆可以沿 Z' 轴方向移动, 还可以沿坐标 XY' 平面上的 CG 移动。允许沿 CG 方向移动, 这句话的意思是, 若要想沿 Y' 轴移动, 同时必须对应地沿 X 方向做必要的符合直线 CG 斜率数值的一定数量的移动。

注意上述最后这点要求, 在圆柱副 D 闭合时却可以得到满足。为什么? 考虑到这里是用圆柱副 D 来闭合, 结构上它允许串联链末端 D 点沿轴线 X 方向移动, 串联链要求在沿 Y' 轴移动时必须伴有沿 X 轴的移动, 这样对串联链沿 CG 线移动的限制就没有了, 它确实保留了两维移动的可能性。这里再采用一个表进行对比分析, 以便更好地理解, 见表 5.3。

从此约束的对比表看, 也证明了该运动链再度闭合之后并没有带来任何的过约束。

这里要说明的是, 对于串联链末杆 CD 存在的绕 Y' 和 Z' 轴的转动自由度, 这是圆柱副所不允许的, 这时发生的约束是实约束; 而圆柱副允许的运动对串联链末杆为无约束; 串联链在 X 方向无移动自由度, 而圆柱副却允许, 所以圆柱副对串联链末杆并无约束; 至于串联链的另两个允许的移动自由度, 圆柱副都不允许, 它们也都是实约束。这样分析看来, 以圆柱副闭合串联链并没有带来任何过约束, $\mu=0$, 按自由度公式计算就得到机构自由度为 2 的结论。

表 5.3 机构的过约束判定

项目	X 方向移动	Y' 方向移动	Z' 方向移动	绕 X 方向转动	绕 Y' 方向转动	绕 Z' 方向转动
串联链末端杆 CD	约束	允许 (如沿 Y' 移动必须伴有 X 方向的移动)	允许	允许	允许	允许
圆柱副闭合	允许	约束	约束	允许	约束	约束
约束性质的判定	无约束	实约束	实约束	无约束	实约束	实约束

从本例可以看到, 这个空间机构的设计十分的巧妙, 能够实现需要的复杂运动, 机构却如此简单、紧凑, 且没有过约束。

5.5.5 汽车差速器

图 5.21a 所示是典型的汽车后桥锥齿轮差速器[13]。它有两个自由度, 能够保证在汽车直行和转弯做曲线运动这两种不同的运行状态下, 后桥的两个车轮都不会与地面发生打滑。差速器由多个圆锥齿轮组成, 发动机的传动轴将动力从前面传至后桥主轴, 经齿轮 A, 驱动大齿轮 B, 带动行星轮系杆, 再带动其内部的齿轮系, 然后再分解传至后桥的两个车轮。这个轮系结构上有对称性和尺寸上的精确性, 中心的 4 个齿轮中位置相对的两个齿轮分别相等, $CDEF$ 构成一个矩形。

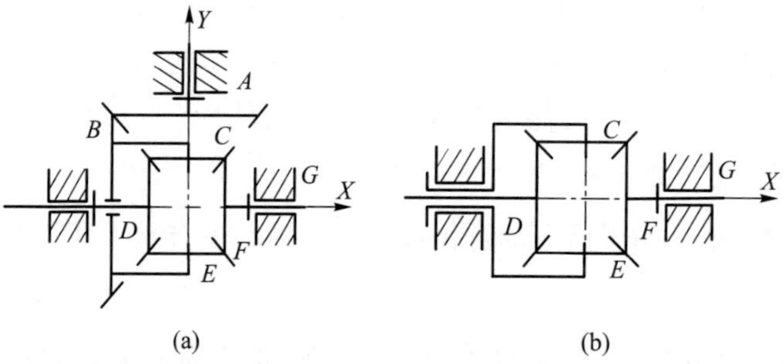

图 5.21 汽车差速器

在分析此汽车差速器之前需要分析一下齿轮传动的性质和特点。

(1) 对于齿轮机构, 在计算自由度时同样也首先要判别是否存在过约束, 这是普遍的要遵从的规律。对齿轮闭环单元也需要通过解脱某个闭合运动副, 检查当再度闭合时是否有过约束出现。对于复杂的齿轮机构, 首先要考虑能够简化的都要简化, 为此一方面也可以按 “子机构” 分解, 将复杂齿轮系分解, 即拆下一个个的独立齿轮机构, 分析每个独立机构; 从另一方面看, 与平面连杆机构不同的是, 它虽没有像平面连杆机构一样的可拆分的 “基本组”, 却可以用类似 “基本组” 的概念来考查, 如此引出下面的原理:

齿轮啮合高副是什么性质的运动副呢? 图 5.22a 表示的是平面齿轮轮系。平面直齿轮的齿廓是直纹渐开线柱面, 两个齿廓的接触是两个直纹曲面柱体的线接触。若取两个互相接触曲面柱体所对应的两个曲率圆柱体研究, 见图 5.22b,

CD 是接触线。单看这种高副线接触情况 (从三维空间考虑), 在此接触情况下它们之间允许的相对运动有 4 种, 即绕相对于接触线 CD 的瞬时转动和绕接触线上曲面公法线 AE 方向的瞬时转动, 沿接触线方向的轴向移动和沿接触线的切线 CF 方向的瞬时移动。对应地也存在两个约束, 分别是限制了沿两个曲面的公法线 AE 方向的移动和一个绕 CF 线的相对转动, 此 CF 线是与两个曲面接触线 CD 相垂直的切线。

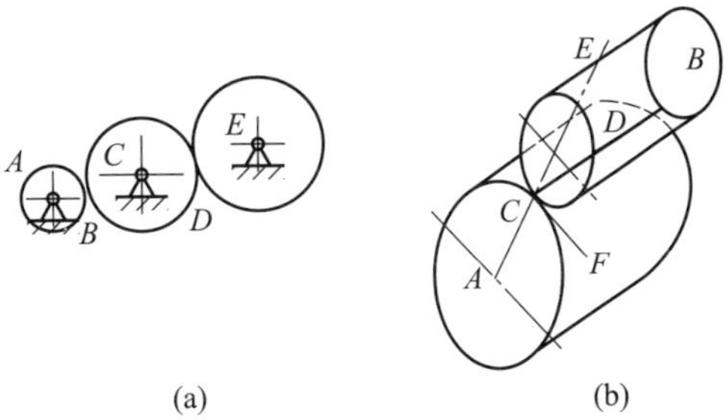

图 5.22 齿轮机构

在图 5.22a 的平面齿轮机构中 (假设为直齿轮), 构件都是做平面运动, 所以齿廓沿接触线轴线方向的移动被约束了, 绕法线 AE 和绕切线 CF 的转动都被约束了, 这样看平面机构中的齿轮高副本身只带来两个自由度。当将一个齿轮连接到轮系上, 一方面要保持该轮与对应的齿轮相啮合, 同时需要用一个转动副将这个齿轮连于机架以封闭。由此看来, 每增加一个齿轮, 至少增加一个转动副和一个齿轮啮合副。而一个齿轮和这两个运动副正组成了一个自由度为零的单元, 也可以称之为齿轮啮合的基本组, 它们也就构成了一个齿轮单元。在此齿轮单元内不仅自由度为零, 也没有过约束。

所以平面齿轮轮系可以看成是将一个个自由度为零的齿轮依次附加于主动齿轮上形成的齿轮链, 图 5.22a 的轮系就是这样组合而成的。齿轮 A 是自由度为 1 的主动轮, 当加上第 2 个齿轮 C 时, 增加了 1 个构件和 2 个运动副, 包括一个转动副和一个齿轮啮合高副, 在平面机构中齿轮啮合高副具有 2 个自由度。因此, 在齿轮 A 上附加上齿轮 C 并不改变自由度数目, 是一个齿轮单元; 如此类推, 当一个个齿轮加上, 自由度为 1 的情况并没有改变。

从这个观点看, 在分析齿轮轮系的自由度时, 可以一个个拆除这样的单个齿轮而不会改变机构的自由度, 这样就可以简化分析。对具有直纹面的斜齿轮和各种锥齿轮都有这样类似的结论, 不再一一分析。

(2) 依上述观点, 对于图 5.21a 的差动轮系, 可以看到齿轮对 A 和 B 是独立的自由度为 1 的齿轮单元, 没有过约束。后面的齿轮传动单元就是成矩形的中心 4 个小齿轮 $CDEF$, 这里就只要检查 $CDEF$ 中是否有过约束即可, 见图 5.21b。

为了判明机构 $CDEF$ 有无过约束, 这里设齿轮 D 是主动轮, 将齿轮 F 拆下, 此时在主动轮 D 的两边分别附上齿轮 C 和 E, 这都不改变机构自由度, 也没有带来过约束。此时若再将已拆开的齿轮 F 再度闭合, 就要检查此时的再闭合是否发生过约束? 这时, 附上齿轮 F 时与一般情况不同的是, 系统不是仅仅多了一个构件 F, 还增加了 3 个运动副, 包括 1 个转动副 G 和 2 个高副: C 处的高副和 E 处的高副。若齿轮 F 仅在 E 处发生高副连接, 这个闭合不会带来过约束。若 F 齿轮还和 E 齿轮接触, 又形成了一个高副, 这里在 E 处的再接触是否会带来过约束? 必须检查。由于这个齿轮机构是矩形对称球面齿轮机构, 只要齿轮 F 的分度圆直径、模数等尺寸和加工满足所需的精确要求, 即能正确啮合。所以这里的啮合确实带来 1 个过约束, 就是要保持精确尺寸的那个特殊要求, $\nu = 1$。

由此可见, 整个球面机构有 7 个构件, 有 6 个转动副和 5 个高副, 系统有 1 个闭合冗余约束, $\nu = 1$。因为机构所有轴线汇交于一个中心点, 属于球面机构, 球面机构中的 3 个移动自由度被约束, 是公共约束。球面机构可以按式 (2.13) 计算自由度, 为

$$M = 3(n - g - 1) + \sum f_i + \nu = 3 \times (7 - 11 - 1) + 16 + 1 = 2 \tag{5.61}$$

所以, 汽车后桥齿轮系是一个 2 自由度的轮系。

顺便提到, 一般认为机构的自由度的数目应该和机构的驱动数目相等, 这样机械才能稳定地工作。可是对于这个具有两个自由度的差动轮系, 仅有一个驱动从前面发动机传来, 它是如何稳定地工作的呢? 众所周知, 两个自由度的机械需要两个驱动运动才能够稳定。其实这里这个差速器的稳定运动来自地面稳定的摩擦。这个稳定的摩擦就是一个稳定的动力约束条件, 差速器才能实现稳定的工作。若遇到地面的摩擦不稳定, 如汽车行走到冰面, 行走就会遇到麻烦。

5.6 液压机构

5.6.1 具倾斜曲柄和导路的机械

图 5.23 所示机构也是一个复杂的空间多环机构[22], 倾斜曲柄 AB 旋转带动倾斜的转盘 IBD, 转盘的一个端点 C 以球副在转动副 A 的轴线延长线上与机架相连; 另一方面转盘 IBD 的 HG 两端有两个销子, 它们被限制只允许在机架上的大圆弧槽道中滑动, 这个转盘就受到销子的限制, 它不可能绕轴线 B 转动; 另外转盘还经过 D 处以连杆 DE 两端的两个球副连接滑块 F。结构相同的另一个杆组 IJK 分支也连接了另一个滑块 K。当曲柄 A 旋转, 机构推动上下两个滑块 F 和 K 左右移动完成工作。

这里注意, 由于球副 C 的转动受到大滑槽中的滑销的运动限制, 球副不再具有三维转动的可能性, 它成了一个所谓的 "球销副", 这种球销副只有两个转动自由度, 那就是它可以绕 Z 轴和销轴 GH 这两个方向实现转动, 绕 BC 方向的转动被约束了。

为了计算机构的自由度, 首先要确定机构中有无过约束和过约束的数目。这个机构具有 3 个闭环, 是 3 环机构。第 1 个闭环由运动副 ABC 构成, 见图 5.23b, 它组成的这个子机构是基础环; 第 2 个闭环是由连于第 1 环的 3 个运动副 D 和 E、F 组成的串联链, 再闭合至机架而成; 类似的第 3 个闭环是由增加新的串联链 IJK 构成。建立如图的坐标系 $C-XYZ$, 先分析基础环 ABC。显然 3 个环如此连接, 机构中存在运动耦合现象。

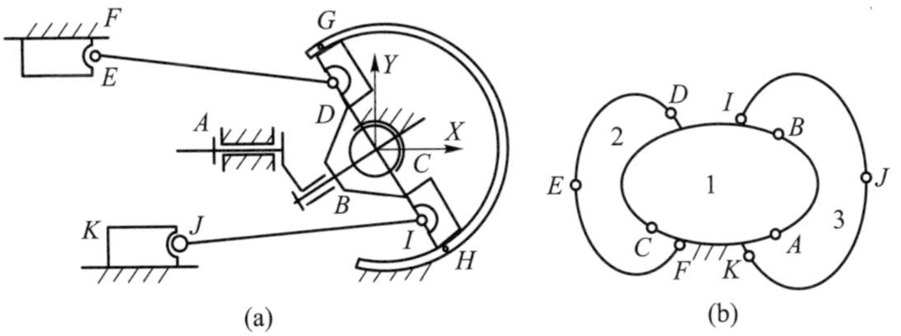

图 5.23 具倾斜曲柄和导路的机械

(1) ABC 是一个基础环, 包含 3 个构件及 A、B、C 3 个运动副, 其中 A、B

为转动副, C 为球销副, 共形成 4 个螺旋

$$\begin{aligned}\$_A &= (1\quad 0\quad 0;\quad 0\quad 0\quad 0)\\ \$_B &= (a_2\quad b_2\quad 0;\quad 0\quad 0\quad 0)\\ \$_{C1} &= (a_3\quad b_3\quad 0;\quad 0\quad 0\quad 0)\\ \$_{C2} &= (0\quad 0\quad 1;\quad 0\quad 0\quad 0)\end{aligned} \tag{5.62}$$

不难判定此螺旋系线性相关, 其秩为 3, 有 3 个反螺旋, 那就是说第 1 个闭环带来 3 个过约束, $\mu_1=3$。若对此单环机构应用式 (2.12) 计算自由度, 有

$$M = 6(n-g-1)+\sum f+\mu = 6\times(3-3-1)+4+3=1 \tag{5.63}$$

为分析第 2 个闭环的过约束, 必须考虑到第 1、2 环之间的运动耦合, 为此就先要求出这两个闭环之间的共有构件的运动, 这个共有构件就是构件 BC。

(2) 分析第 1 个闭环中构件 BC 的运动螺旋, 就要把 ABC 闭环视为具有两个分支的并联机构, BC 则为其运动平台, 第 1 个分支由 A、B 副组成, 第 2 个分支仅有一个球销副 C。分别检查两个分支作用到 BC 构件上的约束反螺旋。它们的螺旋表达式已经都表示于式 (5.62), 两个分支的运动螺旋系分别是式 (5.62) 的前后两个螺旋表达式, 反螺旋可以分别写出, 都含有 4 个螺旋

$$\begin{aligned}\$_1^{\mathrm{r}} &= (1\quad 0\quad 0;\quad 0\quad 0\quad 0)\\ \$_2^{\mathrm{r}} &= (0\quad 1\quad 0;\quad 0\quad 0\quad 0)\\ \$_3^{\mathrm{r}} &= (0\quad 0\quad 1;\quad 0\quad 0\quad 0)\\ \$_4^{\mathrm{r}} &= (0\quad 0\quad 0;\quad -b_2\quad a_2\quad 0)\end{aligned}$$

和

$$\begin{aligned}\$_5^{\mathrm{r}} &= (1\quad 0\quad 0;\quad 0\quad 0\quad 0)\\ \$_6^{\mathrm{r}} &= (0\quad 1\quad 0;\quad 0\quad 0\quad 0)\\ \$_7^{\mathrm{r}} &= (0\quad 0\quad 1;\quad 0\quad 0\quad 0)\\ \$_8^{\mathrm{r}} &= (0\quad 0\quad 0;\quad -b_3\quad a_3\quad 0)\end{aligned}$$

这样, 作用于平台 IBD 上共有 8 个螺旋, 明显地看到独立的螺旋只有如

下 5 个:

$$
\begin{aligned}
\$_1^{\mathrm{r}} &= (1 \quad 0 \quad 0; \quad 0 \quad 0 \quad 0) \\
\$_2^{\mathrm{r}} &= (0 \quad 1 \quad 0; \quad 0 \quad 0 \quad 0) \\
\$_3^{\mathrm{r}} &= (0 \quad 0 \quad 1; \quad 0 \quad 0 \quad 0) \\
\$_4^{\mathrm{r}} &= (0 \quad 0 \quad 0; \quad -b_2 \quad a_2 \quad 0) \\
\$_5^{\mathrm{r}} &= (0 \quad 0 \quad 0; \quad -b_3 \quad a_3 \quad 0)
\end{aligned}
$$

对于这独立的 5 个约束螺旋, 只有一个反螺旋与之对应, 那就是说 BC 件只能做一维的运动, 它只可能是一个转动运动, 转轴与 3 个线矢力相交且与约束力偶相垂直, 它就是一个是过 C 点绕 Z 轴旋转的转动运动

$$\$_{BC} = (0 \quad 0 \quad 1; \quad 0 \quad 0 \quad 0)$$

当求得两个环共有构件 BC 的运动螺旋后, 再加上这个新串联链的运动螺旋就给出了一个新的虚拟闭环, 可以应用 “虚拟环路法” 求解过约束。

(3) 第 3 步就应该考虑求解第 2 个闭环的过约束。这里就采用 “虚拟环路法”。虚拟单闭环是这样构成, 那就是 BC 杆的运动螺旋 $\$_{BC}$, 加上 DE 杆上的两个球副带来的 6 个螺旋, 以及 F 处移动副对应的螺旋, 如此构成的虚环共有下面的 8 个运动螺旋:

$$
\begin{aligned}
\$_{BC} &= (0 \quad 0 \quad 1; \quad 0 \quad 0 \quad 0) \\
\$_{D1} &= (1 \quad 0 \quad 0; \quad 0 \quad 0 \quad f_1) \\
\$_{D2} &= (0 \quad 1 \quad 0; \quad 0 \quad 0 \quad f_2) \\
\$_{D3} &= (0 \quad 0 \quad 1; \quad a_3 \quad b_3 \quad 0) \\
\$_{E1} &= (1 \quad 0 \quad 0; \quad 0 \quad 0 \quad f_4) \\
\$_{E2} &= (0 \quad 1 \quad 0; \quad 0 \quad 0 \quad f_5) \\
\$_{E3} &= (0 \quad 0 \quad 1; \quad a_6 \quad b_6 \quad 0) \\
\$_{F} &= (0 \quad 0 \quad 0; \quad 1 \quad 0 \quad 0)
\end{aligned}
\tag{5.64}
$$

经分析这 8 个螺旋中独立的螺旋有 6 个, 螺旋系的秩是 6, 是满秩的。这就足够说明第 2 个闭环不会带来任何附加的过约束, $\mu_2 = 0$。

这里需要注意, 式 (5.63) 是在图 5.23 位型下获得的, 其他位型的运动螺旋可能会有区别, 但考虑到 DEF 运动链本身已是满秩, 有 6 个自由度, 式 (5.64) 的变化不会有任何影响。

(4) 类似地, 对于第 3 个闭环, 即 IJK 分支, 也不会增加任何过约束, $\mu_3 = 0$。

(5) 机构总体自由度分析。整个机构看, 共有构件 7 个、运动副 9 个, 其中转动副 2 个—— A 和 B, 移动副 2 个—— F 和 K, 球副 4 个以及 1 个球销副; 此外前面已经了解到机构有 3 个过约束

$$\mu = \mu_1 + \mu_2 + \mu_3 = 3 + 0 + 0 = 3$$

这样

$$M = 6(n - g - 1) + \sum f_i + \mu = 6 \times (7 - 9 - 1) + 18 + 3 = 3 \tag{5.65}$$

机构共有 3 个自由度, 包括了两个绕轴线 ED 和 IJ 转动的局部自由度, 机构最终自由度为 1。

5.6.2 逆向活塞发动机

图 5.24 显示的这个机构就是上面研究的倾斜圆盘机构的又一个应用实例[22], 它用了两组类似的机构, 扩大了工作的行程范围。

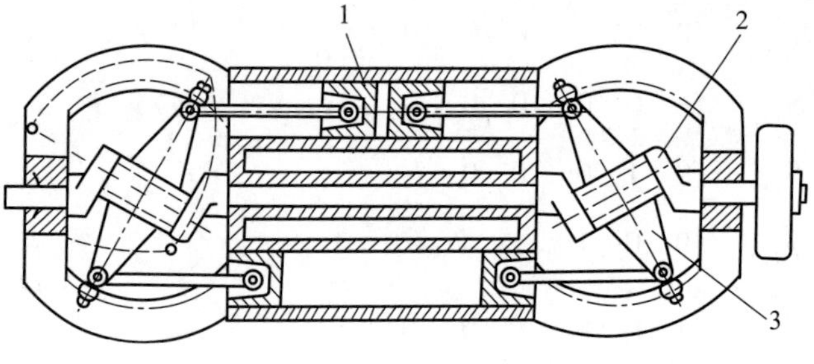

图 5.24 逆向活塞发动机

5.6.3 倾斜圆盘油马达机构

图 5.25a 显示为一个倾斜圆盘油马达机构[22], 主动轴 A 旋转经倾斜圆盘同时驱动上下两个活塞左右运动以完成工作。机构有 4 个构件、5 个运动副, 包

括 1 个转动副、2 个点接触的高副和 2 个滑动副。机构具有 2 个闭合回路, 是双环机构, 见图 5.25b。为了要先找出过约束, 这里先分析其中一个单闭环回路。

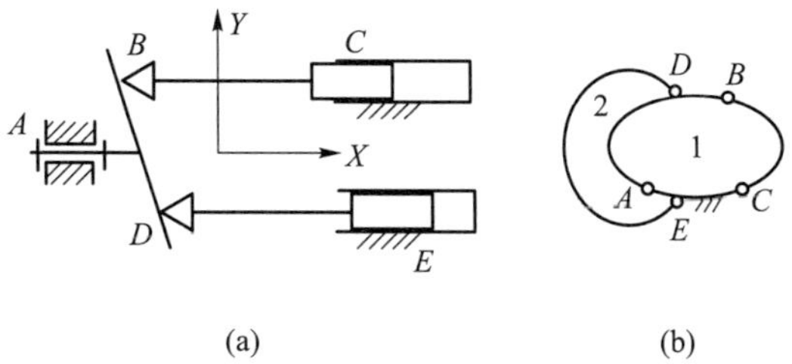

图 5.25 倾斜圆盘油马达

先考虑第 1 个闭环 ABC, 即子机构环路 ABC。这是 3 构件机构, 具有 3 个运动副, 包括 1 个转动副 A、1 个尖点高副 B 和 1 个移动副 C。当需要用螺旋理论时, 考虑到 B 处的尖点接触情况, 由于尖点直接与平面接触, 它允许了 5 个相对自由度, 即绕接触点的 3 个方向转动运动和平面上的 2 个方向的移动, 因此, 这种运动副仅仅带来一个约束, 即沿接触点法线方向的移动是被约束的。子机构的螺旋系有 7 个螺旋, 为

$$
\begin{aligned}
\$_A &= (1 \quad 0 \quad 0; \quad 0 \quad 0 \quad 0)\\
\$_{B1} &= (0 \quad 0 \quad 0; \quad d_2 \quad e_2 \quad f_2)\\
\$_{B2} &= (0 \quad 0 \quad 0; \quad d_3 \quad e_3 \quad f_3)\\
\$_{B3} &= (1 \quad 0 \quad 0; \quad 0 \quad 0 \quad f_4)\\
\$_{B4} &= (0 \quad 1 \quad 0; \quad 0 \quad 0 \quad f_5)\\
\$_{B5} &= (0 \quad 0 \quad 1; \quad e_6 \quad d_6 \quad 0)\\
\$_C &= (0 \quad 0 \quad 0; \quad 1 \quad 0 \quad 0)
\end{aligned}
\tag{5.66}
$$

这里的 7 个螺旋中独立螺旋有 6 个, 因此机构无过约束, $\mu_1 = 0$。

当分析第 2 个闭环 $ADEA$ 时, 需要考虑运动耦合问题, 见图 5.25b。这里两环之间共有的杆件就是 AB 杆, 运动耦合也就发生在这里, 但是这里的 AB 杆件是只能在转动副 A 中回转的杆件, 这样它的分析就简单了。

考虑第 2 个闭环, 即分支 DE, 新增了包括运动副 D 和 E 构成的串联链, 运动副 D 也是尖点运动副, 具有 5 个自由度, E 是一个移动副。当这里也以虚

拟闭环路法来分析, 类似式 (5.66), 有

$$
\begin{aligned}
\$_A &= (1 \quad 0 \quad 0; \quad 0 \quad 0 \quad 0)\\
\$_{D1} &= (0 \quad 0 \quad 0; \quad d_2 \quad e_2 \quad f_2)\\
\$_{D2} &= (0 \quad 0 \quad 0; \quad d_3 \quad e_3 \quad f_3)\\
\$_{D3} &= (1 \quad 0 \quad 0; \quad 0 \quad 0 \quad f_4)\\
\$_{D4} &= (0 \quad 1 \quad 0; \quad 0 \quad 0 \quad f_5)\\
\$_{D5} &= (0 \quad 0 \quad 1; \quad e_6 \quad d_6 \quad 0)\\
\$_E &= (0 \quad 0 \quad 0; \quad 1 \quad 0 \quad 0)
\end{aligned}
$$

显然包括此 7 个螺旋的秩也是 6, 也不增加任何过约束, $\mu_2 = 0$。

当系统的过约束都清楚后就可以计算整个机构的自由度。整个机构有 4 个构件和 5 个运动副, 对应运动副的自由度之和为 13, 机构没有过约束, $\mu = 0$, 自由度为

$$M_1 = 6(n - g - 1) + \sum f + \mu = 6 \times (4 - 5 - 1) + 13 + 0 = 1 \tag{5.67}$$

5.7 强耦合复杂多环空间机构

在实际中有许多的多环机构, 各环之间在运动学上发生强耦合, 虽然在拓扑学中各个环之间相互独立, 但在运动学上各个环之间却发生不能忽视的强耦合。这里就以 Altmann 35[44] 为例分析具有强耦合多环空间机构, 图 5.26a 是机构的结构图, 为帮助了解其结构, 右部给出了它的几个零件的立体图。

图中 b_1、b_2 分别是输入输出轴, 其上各以一个转动副套上一个立方形转块 c_1 和 c_2, c_1 和 c_2 之间又以平面副 K 左右相连, c_1、c_2 之上和其下 4 处都放有一个凹块 e, 上下共 4 个凹块, 凹块其上的凹槽是圆柱形曲面。上部左右两个凹槽之间用一个带弧形凸缘的平板 CE 相连, 位于平板两端的那两个弧形凸缘是具有相同半径的半个圆柱, 它们与凹块 e 上的凹槽构成滑动配合的圆柱副。这里可以把凹块 e 和方块 c_i 视为一个构件 (由于其间并无相对运动而被视为同一构件)。此外, 如图所示, 整个传动系统还是一个结构尺寸具有对称性的且尺寸精密的机构。

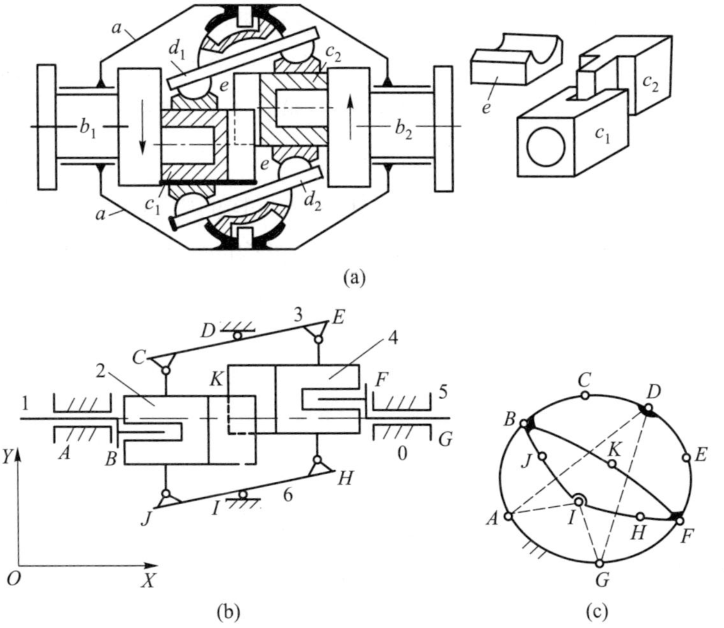

图 5.26 Altmann 35 机构

对应的机构运动简图表示于图 5.26b, 其中 $JBKC$ 是同一构件、机构共有 7 个构件、11 个运动副, 其中 A、D、G 和 I 4 个是转动副, B、C、E、F、H 和 J 6 个是圆柱副, K 是 3 自由度的平面副。如不考虑过约束, 按公式计算, 其结果显然不对

$$M = 6(n-g-1) + \sum f_i + \mu = 6 \times (7-11-1) + 19 + 0 = -11 \tag{5.68}$$

图 5.26c 是其对应的运动链环路拓扑图, 其中的 4 条虚线 AD、AI、GD 和 GI 都表示机架。从这个环路拓扑图上看出, 它是一个复杂的多环机构。为确定独立环的数目, 可以应用拓扑学上的欧拉定理得到独立环的数目 l, 那就是

$$l = g - n + 1 = 11 - 7 + 1 = 5$$

这是一个复杂的 5 环机构, 可以这样认为, 第 1 环为 $ABKFGA$, 第 2 环为 $ABCDA$, 第 3 环为 $DEFGD$, 第 4 环为 $GFHIG$, 第 5 环为 $ABJIA$。7 个构件构成 5 个独立环, 环路多而运动副节点又少, 可见其复杂程度, 按定理 5.2, 将发生过约束, 还因此将发生多重的耦合, 且耦合程度也将非常高。为了分析这

个机构的自由度, 首先要判定其中存在的过约束, 过约束都是在这 5 个环先后闭合之时。不失一般, 这里假设机构处于一个特殊位置, B 轴恰巧也位于 XY 平面内。为此对这个机构的分析要分如下几个步骤:

1. 基础 1 环 $ABKFGA$ 机构

将坐标系 $O-XYZ$ 的原点置于机构的中心轴上某点, X 轴与中心轴重合, Z 轴与纸面垂直。这样 $ABKFGA$ 机构的 5 个运动副的螺旋系可以表示为如下 9 个螺旋:

$$\begin{aligned}
\$_A &= (1 \quad 0 \quad 0; \quad 0 \quad 0 \quad 0) \\
\$_{B1} &= (1 \quad 0 \quad 0; \quad 0 \quad 0 \quad f_2) \\
\$_{B2} &= (0 \quad 0 \quad 0; \quad 1 \quad 0 \quad 0) \\
\$_{K1} &= (0 \quad 0 \quad 0; \quad 1 \quad 0 \quad 0) \\
\$_{K2} &= (0 \quad 0 \quad 0; \quad 0 \quad 1 \quad 0) \\
\$_{K3} &= (0 \quad 0 \quad 1; \quad 0 \quad 0 \quad 0) \\
\$_{F1} &= (1 \quad 0 \quad 0; \quad 0 \quad 0 \quad f_7) \\
\$_{F2} &= (0 \quad 0 \quad 0; \quad 1 \quad 0 \quad 0) \\
\$_G &= (1 \quad 0 \quad 0; \quad 0 \quad 0 \quad 0)
\end{aligned} \tag{5.69}$$

这 9 个螺旋线性相关, 仅 5 个螺旋独立, 因此存在 1 个过约束, $\mu_1 = 1$。此单环机构有 5 个构件和 5 个运动副, 可以计算该子机构的自由度为

$$M = 6(n-g-1) + \sum f_i + \mu = 6 \times (5-5-1) + 9 + 1 = 4 \tag{5.70}$$

不难判断这个子机构的 4 个自由度。在此闭环中各个构件的自由度是不一样的, 其中构件 2 经由一个转动副和一个圆柱副连于机架, 它有 3 个自由度, 包括绕 X 轴的转动和在 ZX 平面内的两个移动自由度。若将此构件的 3 个自由度皆约束之后, 此闭环中仅有杆件 4 的独立的沿 X 轴的移动自由度。此闭环就有这样的 4 个自由度。

2. 2 环 $ABCDA$

为求第 2 个闭环 $ABCDA$ 的过约束, 就要考虑环路之间的耦合关系, 即耦合对运动的影响, 为此这里就可以应用虚拟环方法, 就要先将前两个环路的共有

构件 BK 的自由度求出来。即从第 1 个环路 $ABKFGA$ 中把杆件 2 (即 BK 杆) 的自由度求出来, 并表示为螺旋。构件 2 是两个环路的共有的杆件, 是运动耦合发生的地方。在将构件 BK 的运动表示为螺旋后, 再与第 2 环中的运动副 C、D 的对应螺旋一起构成一个新的螺旋系, 此新螺旋系中的各个螺旋一般并不是真实地一一对应具体的运动副, 因其中有虚拟的部分, 而称它为虚拟闭环运动链, 并应用虚拟环路法以求解。

(1) 首先要求出第 1 个闭环中构件 2 (BK) 的自由度, 并表示为运动螺旋。为此将单闭环 $ABKFGA$ 视为并联机构, 研究其 "平台" 构件 2 的自由度。对于构件 2 有两个分支, 即 AB 和 KFG。对应的两组螺旋系分别是式 (5.69) 的前 3 个螺旋和后 6 个螺旋, 下面将它们和它们的反螺旋分别写出

$$
\begin{aligned}
\$_A &= (1 \quad 0 \quad 0; \quad 0 \quad 0 \quad 0) \\
\$_{B1} &= (1 \quad 0 \quad 0; \quad 0 \quad 0 \quad f_2) \\
\$_{B2} &= (0 \quad 0 \quad 0; \quad 1 \quad 0 \quad 0)
\end{aligned}
$$

和

$$
\begin{aligned}
\$^{\mathrm{r}}_{11} &= (0 \quad 0 \quad 0; \quad 0 \quad 1 \quad 0) \\
\$^{\mathrm{r}}_{12} &= (0 \quad 0 \quad 0; \quad 0 \quad 0 \quad 1) \\
\$^{\mathrm{r}}_{13} &= (0 \quad 1 \quad 0; \quad 0 \quad 0 \quad 0)
\end{aligned}
$$

以及

$$
\begin{aligned}
\$_{K1} &= (0 \quad 0 \quad 0; \quad 1 \quad 0 \quad 0) \\
\$_{K2} &= (0 \quad 0 \quad 0; \quad 0 \quad 1 \quad 0) \\
\$_{K3} &= (0 \quad 0 \quad 1; \quad 0 \quad 0 \quad 0) \\
\$_{F1} &= (1 \quad 0 \quad 0; \quad 0 \quad 0 \quad f_7) \\
\$_{F2} &= (0 \quad 0 \quad 0; \quad 1 \quad 0 \quad 0) \\
\$_G &= (1 \quad 0 \quad 0; \quad 0 \quad 0 \quad 0)
\end{aligned}
\tag{5.71}
$$

这 6 个螺旋线性相关, 秩为 5, 有 1 个反螺旋

$$
\$^{\mathrm{r}}_{21} = (0 \quad 0 \quad 0; \quad 0 \quad 1 \quad 0) \tag{5.72}
$$

两组螺旋系共有 4 个反螺旋, 它们都作用于动平台上, 它们的二次反螺旋就应该表示动平台 BK 的运动自由度。由于这 4 个反螺旋线性相关, 仅存在 3 个独立的; 其二次反螺旋也有 3 个, 即为该环中 "平台 BK" 的 3 个自由度, 对应的 3 个运动螺旋为

$$
\begin{aligned}
\$^{\mathrm{rr}}_{BK1} &= (1 \quad 0 \quad 0; \quad 0 \quad 0 \quad 0) \\
\$^{\mathrm{rr}}_{BK2} &= (0 \quad 0 \quad 0; \quad 1 \quad 0 \quad 0) \\
\$^{\mathrm{rr}}_{BK3} &= (0 \quad 0 \quad 0; \quad 0 \quad 0 \quad 1)
\end{aligned}
$$

这个构件 2 的运动螺旋系表明与前面的分析是一致的。

(2) 现在就可以建立虚拟闭环 BCD 的螺旋系, 这个螺旋系由表示 BK 构件的 3 个螺旋再加上运动副 C 和 D 所对应的 3 个螺旋构成, 所以有

$$
\begin{aligned}
\$_{BK1} &= (1 \quad 0 \quad 0; \quad 0 \quad 0 \quad 0) \\
\$_{BK2} &= (0 \quad 0 \quad 0; \quad 1 \quad 0 \quad 0) \\
\$_{BK3} &= (0 \quad 0 \quad 0; \quad 0 \quad 0 \quad 1) \\
\$_{C1} &= (0 \quad 0 \quad 1; \quad d_4 \quad e_4 \quad 0) \\
\$_{C2} &= (0 \quad 0 \quad 0; \quad 0 \quad 0 \quad 1) \\
\$_{D} &= (0 \quad 0 \quad 1; \quad d_6 \quad e_6 \quad 0)
\end{aligned}
\tag{5.73}
$$

这 6 个螺旋又线性相关, 秩为 5, 有 1 个反螺旋

$$
\$^{\mathrm{r}}_{21} = (0 \quad 0 \quad 0; \quad 0 \quad 1 \quad 0)
$$

所以这个虚拟闭环 BCD 给机构又增加 1 个虚约束, $\mu_2 = 1$。

3. 3 环 $DEFGD$ 的再闭合

可以经过 3 环 E 点的再闭合以求得发生于该处的过约束, 由于 E 点连接 DE 杆和构件 4 (FK) 两个活动构件, 首先要明确此两个构件各自已经具有的运动自由度和对应的运动螺旋, 再以其构成虚拟闭环并检查闭合能够带来的过约束。这里先看 DE 运动链, 它含有两个运动副, 一个是转动副 D, 另一个是圆柱副 E, 两者对应着 3 个螺旋。但是这里需要特殊考虑的一个因素, 就是机构的结构尺寸上具有的精准性和对称性。当 2 环闭合后, 由于机构具有的尺寸精确的对称性, CDE 杆上 E 点的位置 (图 5.26a) 必定恰好就直接落于能够

与 EF 件 E 点相接触的确定位置。依据这个道理, 就不必考虑运动副 D, 直接可以把 E 点当成固定点来处理。再分析构件 4 (FK), 这里还有一个需要特殊考虑的事情, 就是运动耦合因素。前面分析了 1 环中的构件 2 具有 3 个自由度, 即为对式 (5.70) 结果之分析, 此时构件 4 也应该有 3 个自由度。但当 2 环再闭合后, 构件 2 受到圆柱副 C 的进一步限制, 失去了绕 X 轴的转动自由度。此时构件 2 经运动副 K 又再次影响到构件 4, 让它也失去绕 X 方向转动的自由度。这样构件 4 除了有与构件 2 相同的 Z 向移动自由度外, 还具有沿 X 方向独立的移动自由度。所以, 2 环闭合后构件 4 仅保持 2 个移动自由度。这样由构件 4 的运动螺旋和运动副 E 构成的虚拟闭环链的螺旋共有 4 个, 为

$$\begin{aligned}
\$_{FK1} &= (0 \quad 0 \quad 0; \quad 1 \quad 0 \quad 0) \\
\$_{FK2} &= (0 \quad 0 \quad 0; \quad 0 \quad 0 \quad 1) \\
\$_{E1} &= (0 \quad 0 \quad 1; \quad d_4 \quad e_4 \quad 0) \\
\$_{E2} &= (0 \quad 0 \quad 0; \quad 0 \quad 0 \quad 1)
\end{aligned} \tag{5.74}$$

这个虚拟闭环螺旋系的秩为 3, 有 3 个反螺旋, 即为 3 环闭合时发生的过约束。它们又将施加于机构, $\mu_3 = 3$。

4. 4 环 $GFHIG$ 的再闭合

由于 H 点的闭合连接了 IH 杆和构件 4 (FK) 这两个活动构件成为第 4 个闭环, 同样地首先要判断此两个构件各自所具有的运动自由度。对于 IH 运动链, 有两个运动副, 也对应 3 个螺旋。再看构件 4 (FK), 在考虑到运动耦合的因素, 在 3 环闭合之后, 即 E 点位置确定后, 构件 4 失去左右移动的自由度, 仅剩下 1 个移动自由度。这样由构件 4 的运动螺旋和运动副 H、I 构成的虚拟闭环链的螺旋系仅也有 4 个螺旋

$$\begin{aligned}
\$_{FK} &= (0 \quad 0 \quad 0; \quad 0 \quad 0 \quad 1) \\
\$_{H1} &= (0 \quad 0 \quad 0; \quad 0 \quad 0 \quad 1) \\
\$_{H2} &= (0 \quad 0 \quad 1; \quad d_3 \quad e_3 \quad 0) \\
\$_{I} &= (0 \quad 0 \quad 1; \quad d_4 \quad e_4 \quad 0)
\end{aligned} \tag{5.75}$$

这个虚拟闭环螺旋系的秩为 3, 产生 3 个反螺旋, 即有 3 个过约束, $\mu_4 = 3$。

5.5 环 $ABJIA$ 再闭合

此时 J 点是五环的再闭合运动副, 由于 J 点连接 JIH 杆和构件 2 两个活动构件, 同样地对于 IH 运动链, 当 4 环闭合后, 由于机构尺寸的精确对称性, JIH 杆上 J 点恰好能够与构件 2 的 J 点相接触。再看构件 2, 它再次受到 3 环闭合的影响后, 此时的构件 2 也仅有 1 个自由度。这里就表现了机构中强耦合的影响。这样由构件 2 的运动螺旋和运动副 J 构成的虚拟闭环链的螺旋系仅有 3 个螺旋

$$\begin{aligned} \boldsymbol{\$}_{BK} &= (0 \quad 0 \quad 0; \quad 0 \quad 0 \quad 1) \\ \boldsymbol{\$}_{J1} &= (0 \quad 0 \quad 0; \quad 0 \quad 0 \quad 1) \\ \boldsymbol{\$}_{J2} &= (0 \quad 0 \quad 1; \quad d \quad e \quad 0) \end{aligned} \tag{5.76}$$

这个虚拟闭环螺旋系的秩为 2, 有 4 个反螺旋, 即 4 个过约束, $\mu_5 = 4$。

这里看到在多环逐个的闭合中, 构件 BK 自由度发生了变化, 它从第 1 环中具有的 3 个自由度, 到最后仅有 1 个自由度, 构件因多次环路之间的耦合而使自由度减少, 这正是多环环路之间运动的强势耦合。

整个机构有 7 个构件、11 个运动副, 11 个运动副对应了 19 个自由度, 机构的过约束共有 12 个, 即

$$\mu = \mu_1 + \mu_2 + \mu_3 + \mu_4 + \mu_5 = 1 + 1 + 3 + 3 + 4 = 12$$

按自由度公式有

$$M = 6(n - g - 1) + \sum f_i + \mu = 6 \times (7 - 11 - 1) + 19 + 12 = 1 \tag{5.77}$$

如此就获得了正确的自由度。

这个例子的分析中充分体现了多环运动链之间发生的运动耦合, 也有充分理由说明, 对多环机构求各个闭环中的过约束不能分别取求各个单独闭环本身的过约束, 一定要考虑其中的耦合关系。

5.8 古典机构

Gogu 定义的那些古典机构[10], 虽然目前实际被应用的并不多, 但在机构学的理论上它们还是有很高的地位。由于许多古典机构具有尺寸上的特殊性, 使

其自由度计算非常困难, 例如一些人提出他们的自由度理论的同时还明确说并不适用于古典机构。我们以螺旋理论在文献 [11] 中系统地分析过 Gogu 所列举出的所有的古典机构, 对这些解法这里不再一一重复, 仅以如下两个典型机构案例说明基于螺旋理论如何解决这类问题。

5.8.1 Bennett 机构分析

在所有的古典过约束机构中, 最著名的是 1903 年英国数学家 Bennett(本涅特) 提出的这个机构[45], 见图 5.27a。它是唯一的仅用 4 个转动副构成的最简单的单自由度空间机构。它在机构学理论上的地位非常重要, 是公认的最典型的过约束机构, 而它具有的 3 个过约束又是约束度最高的。

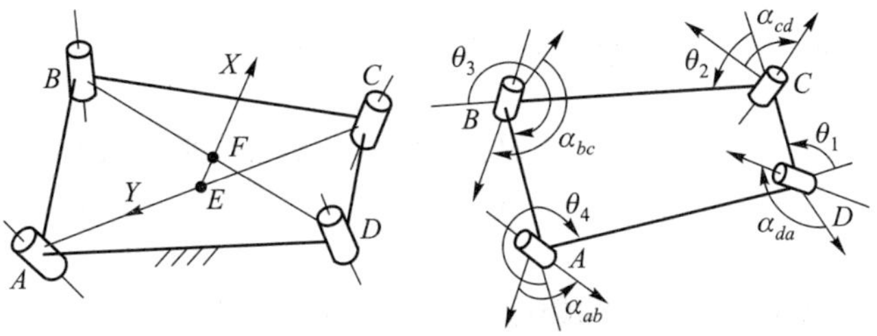

图 5.27 Bennett 机构

这个机构曾应用于飞行器的传动装置上, 例如用做某种 “鸭” 式飞机座舱小前翼的收展机构上。

即使有上述某些应用, 还得说 Bennett 机构的应用相对而言是不突出的。Bennett 机构的自由度分析公认是难度最大的问题, 其困难之处在于难以用适合其他机构的通用公式来分析它。下面以我们的基于螺旋理论的通用方法试分析之。

Bennett 机构的 4 个轴线既不平行也不相交。它满足严格的几何条件: “封闭形对边的长度相等, 扭角相等, 且对边与扭角的正弦成正比例” 。如果用 a、b 表示两个相等的对边, α、β 表示两个相对的扭转角, 此时 Bennett 机构的角度和杆长的特殊几何关系, 见图 5.27b, 可以表示为

$$AB = CD = a, \quad BC = AD = b$$

$$\alpha_{ab} = \alpha_{cd} = \alpha, \quad \alpha_{bc} = \alpha_{da} = \beta$$

$$\frac{\sin\alpha}{a} = \frac{\sin\beta}{b}$$

如图 5.27a 所示, 设对角线 $AC = 2l$, $BD = 2m$, AC 和 BD 的夹角为 γ。令 AC 和 BD 的中点分别为 E、F, 且 $EF = n$。容易得出 $\Delta ABD \cong \Delta CDB$, 故 $\angle ABD = \angle CDB$, 则 $\Delta ABF \cong \Delta CDF$, 所以 $AF = CF$, 同理可证 $BE = DE$。于是 $EF \perp AC, EF \perp BD$, EF 是 AB 和 CD 的公法线。

选取 E 为原点, X 轴沿向量 EF, Y 轴沿 EA。则 4 个点 A、B、C、D 的坐标分别为

$$\begin{aligned} &A(0 \quad l \quad 0), \quad B(n \quad m\cos\gamma \quad -m\sin\gamma) \\ &C(0 \quad -l \quad 0), \quad D(n \quad -m\cos\gamma \quad m\sin\gamma) \end{aligned}$$

同时 4 个转动副轴线的方向矢量可以表示为

$$\begin{aligned} \boldsymbol{S}_A = \boldsymbol{BA} \times \boldsymbol{AD}, \quad \boldsymbol{S}_B = \boldsymbol{CB} \times \boldsymbol{BA} \\ \boldsymbol{S}_C = \boldsymbol{DC} \times \boldsymbol{CB}, \quad \boldsymbol{S}_D = \boldsymbol{AD} \times \boldsymbol{DC} \end{aligned} \tag{5.78}$$

那么 Bennett 机构的运动螺旋系的 4 个螺旋可求得为

$$\begin{aligned} \$_A &= (l\sin\gamma \quad n\sin\gamma \quad n\cos\gamma; \quad ln\cos\gamma \quad 0 \quad -l^2\sin\gamma) \\ \$_B &= (m\sin\gamma \quad 0 \quad n; \quad mn\cos\gamma \quad -m^2\sin^2\gamma - n^2 \quad -m^2\sin\gamma\cos\gamma) \\ \$_C &= (-l\sin\gamma \quad n\sin\gamma \quad n\cos\gamma; \quad -ln\cos\gamma \quad 0 \quad -l^2\sin\gamma) \\ \$_D &= (-m\sin\gamma \quad 0 \quad n; \quad -mn\cos\gamma \quad -m^2\sin^2\gamma - n^2 \quad -m^2\sin\gamma\cos\gamma) \end{aligned}$$

由这 4 个螺旋的表达式显然有

$$m \cdot (\$_A - \$_C) = l \cdot (\$_B - \$_D) \tag{5.79}$$

又从此式 (5.79) 可见, 这 4 个螺旋线性相关, 此 4 个螺旋表示的运动螺旋系的秩为 3, 它们共同分布在同一个单叶双曲面上, 见图 5.28 和表 1.2。所以此单环机构的运动螺旋系有 3 个反螺旋, 有 3 个过约束, 即 $\mu = 3$。用公式 (2.12) 求得 Bennett 机构的自由度为

$$M = 6(n - g - 1) + \sum_{i=1}^{g} f_i + \mu = 3 \times (4 - 4 - 1) + 4 + 3 = 1 \tag{5.80}$$

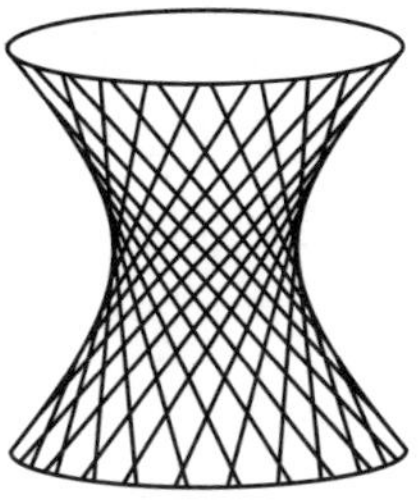

图 5.28 单叶双曲面

此外, 注意到不论公式中的 4 个变量 l、m、n 和 γ 如何变化, 式 (5.79) 的关系总不改变。所以 Bennett 机构的自由度总为 1, 是全周性的。

从上述分析的过程可以看到, 对于这么困难的问题, 用螺旋理论仅仅几步就获得解决, 这是其他所有方法所无可企及的。

5.8.2 Goldberg 5 杆机构分析

图 5.29a 所示的是 Goldberg 机构[46], $ABCDE$ 是一个空间 5 杆机构, 它是由图 5.29b 中的两个 Bennett 机构 $ABCF$ 和 $DEGH$ 去除了公共边 CF 和 HG 后组成的, AF 和 GE 在一条直线上。Bennett 机构 $ABCF$ 的一组对边长为 a, 扭角为 α, 另一组对边长为 b, 扭角为 β。机构 $DEGH$ 有类似的参数, 一组对边长为 a, 扭角为 α, 另一组对边长为 c, 扭角为 γ。这两个 Bennett 机构满足下列几何条件:

$$\frac{\sin\alpha}{a}=\frac{\sin\beta}{b}=\frac{\sin\gamma}{c}$$

当将这两个 Bennett 机构组合形成 Goldberg 机构时, 有以下关系:

$$\$_C=\$_H,\quad \$_F=\$_G \tag{5.81}$$

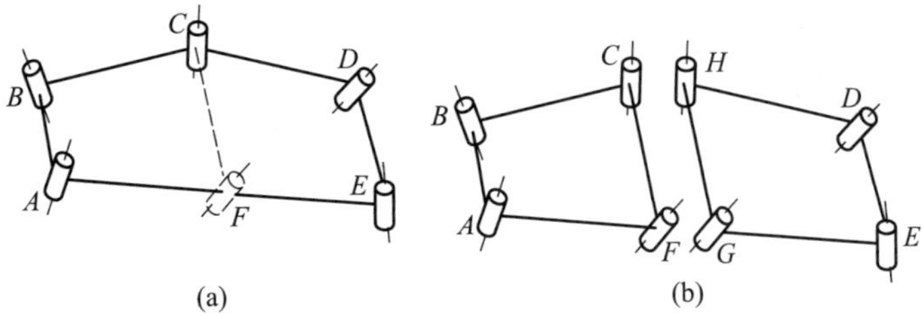

图 5.29 Goldberg 5 杆机构

由式 (5.79) 可知, Bennett 机构 A、B、C、F 这 4 个螺旋线性相关, 所以这 4 个线矢量位于同一单叶双曲面上。因为螺旋的相关性和互逆性都与坐标系的选取无关, 可以将两个 Bennett 机构建立在同一坐标系下, 就可得出下列方程:

$$a\$_A + b\$_B + c\$_C + f\boldsymbol{S}_F = 0 \tag{5.82}$$

$$d\$_D + e\$_E + h\$_H + g\$_G = 0 \tag{5.83}$$

式中, a、b、c、d、e、f、g 和 h 均为常数。让 $g\times$ 式 (5.82) $-\ f\times$ 式 (5.83), 得

$$ag\$_A + bg\$_B + cg\$_C + fg\$_F - df\$_D - ef\$_E - hf\$_H - gf\$_G = 0 \tag{5.84}$$

将式 (5.81) 代入上式, 得

$$ag\$_A + bg\$_B + cg\$_C - df\$_D - ef\$_E - hf\$_H = 0$$

即

$$ag\$_A + bg\$_B + (cg - hf)\$_C - df\$_D - ef\$_E = 0$$

这表明 5 个螺旋 $\$_A$、$\$_B$、$\$_C$、$\$_D$ 和 $\$_E$ 是线性相关的, 由它们组成的螺旋系的秩则小于 5。又因为旋量 $\$_A$、$\$_B$、$\$_C$、$\$_F$ 位于同一单叶双曲面上, 所以点 A 和 F 也在这个双曲面上。若延长直线 AF 到点 E, 很显然, 点 E 不在这个双曲面上, 也就说明 $\$_A$、$\$_B$、$\$_C$、$\$_E$ 是线性无关的, 由这 5 个螺旋 $\$_A$、$\$_B$、$\$_C$、$\$_D$ 和 $\$_E$ 组成的螺旋系的秩应该是 4。通过这些分析可得, 螺旋系 $\$_A$、$\$_B$、$\$_C$、$\$_D$ 和 $\$_E$ 有两个反螺旋, 即 $\mu = 2$, 代入式 (2.12), 得

$$M = 6(n - g - 1) + \sum_{i=1}^{g} f_i + \mu = 6 \times (5 - 5 - 1) + 5 + 2 = 1 \tag{5.85}$$。

所以 Goldberg 5 杆机构的自由度为 1。不论机构处于任何位型, 上述分析都成立, 总存在 $\mu = 2$, 式 (5.84) 所计算的结果总是正确的, 即此机构的自由度也不是瞬时的。

第 6 章　空间网络多面体耦合机构

在一般空间机构中，更加复杂的一类机构是空间网络多面体耦合机构。网络是由节点和连线构成的，机械里的网络机构是由构件和运动副组成，相当于网络的节点和连线；而且在运动学上许多构件之间的运动又相互耦合，网络机构又呈多面体，就使得机构结构更加复杂。这种类型在实用上已经形成了许多具体的、有多方面不同应用的网络多面体结构。这里仅以最简单的思路介绍如何求解网络多面体耦合机构的自由度。从原则上说，对网络结构同样也是要首先找出其中存在的过约束。而求解的方法首先要逐步分解网络机构，在再闭合各网络子环中去发现其中的过约束。这里寻找过约束的最基本原理也是依靠从闭合两元素之间的相对运动的差别以判别过约束。本章仅以一种玩具魔球来介绍这个原理。

魔球机构是一种特殊的、比较复杂的机构，它与并联机构完全不同，形成网络多面体状的多环耦合结构，自由度分析也就更复杂。这里我们仍以反螺旋理论深入分析其过约束和机构的自由度。我们在现实生活中常常看到一些魔方或者魔球玩具，由于其新颖别致的设计，加上好玩益智的功能，深受大众特别是儿童喜爱。戴建生教授较早就开始对这种类型的机构进行研究，文献 [47-49] 曾讨论了这种称为网状的魔球机构，见图 6.1。这里，我们仅以反螺旋理论深入分析其过约束和机构的自由度这方面的问题[11]。

图 6.1 显示了 Hoberman Switch-Pitch 魔球的外形，当上抛旋转时，其外表颜色会发生改变，能够从蓝色经翻转变成红色，或相反。从图 6.1 中还可以看到，

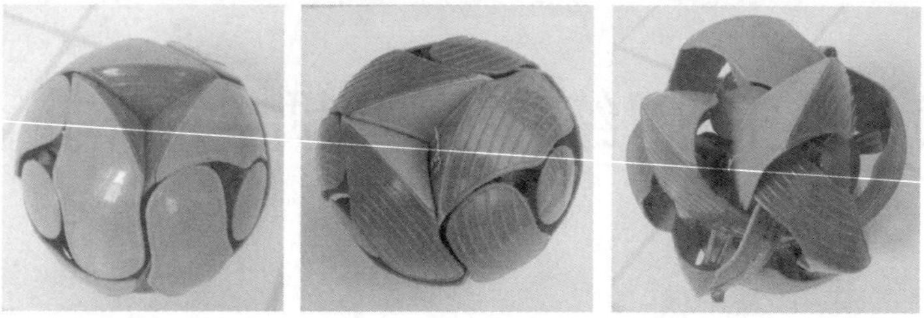

图 6.1 Hoberman Switch-Pitch Ball 魔球外观

魔球外表面有 4 个颜色相同的圆形托片, 每个圆形托片被 3 个相同颜色的弧形叶片包围。整个球面由这 4 个托片和 12 个叶片覆盖而成。魔球表面还有 4 个三角锥形陷孔, 陷孔的颜色与球表面的颜色不同, 蓝球的陷孔是红色, 红球的陷孔是蓝色。陷孔由相同颜色的 3 个叶片拼成。图 6.1c 是蓝红两色处于翻转变换之中的位型。可以看到叶片本身形状像个豆荚, 它的两个荚片分别取红蓝两色, 两种不同颜色的荚片张开角大约为 60°。魔球翻转时红蓝颜色变化, 正是夹片翻转后以不同颜色的夹片覆盖球表面的结果。从实物和这几个图中还可以看到, 魔球上红蓝两色的圆形托片总共有 8 个。在变换颜色的过程中, 原来处于表面的相同颜色的 4 个托片向内移动趋近魔球中心, 另 4 个向外移动逐渐远离中心, 运动过程始终对称于魔球的中心。

其内部结构还可以由图 6.2 有所了解。从图中看到, 在每一个圆形托片的背面用 3 个铰链连接 3 个连杆, 3 个铰链轴线在圆形托片上的分布呈正三角形。而每个连杆中间都弯曲呈 “几” 字形, 几字形顶端则固定着双色荚片, 每一个连杆又用其两端的两个铰链连接颜色不同的两个圆形托片。整个魔球共有 12 个连杆。12 个连杆连接 12 个双色荚片, 还连接 8 个不同颜色的圆形托片。

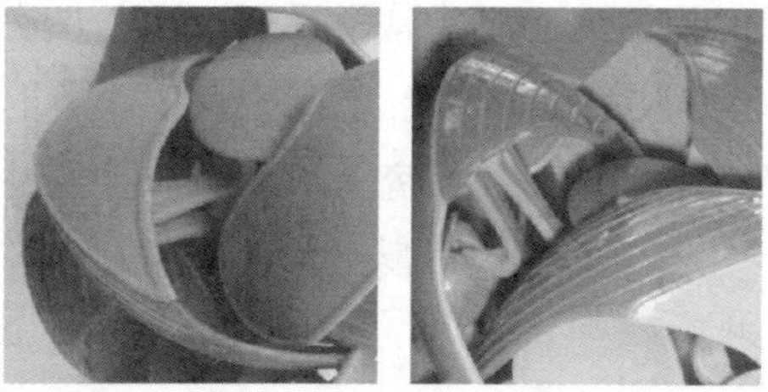

图 6.2 魔球的圆盘 3 副杆几字形连杆和豆荚叶片

如前所述, 蓝球翻转变成红球的过程中, 4 个蓝色圆片向中心沉下, 而 4 个红色圆形托片向球表面升起, 原来朝向外的蓝色荚面翻转向里, 红色荚面同时翻转向外。正因为翻转魔球时托片的沉浮, 相同颜色的 4 个圆形托片分别向内或向外移动, 使得连接颜色不同的两个托片的连杆随之转动, 荚片也就随连杆往返转动而红、蓝颜色改变, 这样就使得这种魔球外表的颜色发生变化。从魔球的位型变化的整个过程看, 魔球机构始终是对称地变化。

6.1 结构分析

Hoberman Switch-Pitch 魔球机构的 8 个圆形托片构成的节点都可以看成相同的正三角形, 其上对称分布 3 个转动副, 连接 3 个连杆。魔球的 12 个连杆有相同的长度, 每个连杆两端连接两个不同颜色的圆形托片, 托片构成魔球机构的节点。整个魔球是一个具有 20 个构件, 包括 12 个连杆和 8 个圆形托片, 再由 24 个转动副连接形成的一个复杂的球状网络多环机构。

为了用我们机构学中的 “机构图” 描绘此 Hoberman Switch-Pitch 魔球, 从观察魔球的位型变化的过程中可以看到, 4 个红色托片和 4 个蓝色托片分别相对球心向外或向内移动, 当红色托片移动到外面, 球呈红色, 而当蓝色托片移动到外面, 球呈蓝色。可以看到, 在托片里外移动的过程中存在着这么一个位型, 所有 8 个圆形托片相对球心处于同一个半径处。而连接红蓝托片的 12 个连杆也都处于相对中心方向为横置的位置, 即其方向垂直于对应位置球的半径。在这个位型下, 机构呈现一个对称的外凸球形。我们就取这个具有对称位型的魔球机构作为分析的物理模型, 并绘于图 6.3a 中[48]。从图 6.3a 中还可以看到, 此机构是一个含有 6 个网孔的多环耦合机构。它的每个网孔含 8 个构件、8 个转动副, 包括 4 个托片, 这是一个 8 构件单环空间机构, 见图 6.3b。

按多面体的欧拉定理, 顶点数目 V、面的数目 F 和边的数目 E 的关系为

$$V + F - E = 2 \tag{6.1}$$

对于上述 Hoberman Switch-Pitch 魔球, 顶点有 24 个, 面的数目为 14, 又有 36 个边, 满足欧拉定理。

我们已经看到，魔球的杆件和图形都有完全相同的尺寸参数, 它还是一个关于中心对称的球体, 且运动过程中也保持中心对称的球形。为分析其自由度,

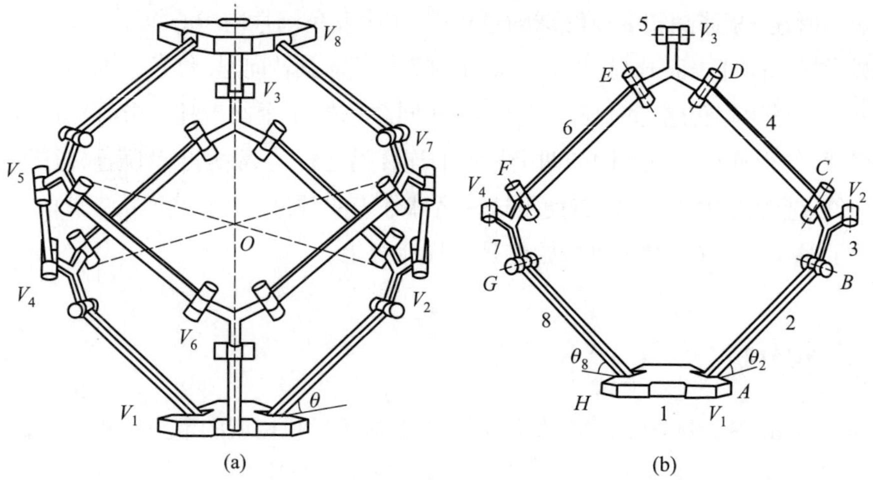

图 6.3 含 20 杆 24 副的魔球机构简图

我们提出一个重要的应该得到求证的假设。

假设 6.1 机构在起始的时候呈对称形, 并在运动过程中始终保持对称。

"运动过程中是否能够始终保持对称" 是一个需要严格证明的问题。为了分析此复杂机构, 这里采取将机构层层分解的办法, 我们先取出其中的一个 8 杆 8 边单环运动链来研究, 见图 6.3b, 把它看成一个具有两个分支的并联机构, 为此又要先分析组成 8 杆单环的每一个分支, 每个分支都是一个 3 杆 4 副运动链, 见图 6.4a。

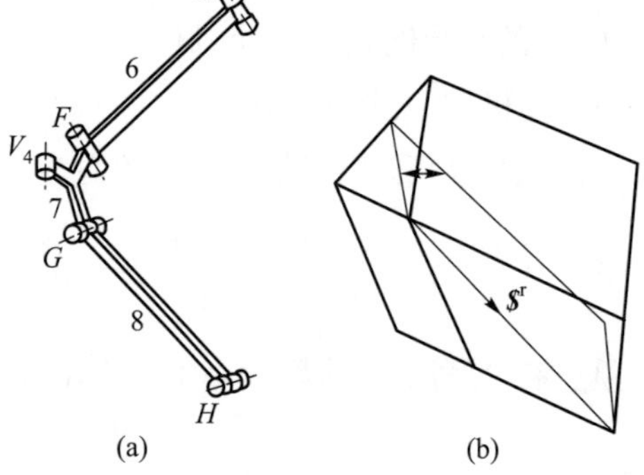

图 6.4 3 杆 6 副单闭环运动链

6.2 3 杆组的运动链的反螺旋

这个 3 杆组包括 3 个构件和 4 个转动副, 按假设 6.1, 起始时机构呈对称位型, 它们的 4 条轴线是两组平行直线。按运动链的自由度原理, 该 3 杆组的自由度数目是 -2, 因为, $M = 3 \times 6 - 4 \times 5 = -2$。那就是说, 若将此杆组加于机构, 将减少机构的两个自由度。从约束的角度说, 自由度为 -2 表示了两个约束, 对应地有两个反螺旋, 它将限制被连接的两构件的两个相对运动。或者从螺旋理论的角度说, 这 4 个转动副对应 4 个运动螺旋, 显然它们线性无关, 对于 4 个线性无关的螺旋就存在两个反螺旋。对于这个 3 杆组, 这两个约束可以通过求这 4 个轴线对应的螺旋系的反螺旋得到。这里可以通过几何法来求取这两个约束反螺旋, 如图 6.4b。考虑到:

(1) 存在一个约束力偶。因为这个 3 杆组有 4 个运动副, 它们的轴线两两平行。按表 1.5 "与螺旋系相逆的偶量必须与该螺旋系的所有线矢量相垂直", 这样与三角形平面相垂直的约束力偶能同时与 4 个转动副螺旋相逆。这个约束力偶约束了两个末端铰链所连接的两个构件之间的相对转动, 图中以双向箭头表示此约束力偶, 该箭头垂直于图中的构件 7 的三角形。

(2) 还有一个反螺旋, 这个反螺旋还存在两种不同情况; ① 若此 3 杆分支的两腿对称地分开, 此反螺旋是约束力。此约束力能够同时经过对应两对转动副轴线的两个交点。换句话说, 此约束力能够同时与 4 个转动副轴线相交, 符合表 1.5"与螺旋系相逆的线矢量必须与所有线矢量相交" 的要求, 图中以带箭头的 $\boldsymbol{\$}^{\mathrm{r}}$ 表示此约束力。② 若两腿位置不对称时, 此时存在的约束是一个节距 h 不为零的约束力螺旋。由于我们已经有 "机构对称" 的假设, 不会发生此种情况, 这里对此也不作过多的解释。

基于我们前面假设 "机构对称" 的情况, 这个分支的两个反螺旋: 一个是约束力, 另一个是约束力偶, 都作用于平台 V_4 上, 见图 6.3b。约束力偶与三角形平面 V_4 相垂直, 约束力则同时经过 V_4 三角形相连的两对转动副轴线的两个交点。

6.3 8 杆单环机构的过约束和允许的运动

8 杆单环机构 (图 6.3b) 含 4 个圆形托片和 4 个连杆, 共 8 个构件、8 个转动副。其中 8 个运动副的 8 根轴线两两平行, 组成 4 对平行直线。

为分析此 8 杆机构, 将它视为具有两个分支的并联机构, 杆 V_3 当做并联机构的动平台, 它的每个分支都有 4 个转动副, 且 4 个转动副的轴线两两平行。

先考虑图 6.3b 中的 $ABCD$ 分支, 见图 6.5, 这个连接下平台构件 1 和上平台 5 的分支就是一个 3 杆 4 转动副分支。基于前节分析, 对应 4 个运动螺旋就存在 2 个约束反螺旋作用于构件 5 上。为确定这两个反螺旋, 可以考虑如果反螺旋是线矢量, 它必须能够同时与此 4 个螺旋轴线相交。如果反螺旋是偶量, 它必须与这 4 个螺旋都垂直。由于此时机构是对称的, 且 B、C 这两个轴线交于一点, A、D 两个轴线也必交于一点, 两个交点的连线就是反螺旋 $\$_1^{\mathrm{r}}$ 的作用线; 我们还知道, 能同时与这 4 个螺旋线矢量都垂直的方向正是反螺旋力偶的方向, 那么对于两组平行线的公法线方向则正是约束力偶 $\$_2^{\mathrm{r}}$ 的方向, 这两个反螺旋示于图 6.5。还可以从图 6.5 中看到, 这两个反螺旋都位于该分支的分角面 P_1 中。实际上, 这两个反螺旋限制了分支两端运动副 A、D 之间的相对运动。同样, 分支 $EFGH$ 也是包含 3 构件 4 转动副的运动链, 也产生相同的两个反螺旋。

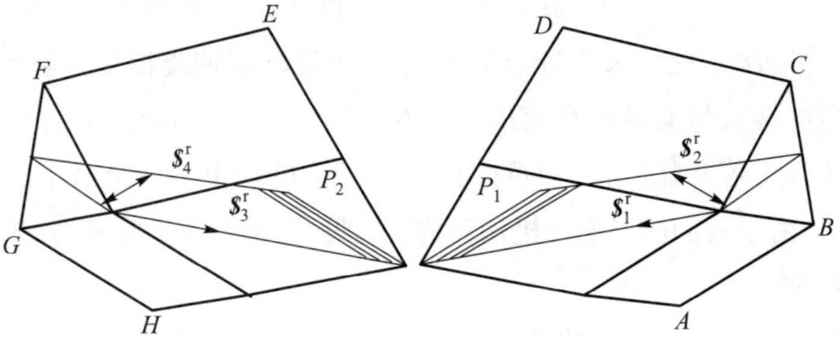

图 6.5 作用于平台 V_3 上的约束

由于每个分支作用于上平台杆 5 两个反螺旋, 这样上平台杆件 5 上共有 4 个约束反螺旋, 即 $\$_1^{\mathrm{r}}$、$\$_2^{\mathrm{r}}$、$\$_3^{\mathrm{r}}$、$\$_4^{\mathrm{r}}$, 其中两个是约束力, 两个是约束力偶。从图中看到, 显然这 4 个螺旋线性无关, 也就是说当以这两个 3 杆 4 副分支同时连接上下平台, 同时闭合时, 形成单环机构, 闭合时其过约束应按式 (2.27) 计算, 即此单环机构的过约束 μ 应是两个分支作用于动平台的总反螺旋数减去对应的总反螺旋中独立的约束数, 其差才是重复的过约束。由于上述 4 个螺旋相互独立,则其中没有过约束, $\mu_1 = 0$。

此时, 对应作用到杆 5 的 4 个约束螺旋, 应该有与之相逆的两个运动螺旋, 也就是说 8 杆单环机构有两个自由度。若用公式 (2.13) 分析, 此 8 杆并联机构没有公共约束, 也没有闭合冗余约束, $\lambda = 0$, $\nu = 0$, 所以

$$M = 6(n-g-1) + \sum_{i=1}^{g} f_i + \nu = 6 \times (8-8-1) + 8 + 0 = 2 \tag{6.2}$$

此 8 杆单环运动链有两个自由度, 为确定这两个自由度的性质可以依据表 1.5, 能够同时与约束力偶垂直且与约束力相交的反螺旋表示转动的线矢量, 能够与所有约束力相垂直的反螺旋表示移动的偶量。

依据上述原理, 构件 5 的两个自由度的性质应该分别是一个转动自由度和一个移动自由度。图 6.6a 显示了两个约束力和两个约束力偶的作用方向, 两个相交的约束力偶决定了一个平面, 该平面的法线即是杆 5 所允许的节距为零的转动运动 $\$_2^{\mathrm{m}}$ 的转轴矢量方向, 其轴线还将通过 $\$_1^{\mathrm{r}}$ 和 $\$_3^{\mathrm{r}}$ 之交点; 图 6.6b 显示了两个相交的约束力 $\$_1^{\mathrm{r}}$ 和 $\$_3^{\mathrm{r}}$ 的作用线, 而平台 5 的移动运动螺旋 $\$_1^{\mathrm{m}}$ 则沿着 $\$_1^{\mathrm{r}}$ 和 $\$_3^{\mathrm{r}}$ 决定平面的法线方向。图中空心单向箭头表示节距为零的转动运动, 空心双向箭头表示节距为无穷大的移动运动。

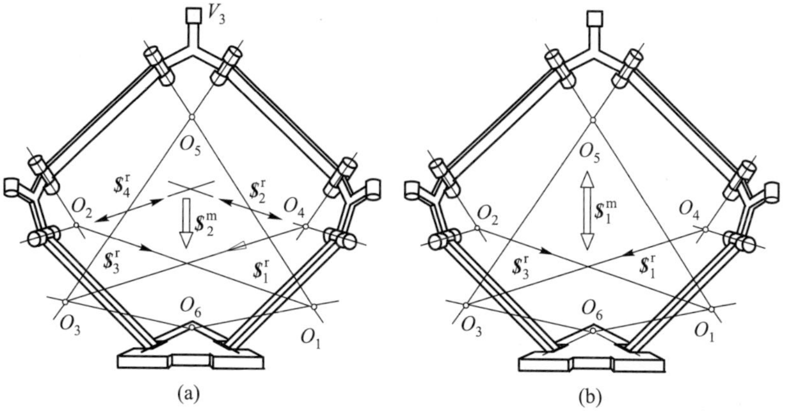

图 6.6 构件 V_3 所允许的运动

从图 6.6 看, 由于机构对称, 4 个约束螺旋 $\$_1^{\mathrm{r}}$、$\$_2^{\mathrm{r}}$、$\$_3^{\mathrm{r}}$、$\$_4^{\mathrm{r}}$ 的分布也对称, 那么这两个允许的运动螺旋 $\$_1^{\mathrm{m}}$ 和 $\$_2^{\mathrm{m}}$ 的位置也应该分别位于 8 杆机构的中间对称平面上, 也就是在该正视图 (见图 6.6) 的中线上。

这两个为约束所允许的运动可以说明, 一方面杆件 5 可以沿 $\$_1^{\mathrm{m}}$ 方向做上下方向的移动运动, 也可以绕 $\$_2^{\mathrm{m}}$ 的轴线做转动运动。当三角形杆件 5, 或顶点 V_3, 沿箭头下移, 杆件 5 平面的中间法线与机构上下的垂直中线的交点也将相应地下移, 这样杆件 5 与魔球中心的距离也就越来越近。换句话说, 杆件 5 在向机构中心移动。如果机构起始时是对称的, 此时 "八边形" 图形将被 "对称地压扁", 构件 1 和 5 向魔球中心逼近, 而杆件 3 和 7 则相反向远离中心方向移动。但在这个压扁的过程中此八边形仍具有 "对称性" 。若构件 1 和 5 对应红色托片, 杆件 3 和 7 则对应蓝色托片, 那就是红色向内, 蓝色向外。

另一方面, 若三角形节点 V_3 发生绕 $\$_2^{\mathrm{m}}$ 轴的转动运动, 这种情况下, 无论如何这个 8 杆 8 副单环机构就不再会具有原来的对称性了。

从另一角度说, 8 杆机构有两个自由度, 我们可以设想, 取此单环 8 杆的两个连架杆, 即杆件 2 和 8, 作为机构的两个 "输入构件", 见图 6.3b; 输入方式也有两种, 即一种方案是保持两个输入杆与机架的两个夹角相等的方式, 记以 $\theta_2 \equiv \theta_8$ (其下角标分别对应相邻的两个杆件的标号); 另一种方案则是采取非对称方式输入, 即 $\theta_2 \neq \theta_8$。这样的两种不同的输入方式, 明显地, 前者只能使杆 5 上下发生移动, 而后者可能使杆件 5 发生转动或其他复杂的节距不为零的各种螺旋运动。这个螺旋运动就是由两个允许的运动螺旋 $\$_1^{\mathrm{m}}$ 和 $\$_2^{\mathrm{m}}$ 的线性组合得到。理论上, 当一个线矢量和一个与其夹角不为 90° 的偶量线性组合后, 可以得到无限多的不同节距的螺旋, 见图 6.7, 单头箭头 h_α 是线矢量, 双向箭头 h_β 是偶量, 矢量的长度还表示节距的大小。

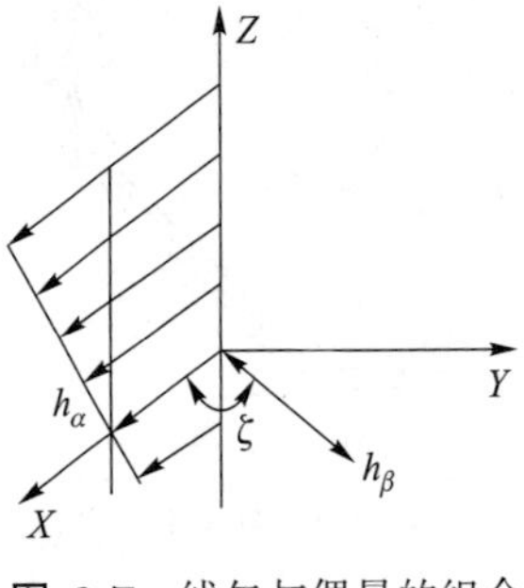

图 6.7 线矢与偶量的组合

若将上述这个分析反过来说, 当 V_3 向下移动时能够始终保持 $\theta_2 = \theta_8$, 而当 V_3 转动时 $\theta_2 \neq \theta_8$, 图 6.8a 表示了这种 8 杆单环非对称的位型变化。

起始时 8 杆处于对称位置, 并认为所有圆形托片和长条形杆件分别都有相同的尺寸。对于这样条件下的对称形 8 杆机构, 4 个顶点 V_1、V_2、V_3、V_4 的过中心的 4 条法线必定汇交于魔球的中心。当 V_3 仅发生向下移动靠近 V_1, 此时 V_2、V_4 必定相互远离。V_1、V_2、V_3、V_4 的过中心的 4 条法线也必定仍交于魔球的中心。这种说法, 从另一个角度看, 可以得出的结论是, 在尺寸都相同和起始处于对称位型下, 在 V_3 的上下移动过程中, 其法线方向始终是指向魔球中心。而在 $\theta_2 \neq \theta_8$ 下, 图形则发生扭曲。图 6.8b 表示双环机构发生角度变形, 成为非对称位型。

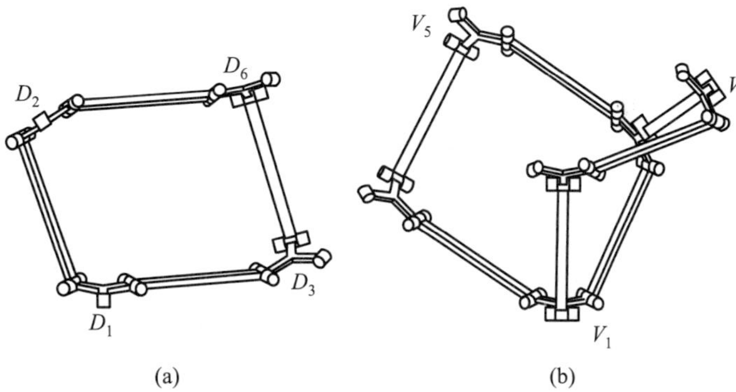

图 6.8 双环非对称变化位型

6.4 2 环 13 杆链的过约束和允许的运动

在两自由度单环 8 杆机构的基础上再加上一个具有相同构件结构尺寸参数的 5 杆串联链 ($IJKLMN$), 就得到一个双环 14 运动副 13 杆运动链, 见图 6.9a。从所加的这个 5 杆 6 副链的自由度上看, 增加的 5 杆 6 副不会改变原来 8 杆单环机构的两个自由度, 因为从增加的杆件具有的自由度数目和运动副带来的约束看它们是相等的

$$M = 5 \times 6 - 6 \times 5 = 0$$

从螺旋理论的角度看, 对应此 6 个转动副的 6 个螺旋是线性无关的。由此可见, 当闭合此 5 杆链构成此双环结构, 没有增加过约束, $\mu_2 = 0$。这样, 此时的双环 13 杆链应该仍然保持两个自由度。此时若再以自由度公式 (2.12) 验算此

双环机构的自由度, 有

$$M = 6(n-g-1) + \sum_{i=1}^{g} f_i + \mu = 6 \times (13-14-1) + 14 + 0 = 2 \qquad (6.3)$$

显然, 新增加的杆组没有对原来的单环机构施加任何约束, 这样① 杆 V_5 与杆 V_3 有相似的运动, 当杆 V_3 向下移动时杆 V_5 也对应地下移, 而杆 V_2、V_4、V_6 都将随之向外移动, 这两个环都能保持本身的对称性。② 若杆 V_3 的运动改为转动或节距不为零的螺旋运动, 杆 V_5 的运动也变得复杂了。机构也就不再能够保持对称。图 6.8b 所示为当双环机构处于非对称变化下的一个位型。此时明显看到, $\theta_2 \neq \theta_8 \neq \theta_{13}$。

6.5 3 环 16 杆链的反螺旋和允许的运动

当在 2 环 13 杆的点 O 及 R 两点上 (图 6.9a) 再加 3 杆组 $O'PQR'$ (图 6.9b), 将构成 3 环 16 杆运动链 (图 6.10b)。由于 3 杆组 $O'PQR'$ 本身对其两端铰链所连接的两个杆件相互之间具有约束, 它将约束该两端 O、R 两点的相对运动。$O'PQR'$ 这个 3 杆 4 副运动链将连接双环运动链上的 O、R 两个点。与前面分析的 $ABCD$ 的那个 3 杆 4 运动副运动链一样, $O'PQR'$ 这个运动链本身也将产生两个约束, 包括一个约束力和一个约束力偶。这里要分析闭合前后的相对运动的关系。

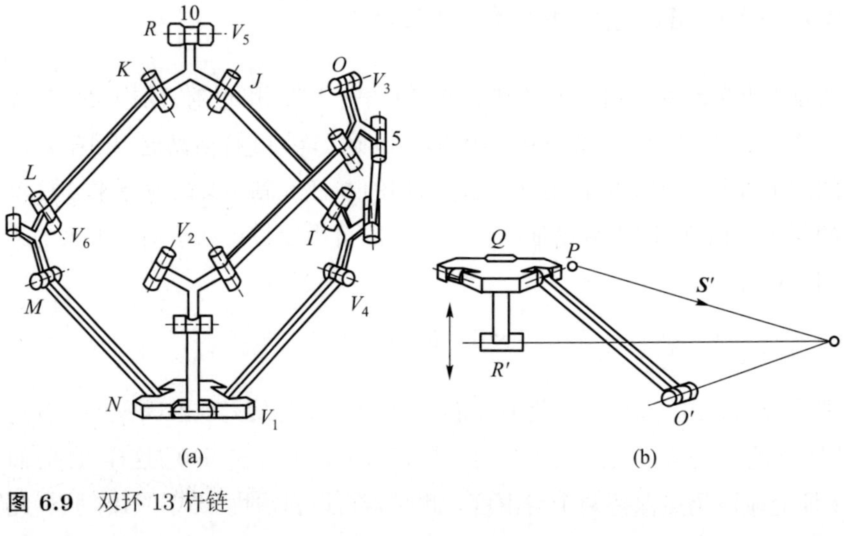

图 6.9 双环 13 杆链

(1) 如图 6.9b 的约束力表示的是它将约束两个转动副连接的两个杆件之间的相对位置, 不允许它们之间发生如约束力箭头方向的前后相对错动。然而对比这个闭合的前后相对运动, 已如前面分析, 2 环 13 杆运动链的 O 及 R 两点之间没有前后移动的自由度, 它们不会前后错动, 因此, 当将 3 杆 4 副运动链连接到这个 2 环 13 杆运动链上, 3 杆 4 副运动链的这个约束力不起作用, 这是一个过约束。

(2) $O'PQR'$ 这个分支还存在一个约束力偶, 它将限制 O 及 R 两点的两个转动副轴线之间的相对转动, 对图 6.9a 来说即是限制了两个转动副 O' 和 R' 的两个轴线之间的相对角度不能改变, 即限制了杆 5 相对杆 10 的相对转动。当转动时, 两者有完全相同的转动, 或者两者都不转动。前者对于这个机构来说是不可能的, 仅仅有可能的是后者。这样说来, 这个反螺旋力偶限制了杆 5 的转动, 也就是限制了两个主动连架杆的非对称输入方式, 即不可能发生 $\theta_2 \neq \theta_8$ 的情况, 唯一可能是 $\theta_2 \equiv \theta_8$。所以第 2 个约束是一个实在的约束, 即实约束, 它将约束掉原来的 2 环 13 杆机构的那个转动自由度。也就是说, 当将 3 杆 4 副运动链 $O'PQR'$ 连接到 2 自由度的 2 环 13 杆运动链上得到的 3 环 16 杆运动链却是只有一个自由度的网状运动链, 原来网状节点 V_3 就不再可能发生转动了。

从上述分析可见, 在构成 3 环 16 杆运动链过程中共发生了一个过约束, $\mu_3 = 1$。此时, $\lambda = 0$, $\mu = 1$, 用式 (2.12) 计算验证了上述分析的结果

$$M = 6(n - g - 1) + \sum_{i=1}^{g} f_i + \mu = 6 \times (16 - 18 - 1) + 18 + 1 = 1 \tag{6.4}$$

所以, 上述分析经由公式计算也得到了证明。

由此看来, 当在双环机构上再加上 3 杆组, 得到的 3 环机构的自由度将减少到 1。这时的 3 环机构就只有 1 个自由度, 就是前面分析 V_8 得到的沿一定方向的移动自由度。3 个机架铰链的转角始终保持 $\theta_2 \equiv \theta_8 \equiv \theta_{13}$。这就证明了前面的假设 6.1 的正确性。

在这种运动情况下, 机构只能保持对称, 也就没有了扭曲变形的可能性, 这就是为什么花球能够始终保持规则球形的原因。

6.6 三叉链连接形成整体机构时的过约束

若在此基础上再增加一个 4 杆 6 副三叉运动链 $S'T'U'$, 见图 6.10a, 将得到

的就是 Hoberman Switch-Pitch 魔球机构。当机构上增加一个 4 杆 6 副三叉运动链 $S'T'U'$ 后, 由于每两条腿之间有两个约束条件, 这个运动链对机构而言将带来 6 个约束

$$M = 4 \times 6 - 6 \times 5 = -6$$

从图 6.9b 的 3 杆 4 副运动链的分析可以知道, 它的两个外铰链之间有包括约束力和约束力偶两个约束。4 杆 6 副运动链 $S'T'U'$ 有 3 个外铰, 每两条腿之间就有两个约束, 限制了两个端点之间的相对运动, 这样, 运动链 $S'T'U'$ 的 3 个外铰相互之间将发生 6 个约束, 即 3 个力偶、3 个约束力。

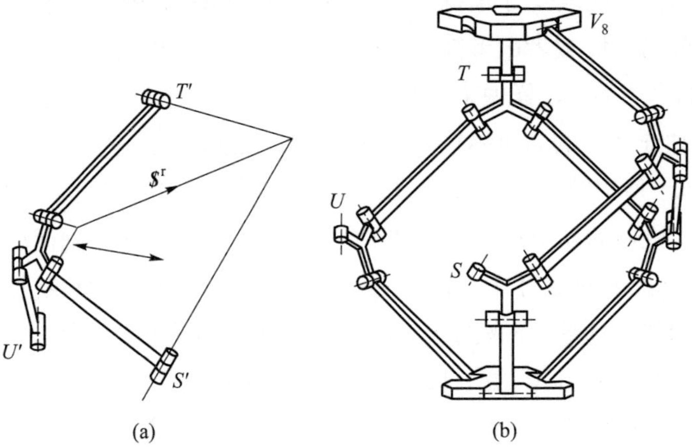

图 6.10 三叉链连接形成整体机构

考虑这 3 个约束力偶, 从前面的分析知道, 它们 3 个都应该垂直于同一个三角形 V_5, 作用于不同的 3 个三角形平台上。我们已经知道 3 环机构的三角形构件都不会发生相对转动, 这样, 所有这 3 个约束力偶都是过约束; 另一方面, 3 个约束力是限制对应的铰链之间的前后错动。这也已经为前面的分析证明是不可能的。这样, 这 3 个约束力也是过约束, 因此 $\mu_4 = 6$。

如前所说, 整个魔球是一个具有 20 个构件、24 个转动副连接形成的一个复杂的多环网络状机构, 在 6.5 节出现一个过约束, 这里又有 6 个过约束, 整个机构共有 7 个过约束

$$\mu = \mu_1 + \mu_2 + \mu_3 + \mu_4 = 7$$

按自由度公式 (2.12) 计算, 有

$$M = 6(n - g - 1) + \sum f + \mu = 6 \times (20 - 3 \times 8 - 1) + 24 + 7 = 1 \tag{6.5}$$

所以, 本 Hoberman Switch-Pitch 魔球机构的自由度为 1。

如同前面分析, 在所有机构尺寸相同及机构处于对称位型下, 魔球只有一个自由度。由于每一个八杆闭环机构的顶点都做沿八杆闭环中心对称面上的一个方向的移动。可就整个机构看, 8 个顶点都做这样的运动, 从逻辑上说, 唯一的可能就是所有 8 个圆形托片皆做顺着中心线的移动。这是合乎逻辑的结论。当这 4 个圆形托片向外移动, 另 4 个圆片则向内移动。双色叶片随之翻转, 改变颜色, 这就实现了魔球的变化。

最后, 从本例的分析可以看到, 这里没有建立具体的螺旋表达式, 用螺旋代数去计算, 而是采取了几何的方法, 完全是按表 1.2 和 1.5 推理进行的, 这个方法也是很好、很方便的, 读者熟练后也可以灵活运用。

参考文献

[1] Ball R A. Treatise on the theory of screws. England: Cambridge University Press, 1900: 1-30.

[2] Hunt K H. Kinematic geometry of mechanisms. Oxford: Oxford University Press, 1978.

[3] Duffy J. The screw theory and its application. Class Note of University of Florida, 1982.

[4] Fang Y F, Huang I. Analytical identification of the principal screws of the third order screw system. Mechanism and Machine Theory, 1998, 33(7):987-992.

[5] Phillips J. Freedom in machinery. Sydney: Cambridge University Press, 1990: 147-168.

[6] Huang Z, Wang J. Identification of principal screws of 3-DOF parallel manipulators by quadric degeneration. Mechanism and Machine Theory, 2001, 36(8): 893-911.

[7] 黄真, 孔令富, 方跃法. 并联机器人机构学理论及控制. 北京: 机械工业出版社, 1997.

[8] Huang Z, Li Q C, Ding H F. Theory of parallel mechanisms. Dordrecht: Springer, 2012.

[9] Huang Z, Tao W S, Fang Y F. Study on the kinematic characteristics of 3-DOF in-parallel actuated platform mechanisms. Mechanism and Machine Theory, 1996, 31(8): 999-1007.

[10] Gogu G. Mobility of mechanisms: A critical review. Mechanism and Machine Theory, 2005, 40: 1068-1097.

[11] 黄真, 刘婧芳, 李艳文. 论机构自由度 —— 寻找了 150 年的自由度通用公式. 北京:

科学出版社, 2011.

[12] IFToMM permanent commission for standardization of terminology. Terminology for the Mechanism and Machine Science. Mechanism and Machine Theory, 2003, 38: 597-901.

[13] 孙桓, 陈作模, 葛文杰. 机械原理. 北京: 高等教育出版社, 2006.

[14] 王知行, 刘廷荣. 机械原理. 北京: 高等教育出版社, 1999.

[15] Uicker J J, Pennock G R, Shigley J E. Theory of machines and mechanisms, New York: Oxford University Press, 2003.

[16] Zhao Y, Liu J F, Huang Z. A force analysis of a 3-RPS parallel mechanism by using screw theory. Robotica, 2011, 29 (07): 959-965.

[17] Waldron K J. The constraint analysis of mechanisms. Journal of Mechanisms, 1966 (1): 101-114.

[18] 张启先. 空间机构的分析与综合. 北京: 机械工业出版社, 1984.

[19] Norton R L. Design of machinery: An introduction to the synthesis and analysis of mechanisms and machines. Boston: McGraw-Hill, 1999: 37-38.

[20] Huang Z, Fang Y. Kinematic characteristics analysis of 3-DOF in-parallel actuated pyramid mechanisms. Mechanism and Machine Theory, 1996, 31(8): 1009-1018.

[21] 黄真, 赵永生, 赵铁石. 高等空间机构学. 北京: 高等教育出版社, 2006.

[22] 柯热夫尼柯夫 C H, 耶西品柯 Y E, 腊斯金 Y M. 机构参考手册. 北京: 机械工业出版社, 1988.

[23] Hervé J M. Analyse structurelle des mécanismes par groupe des déplacements. Mechanism and Machine Theory, 1978 (13): 437-450.

[24] 黄锡凯, 郑文纬. 机械原理. 北京: 人民教育出版社, 1981.

[25] 华大年, 华志宏. 连杆机构设计与应用创新, 北京: 机械工业出版社, 2007.

[26] 李学荣. 四连杆机构综合概论: 气液动连杆机构设计: 第三册. 北京: 机械工业出版社, 1983.

[27] 黄真. 平面多杆机构位置问题的杆长逼近法. 机械工程学报,1981,17(2): 68-76.

[28] Kong X, Gosselin C. A class of 3-DOF translational parallel manipulators with linear input-output equations//Proc. of the Workshop on Parallel Mechanisma and Manipulators, Quebic, Canada, Oct. 3-4, 2002: 25-32.

[29] Tsai L W. Multi-degree-of-freedom mechanisms for machine tools and the like. U.S. Patent No. 5656905, 1997.

[30] Hunt K H. Structural kinematics of in-parallel-actuated robot-arms. J. of Mech. Trans. and Aut. in Des, 1983, 105: 705-712.

[31] Zlatanov D, Gosselin C M. A new parallel architecture with four degrees of freedom. Proceedings of the 2nd workshop on Computational Kinematics, May 19-22, Seoul, Korea, 2001: 57-66.

[32] Gao F, Li W M, Zhao X C. New kinematics structures for 2-, 3-, 4-, and 5-DoF parallel manipulator designs. Mechanism and Machine Theory, 2002, 37(11): 1395-1411.

[33] 高峰, 李为民, 刘辛军. 可重组三四五轴并联机床: 中国, ZL00122181.7. 2002-12-11.

[34] 许佳音. 基于 CAD 变量几何法并联机床加工复杂曲面的关键技术. 燕山大学, 博士论文, 2009: 74-75.

[35] Karouia M, Herve J M. A three-DOF tripod for generating spherical rotation// Advances in Robot Kinematics. Boston: Kluwer Academic Publishers, 2000: 395-402.

[36] Neumann K E. Rotot: United States Patent, 4,732,525. 1988: 3-22.

[37] Li M, Huang T, Chetwynd D G, et al. Forward position analysis of the 3-DOF module of the TriVariant: A 5-DOF reconfigurable hybrid robot. ASME Journal of Mechanical Design, 2006, 128(1): 319-322.

[38] 刘辛军, 汪劲松, 吴超, 等. 一种并联式 A/B 轴主轴头结构: 中国, ZL 200710062854.2.

[39] Carricato M, Parenti-Castelli V. Singularity-free fully isotropic translational parallel mechanism. Int. J. Robotics Res. 2002, 21 (2): 161-174.

[40] http://www.exechonworld.net/, 2011.

[41] Clavel R. Device for the movement and positioning of an element in space: U. S. Patent 4, 976, 582. 1990-12-11.

[42] Delassus E. Sur les systèmes articulés gauches, Première partie, Ann. Sci. Ecole Norm. Supérieure, Paris, 3_Séries, 1900 (17): 455-499.

[43] 孟宪源, 姜琪. 机构构型与应用. 北京: 机械工业出版社, 2004.

[44] Altmann F G. Sonderformen Raumlieher Koppelgetriebe und Grenzen Ihrer Verwendbarkeit. Konstruktion. Werkstoffe Versuchswesen, 1952, 4: 97-106.

[45] Bennett G T. A new mechanism. Engineering, 1903, 76: 777-778.

[46] Goldberg M. New 5-bar and 6-bar linkages in three dimensions. ASME J. Mech, 1943, 65: 649-661.

[47] Dai J S, Li D, Zhang Q, et al. Mobility analysis of a complex structured ball based on mechanism decomposition and equivalent screw system analysis. Mechanism and Machine Theory, 2004, 39: 445-458.

[48] Wei G, Ding X, Dai J S. Geometric and kinematic analysis of the hoberman switch-pitch Ball and its variant. ASME paper, DETC2009-87329, 2009.

[49] Ding X, Yang Y, Dai J S. Topology and kinematic analysis of color-changing ball. Mechanism and Machine Theory, 2011, 46 (11): 67-81.

索　引

F

G

H

J

K

L

M

N

郑重声明

高等教育出版社依法对本书享有专有出版权。任何未经许可的复制、销售行为均违反《中华人民共和国著作权法》，其行为人将承担相应的民事责任和行政责任；构成犯罪的，将被依法追究刑事责任。为了维护市场秩序，保护读者的合法权益，避免读者误用盗版书造成不良后果，我社将配合行政执法部门和司法机关对违法犯罪的单位和个人进行严厉打击。社会各界人士如发现上述侵权行为，希望及时举报，本社将奖励举报有功人员。

反盗版举报电话 （010）58581897 58582371 58581879

反盗版举报传真 （010）82086060

反盗版举报邮箱 dd@hep.com.cn

通信地址 北京市西城区德外大街4号 高等教育出版社法务部

邮政编码 100120

图书在版编目（CIP）数据

机构自由度计算：原理和方法 / 黄真，曾达幸著
. -- 北京：高等教育出版社，2016. 1
ISBN 978-7-04-044425-4

Ⅰ. ①机… Ⅱ. ①黄… ②曾… Ⅲ. ①机构学 Ⅳ.
① TH111

中国版本图书馆 CIP 数据核字（2015）第 312362 号

策划编辑 刘占伟　　责任编辑 刘占伟　　特约编辑 陈　静　　封面设计 姜　磊
版式设计 童　丹　　插图绘制 杜晓丹　　责任校对 张小镝　　责任印制 毛斯璐

出版发行	高等教育出版社	网　　址	http://www.hep.edu.cn
社　　址	北京市西城区德外大街4号		http://www.hep.com.cn
邮政编码	100120	网上订购	http://www.hepmall.com.cn
印　　刷	北京中科印刷有限公司		http://www.hepmall.com
开　　本	787mm×1092mm 1/16		http://www.hepmall.cn
印　　张	18.25		
字　　数	290 千字	版　　次	2016年 1月第 1 版
购书热线	010-58581118	印　　次	2016年 1月第 1 次印刷
咨询电话	400-810-0598	定　　价	69.00 元

物 料 号　44425-00